U0252628

能源大数据

服务“碳达峰碳中和”管理

吴杏平◎编著

清華大學出版社
北京

内容简介

目前全球能源系统正处于重要转型阶段，能源需求进入低速增长时期，清洁、低碳、高效成为必然趋势。在此过程中，中国不断提高国家自主贡献力度，采取更加有力的政策和措施，于2020年9月明确提出2030年“碳达峰”与2060年“碳中和”目标。党的二十大报告强调，实现“碳达峰碳中和”是经济社会一场广泛而深刻的系统性变革。

此书为助力能源工作者及相关企业全面落实党中央、国务院关于“双碳”战略的有关部署，赋能能源大数据技术发展应运而生。本书共8章，立足于能源大数据领域核心业务，介绍了世界及中国的能源格局及能源转型背景，阐述了大数据技术的基本原理及其在能源领域的规划、预测等应用中开展实践情况，系统阐明能源大数据中心建设关键问题，深入讲解碳核算方法学。同时向读者说明了能源大数据在服务于“双碳”管理、政府治理中起到的关键作用，展示了能源大数据领域的实践成果和经验。本书的编写凝聚了广大能源数据工作者的研究成果和工作经验，具有较高的权威性、学术性和前瞻性。

本书的案例与时俱进、内容科学严谨，书中的不少思考与洞察给人以深刻启发，让人耳目一新。期待此书能够引领广大数据工作者推动能源大数据行业的发展，助力“双碳”目标实现。中国能源大数据发展，如初生之朝阳，喷薄欲出，让我们携手共进，共同建设这全新时代。

版权所有，侵权必究。举报：010-62782989，beiqinquan@tup.tsinghua.edu.cn。

图书在版编目（CIP）数据

能源大数据 ：服务“碳达峰碳中和”管理 / 吴杏平编著. -- 北京：清华大学出版社，2025.1. -- ISBN 978-7-302-68174-8

Ⅰ. TK01-66

中国国家版本馆CIP数据核字第202575U6V0号

责任编辑：曾　珊
封面设计：李召霞
责任校对：刘惠林
责任印制：刘海龙

出版发行：清华大学出版社
网　　址：https://www.tup.com.cn，https://www.wqxuetang.com
地　　址：北京清华大学学研大厦A座　　**邮　　编**：100084
社 总 机：010-83470000　　**邮　　购**：010-62786544
投稿与读者服务：010-62776969，c-service@tup.tsinghua.edu.cn
质量反馈：010-62772015，zhiliang@tup.tsinghua.edu.cn
课件下载：https://www.tup.com.cn，010-83470236
印 装 者：涿州汇美亿浓印刷有限公司
经　　销：全国新华书店
开　　本：170mm×230mm　　**印　　张**：23　　**字　　数**：331千字
版　　次：2025年2月第1版　　**印　　次**：2025年2月第1次印刷
印　　数：1～1500
定　　价：89.00元

产品编号：101363-01

编写组成员

杨　维　周春雷　张羽舒　陈　翔　刘文思
宋继勐　徐　科　王有虎　王碧莹　李俊妮
胡锡双　江　鹏　刘文立　闫　越　袁启恒
宋金伟　吴桂栋　史　昕　李燕溪　刘圣龙
李　杏　刘文涛　陈振宇　韩金丽　焦　静
胡　伟　肖　勇　胡安铎　孙锦中　孙　园
王　磊　沈国辉　赵　宇　董　晓　周　飙
卢彩霞　唐志涛　谢长涛　高　天

FOREWORD

序一

为应对气候变化，减少温室气体排放、推动能源系统转型已成为国际社会的普遍共识。实现碳达峰碳中和，是以习近平同志为核心的党中央统筹国内国际两个大局作出的重大战略决策，是一场广泛而深刻的经济社会系统性变革，将促进发展模式从资源依赖型转向技术依赖型，从根本上解决环境污染问题。我国作为世界上最大的发展中国家，有着高碳的能源结构和产业结构，转型升级存在较大困难。近年来，我国化石能源与可再生能源相生相长，为双碳目标的实现提供了可行路径。然而，新型能源体系的构建面临着资源约束、技术瓶颈、市场机制等多方面的挑战，需要资源与技术的不断创新发展。

能源大数据作为连接环境与能源、资源与技术、新能源与传统能源的核心要素，能够推动传统能源行业与数字技术的深度融合，将新质生产力特征融入能源体系转型，从而构建一个更为清洁、高效、安全和可持续的新型能源体系。能源大数据的应用将促进能源产业资源与技术融合、能源生产和消费高效发展，提高能源利用效率，降低能源消耗，为实现双碳战略提供有力的基础支撑。

在此背景下，我很高兴看到《能源大数据——服务“碳达峰碳中和”

管理》的出版。这本书通过阐述我国双碳战略发展目标，明确了能源大数据在支撑双碳战略中的关键作用，详细探讨了能源大数据的技术、设施、数据、算法，以及如何服务“碳达峰碳中和”管理。书中重点阐述了能源大数据中心建设的核心理念、理论方法、关键技术、建设路径，特别是基于能源大数据的碳核算应用，电碳耦合理论、电力碳排放因子等关键内容，为双碳目标的实现提供了碳排放核算方法学的创新思路。不仅如此，书中还深入探讨了基于能源大数据的碳管理方法与应用，包括碳排放的影响因素量化分析和等级综合评价方法，为双碳目标的量化管理和评估提供了科学依据。值得一提的是，书中提出的“电-碳计算模型”，以其科学性、可行性和可靠性，获得了国家发改委、院士专家和相关部委同志的高度认可，是碳排放核算方法的重要创新和有效补充，在国际上处于领先水平。

作者在能源大数据、双碳领域有着扎实的理论功底和丰富的实践经验，著书科学缜密，展现出了高度的学术严谨性。本书的出版将有力推动能源、数据、环境、经济等多学科的交叉融合，吸引更多科研人员、行业专家关注能源大数据与双碳战略。期待本书能够成为相关工作者的重要学术参考，为实现“碳达峰、碳中和”宏伟目标，推动我国绿色高质量发展贡献智慧与力量。

中国工程院院士

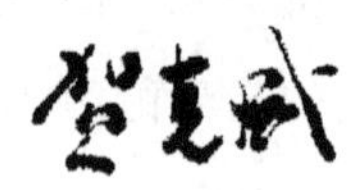

FOREWORD
序二

实现碳达峰碳中和，是以习近平同志为核心的党中央经过深思熟虑作出的重大战略决策，是我国对国际社会的庄严承诺，也是贯彻新发展理念、构建绿色新质生产力、推动高质量发展的内在要求，明确提出2030年“碳达峰”与2060年“碳中和”的宏伟目标。党的二十大报告进一步强调，实现“双碳”目标是一场广泛而深刻的社会系统性变革，涉及经济社会的各个方面，特别是还涉及能源生产和消费方式的根本性变革。

国家发展改革委认真贯彻党中央、国务院决策部署，积极稳妥推进碳达峰、碳中和。加强统筹协调，加快绿色转型，推动技术进步和制度创新，夯实基础支撑，开展国际竞争与合作，协同推进降碳、减污、扩绿、增长，以系统性的变革推动经济社会发展全面绿色转型。

在加快构建统一规范的碳排放统计核算体系的过程中，国家电网公司全国碳排放监测分析服务平台应用建设工作迈出了坚实的一步，为推动“双碳”目标落地提供了数据支撑，也为国家能耗双控向碳排放双控转变打下了基础。通过基于能源大数据的全国碳排放数据的监测、考核及成果开发利用，可推动全社会用能向低碳的可再生能源转变,降低碳基能源消耗,促进“双碳”各项工作。

在此背景下,《能源大数据——服务“碳达峰碳中和”管理》应运而生。它不仅是能源大数据领域的一次深刻探索,也为我国能源转型相关政策的制定提供了强有力的大数据支撑。可为国家碳排放统计核算体系完善、各级政府“双碳”监测需求、经济社会发展全面绿色转型提供服务,从科学的角度开创降碳工作新局面。

本书全面系统地介绍了能源大数据中心的建设、碳核算方法学以及能源大数据在“双碳”管理中的应用等,为读者呈现了中国能源大数据技术服务科学降碳的伟大理论探索与行业实践。此书的出版,对于推动我国能源大数据技术的应用与发展,促进能源转型与绿色发展,具有重要创新意义。

相信本书将激发能源及数据工作者投身能源大数据事业的热情与创造力,为实现碳达峰碳中和作出能源行业的贡献。本书也将推动政府相关部门一如既往地支持能源大数据技术的研发与应用,加快能源大数据产业的发展。能源大数据技术的应用必将提升“电—碳计算模型”的科学性、准确性和权威性,助力我国碳排放统计核算体系的持续完善,夯实碳达峰碳中和工作基础。

国家发展和改革委员会资源节约和环境保护司原副司长

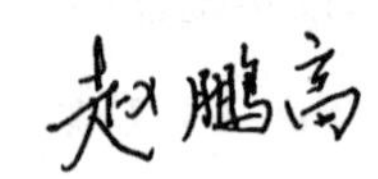

PREFACE
前言

能源是国家经济发展和人民生活的重要基础，对国家能源安全、经济发展和社会稳定具有重要影响。随着全球能源形势的日益严峻和我国能源结构的深度调整，能源领域面临的挑战和压力日益加大。信息化、数字化、智能化的时代，大数据技术为能源领域带来了新的机遇和可能性。能源大数据的理念是将电力、石油、燃气等能源领域数据与人口、地理、气象等其他领域数据进行综合采集、处理、分析与应用的相关技术与思想。能源大数据不仅是大数据技术在能源领域的深入应用，也是能源生产、消费及相关技术革命与大数据理念的深度融合，将加速推进能源产业发展及商业模式创新。

能源大数据理论研究是探索能源数据价值、构建能源数据体系、开发能源数据分析方法的重要学科。它不仅涉及数据采集、处理、存储和分析等技术层面，还需要深入研究数据架构、数据安全、数据管理等理论原理。在此基础上，我们需要探索新的数据分析方法和技术，深入挖掘能源领域的数据价值，为能源生产、运输、消费及双碳管理等各个环节提供科学决策支持。

与此同时，能源大数据应用也是能源领域的一个重要方向，是将理论落实到实践中的关键。在此过程中，需要运用大数据技术和手段，优化能源生产、运输、储存、消费等各个环节，提高能源效率和降低能源消耗，推动能源可持续发展。还需要加强与其他领域的数据融合和协同应用，构建能源大数据生态，打通行业业务和技术壁垒，为社会经济发展增添新动能、新活力，实现共创、互惠、共赢的生态局面。

本书力求用通俗易懂的语言，结合实际案例，阐述能源大数据原理及应用，希望能够为读者带来有益的启发和帮助。在此，感谢所有参与本书编写和出版的人员，他们为本书的完成付出了辛勤的劳动并提出宝贵的意见。同时，也感谢所有关心和支持本书的读者，他们是本书存在的意义和价值所在。限于作者编写水平，书中难免存在不足之处，敬请读者批评指正，以便我们不断改进和完善。

最后，祝愿本书能够推动能源大数据原理及其应用的发展和创新，也希望读者能够从本书中获得有用的知识和信息，为能源领域的进步和社会发展做出自己的贡献。

作　者

2024 年 10 月 20 日

CONTENTS

目录

第1章

CHAPTER 1

绪论

1.1 能源发展趋势与面临挑战

当今世界正经历百年未有之大变局。全球气候变化事关人类生存和永续发展，是人类社会面临的重大挑战。2020 年 9 月，习近平主席在第七十五届联合国大会上宣布，中国将提高国家自主贡献力度，采取更加有力的政策和措施，力争 2030 年前二氧化碳排放达到峰值，努力争取 2060 年前实现碳中和。2023 年 12 月在《联合国气候变化框架公约》第二十八次缔约方大会(COP28)上，中国官方发布了关于 COP28 的基本立场和主张，中国将积极参与气候变化多边进程，期待与各方强化沟通、深化交流，通过更广泛的全球合作，携手应对全球气候变化。

能源是人类文明进步的重要物质基础和动力，攸关国计民生和国家安全。新一轮科技革命和产业变革深入发展，全球气候治理呈现新局面，新能源和信息技术紧密融合，生产生活方式加快转向低碳化、智能化，能源体系和发展模式正在进入非化石能源主导的崭新阶段。加快构建现代能源体系是保障国家能源安全，力争如期实现碳达峰、碳中和的内在要求，也是推动实现经济社会高质量发展的重要支撑。

经过多年发展，世界能源转型已由起步蓄力期转向全面加速期，正在推动全球能源和工业体系加快演变重构。我国能源革命方兴未艾，能源结构持续优化，形成了多轮驱动的供应体系，核电和可再生能源发展处于世界前列，具备加快能源转型发展的基础和优势；但发展不平衡不充分问题仍然突出，供应链安全和产业链现代化水平有待提升，构建现代能源体系正面临新的机遇和挑战。

数据是新时代重要的生产要素，是国家基础性战略资源。大数据是数据的集合，以容量大、类型多、速度快、精度准、价值高为主要特征，是推动能源企业经济转型发展的新动力，是提升政府治理能力的新途径，是重塑国家竞争优势的新机遇。能源大数据是以数据生成、采集、存储、加工、分析、服务为主的战略性科学技术，是激活数据要素潜能的关键支撑，是加快经济社会发展质量变革、效率变革、动力变革的重要引擎。“十四五”时期是我国能源工业经济向数字经济迈进的关键时期，对能源大数据技术发展提出了新的要求，能源大数据将步入集成创新、快速发展、深度应用、结构优化的新阶段。

1.1.1 全球能源发展形势

1. 能源结构低碳化转型加速推进

21 世纪以来，全球能源结构加快调整，新能源技术水平和经济性大幅提升，风能和太阳能利用实现跃升发展，规模增长数十倍。全球应对气候变化开启新征程，《巴黎协定》得到国际社会广泛支持和参与，近五年来可再生能源约提供了全球新增发电量的 60%。中国、欧盟、美国、日本等 130 多个国家和地区提出了碳中和目标，世界主要经济体积极推动经济绿色复苏，绿色产业已成为重要投资领域。

全球能源转型进程明显加快，以风电、光伏发电为代表的新能源呈现性能快速提高、经济性持续提升、应用规模加速扩张的态势，形成了加快替代传统化石能源的世界潮流。过去五年，全球新增发电装机中可再生能源约占70%，全球新增发电量中可再生能源约占60%。欧盟葡萄牙、丹麦、奥地利等国家提出了明确的清洁能源发展目标，葡萄牙宣布到2026年将该国可再生能源发电的比例提高到80%，丹麦、奥地利提出到2030年实现100%的可再生能源发电；美国加州州长签署法案要求到2045年实现100%清洁电力供应[①]；中国承诺到2030年非化石能源消费比重达到25%，并在2060年前非化石能源消费比重达到80%以上[②]。各主要国家和地区纷纷提高应对气候变化自主贡献力度，进一步催生可再生能源大规模阶跃式发展新动能，推动可再生能源成为全球能源低碳转型的主导方向，预计2050年全球80%左右的电力消费来自可再生能源[③]，1985—2021年全球发电结构见图1-1。

近十年，全球一次能源消费总量总体呈增长趋势，2013年为537.19艾焦耳，2022年达到604.04艾焦耳，2020年受新冠疫情影响，下降了3.56%，为566.49艾焦耳，年增长率为1.31%。从全球一次能源消费结构来看，石油在能源组合中仍占最大份额，但比例有所下降，2022年占一次能源消费总量的31.57%；煤炭仍是全球第二大燃料，2022年占比26.73%；天然气占比稳中有升，上升到23.49%；可再生能源超过核能，达到7.48%。总体来说，化石能源在全球能源消费中一直处于主导地位，2022年占比为81.79%；清洁能源所占比重持续提升，能源消费向低碳化转型趋势明显。2010—2022年全球一次能源消费结构见图1-2。

---

① 数据来自 *2021 Senate Bill 100 Joint Agency Report, Achieving 100 Percent Clean Electricity in California: An Initial Assessment*。

② 数据来自《中共中央　国务院关于完整准确全面贯彻新发展理念做好碳达峰碳中和工作的意见》。

③ 数据来自《“十四五”可再生能源发展规划》。

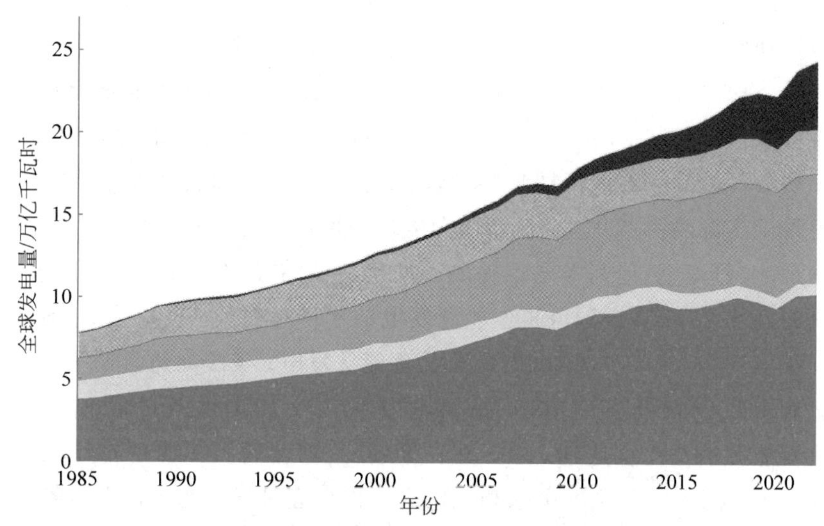

图 1-1 1985—2020 年全球发电结构[①]

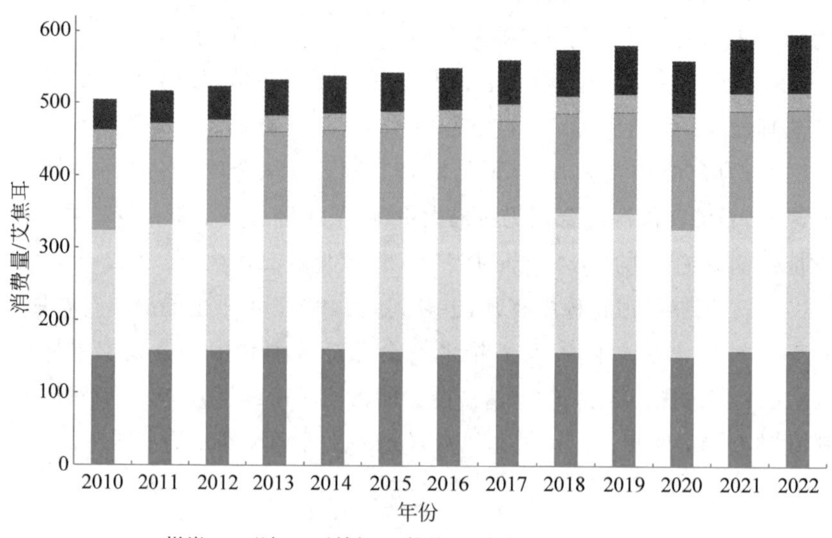

图 1-2 2010—2022 年全球一次能源消费结构[②]

---

① 数据来自《EI 世界能源统计年鉴(2023 年)》。

② 数据来自《EI 世界能源统计年鉴(2023 年)》。

2. 能源供需多极化格局深入演变

能源系统多元化迭代蓬勃演进。能源系统形态加速变革，分散化、扁平化、去中心化的趋势特征日益明显，分布式能源快速发展，能源生产逐步向集中式与分散式并重转变，系统模式由大基地大网络为主逐步向与微电网、智能微网并行转变，推动新能源利用效率提升和经济成本下降。新型储能和氢能有望规模化发展并带动能源系统形态发生根本性变革，构建新能源占比逐渐提高的新型电力系统蓄势待发，能源转型技术路线和发展模式趋于多元化。能源系统向智能灵活调节、供需实时互动的方向发展，推动能源生产消费方式深刻变革。能源供需多极化格局深入演变，全球能源供需版图深度调整，进一步呈现消费重心东倾、生产重心西移的态势，近十年来亚太地区能源消费占全球的比重不断提高，北美地区原油、天然气生产增量分别达到全球增量的80%和30%以上。能源低碳转型推动全球能源格局重塑，众多国家积极发展新能源，加快化石能源清洁替代，带来全球能源供需新变化。

1.1.2 中国能源结构现状

1. 中国能源结构基本特征

我国能源资源自然禀赋的突出特点是“富煤、贫油、少气”，煤炭开发利用成本相对较低以及非化石能源发展存在瓶颈等因素，决定了化石能源特别是碳排放强度更高的煤炭在我国一次能源生产和消费结构中仍将占据主导地位。化石能源开发利用造成了生态环境破坏和碳排放居高不下等一系列问题，要求我国必须在加强化石能源清洁高效开发利用的同时，积极调整能源结构，大力发展非化石能源，持续提高非化石能源在能源消费中的比例。

我国政府提出到2030年，单位国内生产总值二氧化碳排放比2005

年下降65%以上[①]。我国已初步建成了较有竞争力的可再生能源产业体系,形成了完整的、具有国际竞争力的水电设计、施工和运行体系,太阳能热利用规模、装备产品和技术在全球处于领先地位,全国已建立支撑可再生能源规模化发展的产业制造能力;可再生能源供应总量不断增加,可再生能源发电连续多年在全国新增电源装机中超过30%,并且在局部地区、部分时段,可再生能源发电已成为重要的替代电源。

2. 近年来中国能源结构转型进程

近十年来,我国化石能源占全国能源消费总量比例持续下降,一次电力及其他能源消费占全国能源消费总量比例持续上升,能源绿色转型持续发展,但化石能源依然是我国能源消费的主体。

2012年我国能源消费总量为40.2亿吨标准煤,其中煤炭消费27.5亿吨标准煤、石油消费6.8亿吨标准煤、天然气消费1.9亿吨标准煤、一次电力及其他能源消费3.9亿吨标准煤。据国家统计局核算,2022年我国全年能源消费总量为54.1亿吨标准煤,比上年增长3.2%。煤炭消费量增长4.3%,石油消费量下降3.1%,天然气消费量下降1.2%,电力消费量增长3.6%。

从2012年到2022年,我国煤炭消费量占能源消费总量的比重下降12.2个百分点;天然气、水电、核电、风电、太阳能发电等清洁能源消费量占能源消费总量的比重上升11个百分点,清洁能源占比大幅增长。但我国一次能源消费中,化石能源占比约83.4%,其中煤炭占比达到56%;煤电发电量占总发电量的60%左右,化石能源依然是我国能源消费的主体。与其他化石能源相比,煤炭的碳排放系数为2.64吨二氧化碳/吨标准煤,是典型的高碳能源,大规模煤炭利用是我国碳排放总量较高的主要原因。2012—2022年中国能源消费结构见图1-3。

---

① 数据来自《中共中央 国务院关于完整准确全面贯彻新发展理念做好碳达峰碳中和工作的意见》。

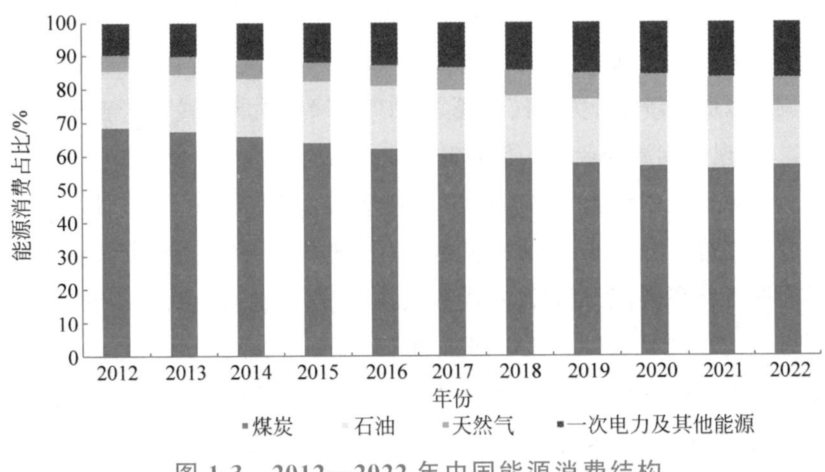

图 1-3　2012—2022 年中国能源消费结构

3. 我国步入构建现代能源体系的新阶段

1）能源安全保障进入关键攻坚期

我国能源供应保障基础不断夯实，资源配置能力明显提升，连续多年保持供需总体平衡有余。近年来，国内石油产量稳步回升，天然气产量增长较快，年均增量超过 100 亿立方米，油气管道总里程达到 17.5 万千米，发电装机容量达到 22 亿千瓦，西电东送能力达到 2.7 亿千瓦，有力保障了经济社会发展和民生用能需求。但同时，能源安全新旧风险交织，“十四五”时期能源安全保障将进入固根基、扬优势、补短板、强弱项的新阶段。

2）能源低碳转型进入重要窗口期

2022 年 3 月，国家发展改革委发布《“十四五”现代能源体系规划》指出，“十三五”末期，我国能源结构持续优化，低碳转型成效显著，非化石能源消费比重达到 15.9%，煤炭消费比重下降至 56.8%，常规水电、风电、太阳能发电、核电装机容量分别达到 3.4 亿千瓦、2.8 亿千瓦、2.5 亿千瓦、0.5 亿千瓦，非化石能源发电装机容量稳居世界第一。“十四五”时期是为力争在2030年前实现碳达峰、2060年前实现碳中和打好基础的关键时期，必须协同推进能源低碳转型与供给保障，加快能源系统调整以适应新能源大规模发展，推动形成绿色发展方式和生活方式。

3）现代能源产业进入创新升级期

能源科技创新能力显著提升，产业发展能力持续增强，新能源和电力装备制造能力全球领先，低风速风力发电技术、光伏电池转换效率等不断取得新突破，全面掌握三代核电技术，煤制油气、中俄东线天然气管道、±500千伏柔性直流电网、1000千伏交流电网、±1100千伏直流输电等重大项目投产，超大规模电网运行控制实践经验不断丰富，总体来看，我国能源技术装备形成了一定优势。围绕做好碳达峰、碳中和工作，能源系统面临全新变革需要，迫切要求进一步增强科技创新引领和战略支撑作用，全面提高能源产业基础高级化和产业链现代化水平。

4）能源普遍服务进入巩固提升期

“十三五”时期，能源惠民利民成果丰硕，能源普遍服务水平显著提升，“人人享有电力”得到有力保障，全面完成新一轮农网改造升级，大电网覆盖范围内贫困村通动力电比例达到100%，农网供电可靠率总体达到99.8%，建成光伏扶贫电站装机约2600万千瓦，“获得电力”服务水平大幅提升，用能成本持续降低，营商环境不断优化。北方地区清洁取暖率达到65%以上。但同时，能源基础设施和服务水平的城乡差距依然明显，供能品质有待进一步提高。要聚焦更好满足人民日益增长的美好生活需要，助力巩固拓展脱贫攻坚成果同乡村振兴有效衔接，进一步提升能源发展共享水平。

4. 双碳战略下能源低碳转型路径

在我国碳达峰、碳中和目标要求下，能源低碳转型进程需要进一步加快，从能源供给侧要大力发展非化石能源，推动构建新型电力系统，减少能源产业碳排放；从能源需求侧要加速推动节能减碳行动，同时以能源大数据作为驱动力，形成低碳、安全、高效的能源格局。

1）推动能源供给侧低碳化

从能源供给侧，积极推动绿色低碳转型，大幅提升非化石能源利用比例是低碳转型主要途径，具体包括加快发展风电、光伏发电，因地制宜地建设水电，安全有序地发展核电，探索生物质能、垃圾焚烧、沼气、地热能、海洋能、氢能等其他可再生能源发电技术的应用，从而构建以可再生能源为主体的“多能融合”新型电力系统。

推动新型电力系统建设涵盖“源、网、荷、储、碳、数”6 个关键点。发电侧，重点推动电力系统向适应大规模高比例新能源方向前进，加快电力系统数字化升级，提升电网智能化水平，打造大型风光电基地，探索多能源联合的高效调度运行体系；电网方面，关键是推动形成多能创新的电网结构和运行模式，推进配电网数智化升级，打造电网间柔性可控互联，提升电网适应新能源的动态稳定水平，提高全网新能源消纳能力；负荷方面，主要提升电力负荷弹性，加强电力需求侧响应能力，引导大工业负荷参与辅助服务市场，打造虚拟电厂试点示范；储能方面，关键是加快新型储能技术规模化应用，推进电源侧储能发展，优化电网侧储能布局，支持用户侧储能多元化发展，探索储能参与系统调峰调频的路径，拓宽储能应用场景；双碳方面，注重提高电力系统中的碳排放计量与核算能力；数据方面，引入大数据分析技术，提高新型电力系统效率、安全性和可靠性。

2）强化能源消费侧节能降碳行动

消费侧节能减碳主要从五方面强化，一是推动能耗“双控”向碳排放总量和强度“双控”转变，遏制高耗能高排放项目发展，建立实时节能评估和审查制度；二是推动煤炭清洁高效利用，合理控制煤炭消费增长；三是推动重点行业领域节能降碳行动，加强工业领域能效提升和节能诊断，推广低碳技术设备，打造低碳标准体系，探索建筑、交通方面的绿色低碳场景应用；四是提升终端用能低碳化电气化水平，开展电能替代、产能置换行动，推广绿色低碳农业生产加工方式，提高服务行业、居民生活等方面的设备电气化水平；五是倡导“低碳生活”，鼓励全民绿色低碳行动，倡导全社会节约用能，增强全民环保意识，打造低碳社会示范案例，鼓励绿色出行、绿色生活、绿色消费，将日常生活耗用的能量尽量减少，从而降低二氧化碳的排放量。

3）大力推广低碳技术

能源行业是节能降碳的主战场，减少能源产业碳排放，主要是从化石能源的开发生产和加工储运环节进行减排增效。具体包括推动煤炭、甲烷等化石能源的绿色低碳开采技术升级，推广先进的开采装备，加快对燃油、燃气、燃煤设备的电气化改造；有序推动落后和低效产能退出，增加高附加值产品比重，使用清洁化运输方式，加强储运设施能效提升，推广综合能效利用技术。能源大数据是国家大数据战略在能源领域的具体实践，是能源产业转型发展的重要驱动力。利用电、油、气等能源生产、交易、消费环节的数据资源，可以分析能源结构变化，研判企业发展趋势，辅助政府精准决策。“双碳”目标下，能源清洁低碳转型进程加速，数字经济的蓬勃发展也为能源低碳转型带来了新的发展机遇。

4）政策引领能源行业低碳转型

中国作为发展中国家及温室气体排放大国，面临经济转型和气候变化的双重压力，发展低碳经济是必然选择。低碳经济是在可持续发展理念指导下，通过技术创新、制度创新、产业转型、新能源开发等多种手段，尽可能地减少煤炭、石油等高碳能源消耗，减少温室气体排放，达到经济社会发展与生态环境保护双赢的一种经济发展形态。鼓励国家及各省市出台相关低碳转型绿色发展行动方案，以减少温室气体排放为目标，构筑以低能耗、低污染为基础的经济发展体系，包括低碳能源系统、低碳技术和低碳产业体系。在能源行业，低碳能源系统是指通过发展清洁能源，包括风能、太阳能、核能、地热能和生物质能等替代煤、石油等化石能源以减少二氧化碳排放。发掘和释放能源大数据价值，是能源行业低碳转型的关键。此外,打通能源企业之间的数据壁垒,实现数据资源高效流动、充分共享,持续积累可用、有用、实用的能源大数据资产,为能源行业绿色低碳转型赋能。

1.2 能源大数据发展现状与趋势

1.2.1 能源大数据发展历程

1)人工统计阶段(20 世纪 90 年代至 21 世纪初)

最初,能源数据的收集和分析主要依赖传统的统计方法和人工处理。数据主要来源于政府部门、能源企业和研究机构。这些数据通常以月度、季度或年度形式发布,主要用于能源政策制定、规划和管理。

在此阶段,美国、欧洲和日本等开始重视能源数据的收集、整理和分析。这些国家建立了完善的能源数据体系,为能源政策制定和能源市场发展提供了有力支持。

中国在此阶段也开始建立能源统计体系,设立了一系列政策法规和监测机制,以确保能源数据的准确性和时效性。中国国家统计局开始发布能源生产和消费的统计数据,为能源政策制定提供依据。

2)数字化与自动化阶段(21 世纪初至 2010 年)

随着计算机技术和通信技术的发展,全球能源行业开始实现数据的数字化和自动化。在这个阶段,智能电网、远程监控系统和自动化设备逐渐得到广泛应用。这些技术大大提高了数据的收集、传输和处理能力,为能源大数据的发展奠定了基础。

在此阶段,美国、欧洲和日本等开始在能源行业实施数字化和自动化技术。例如,美国电力公司采用智能电表和远程监控系统,提高了能源数据的实时性和准确性。

中国能源行业也加速了数字化和自动化的进程。例如,国家电网公司推广智能电表、配电自动化和远程监控系统，提高了电网的运行效率和数据处理能力。

3）数字化智能阶段（2011 年至今）

大数据技术、云计算技术、物联网和人工智能在全球能源行业得到广泛应用。通过大数据分析、机器学习和人工智能等技术，能源企业和政府部门可以更深入地分析能源数据，挖掘潜在的价值和规律。

在此阶段，美国、欧洲等发达国家积极推广大数据、云计算、物联网和人工智能在能源领域的研究和应用。例如，2013 年，美国电力科学研究院（The Electric Power Research Institute，EPRI）推出了输电网现代化示范项目（Transmission Modernization Demonstration，TMD）的大数据研究项目，德国通过推动“工业 4.0”计划，致力于将物联网和人工智能技术融入能源生产和管理中。

中国也加大了对大数据、云计算、物联网和人工智能在能源领域的支持力度，出台了一系列政策和规划，2012 年，中国在国家层面提出把“大数据”作为科技创新主攻方向之一。2015 年，中国国务院发布《促进大数据发展行动纲要》，明确提出“实施国家大数据战略，推进数据资源开放共享”。2017 年，工业和信息化部正式印发《大数据产业发展规划（2016—2020 年）》，全面部署“十三五”时期大数据产业发展工作。2020 年，国家电网公司发布的“数字新基建”重点建设任务清单中提到建设以电力数据为核心的能源大数据中心。

总体来看，能源大数据从人工统计阶段到当前物联网与人工智能阶段，与物联网、人工智能、区块链、5G 等前沿技术紧密结合，不断发展和创新。这些技术的融合使能源数据的收集、处理和分析更加高效、智能和安全，为可持续能源发展和能源转型提供有力支持。能源大数据已成为社会生产的新要素，它聚焦政府、行业、企业、客户各方的数据应用诉求，通过对各种数据汇聚整合、挖掘分析，促进政府决策科学化、社会治理精准化、公共服务高效化，把握能源经济活动的脉搏。

1.2.2 能源大数据面临的技术挑战

1. 数据质量

能源行业数据在可获取的颗粒度，获取的数据的及时性、完整性、一致性等方面均存在很大欠缺，数据源的唯一性、及时性和准确性难以保证，数据来源复杂，监测数据可能存在误差和漏报等问题。行业中企业缺乏完整的数据管控制度、组织以及管控流程。

2. 数据融合共享

能源大数据来源于能源的生产、传输、消费等各个环节，具有多源、多变、异构和海量等特征，各个能源行业数据都具有各自的定义和属性，没有统一的数据建模标准。一个行业中不同企业数据也存在存储方式不一样、同种数据重复存储、统计计算模型不一致、时间颗粒度难统一等一系列问题，形成多源异构的数据孤岛现象，给数据的融通和共享带来了困难。

3. 数据确权

数据确权即在大数据环境下确定数据属于谁的问题。能源数据的所有权、使用权、管理权涉及多个行业及相关部门，特别是政府授权社会资本方搭建的公共服务系统所产生的数据，涉及个人隐私、国家经济命脉，在进行大数据分析中，必须做到权责分明，厘清数据权属关系，防止数据流通过程中的非法使用，保障数据安全流通。

4. 数据分析与挖掘

随着能源行业科技化和信息化程度的加深，以及各种监测设备和智能传感器的普及，大量包括石油、煤炭、太阳能、风能等的数据信息得以产生并被存储下来，强大的数据分析和应用能力可以提高能源利用效率，提供需求预测、能源预警等，为能源开发、消费和规划的相关参与方提供多元数据服务。未来，在实时监控能源生产、消费的基础上，利用大数据预测模型，合理配置能源、提升能源预测能力、促进传统能源管理模式变革，将会为社会带来更多的价值。

5. 数据安全与隐私保护

大数据的应用离不开对海量数据的采集和存储。然而，随着数据规模的不断增大，数据安全和隐私保护问题也日益凸显。能源行业中的大数据包含大量敏感信息，如能源供应商、用户消费信息等，如果这些数据泄露或被滥用，将对个人和企业造成巨大的损失和风险。同时，也需在保护数据本身不对外泄露的前提下实现数据分析计算，达到对数据“可用、不可见”的目的，在充分保护数据和隐私安全的前提下，实现数据价值的转化和释放。

1.3 双碳战略与能源大数据

1.3.1 我国双碳战略发展目标

2021 年 9 月 22 日，国务院在《关于完整准确全面贯彻新发展理念做好碳达峰碳中和工作的意见》中提出了我国“十四五”末期及“3060 目标”各阶段目标：到 2025 年，绿色低碳循环发展的经济体系初步形成，重点行业能源利用效率大幅提升；到 2030 年，经济社会发展全面绿色转型取得显著成效，重点耗能行业能源利用效率达到国际先进水平，二氧化碳排放量达到峰值并实现稳中有降；到 2060 年，绿色低碳循环发展的经济体系和清洁低碳安全高效的能源体系全面建立，能源利用效率达到国际先进水平，非化石能源消费比重达到 80%以上，碳中和目标顺利实现,生态文明建设取得丰硕成果,开创人与自然和谐共生新境界。

2023 年 7 月 11 日,中央全面深化改革委员会第二次会议审议通过了《关于推动能耗双控逐步转向碳排放双控的意见》。《意见》指出,如想实现预期目标,一是需要完善能源消耗总量和强度调控。优化完善调控方式;丰富节能提效管理手段。二是需要健全碳排放双控配套制度。建立碳排放评价制度,研究制定电力等行业碳排放水平评价标准和方法,摸清重点行业碳排放预算管理制度,强化标准、计量、认证体系建设;建立科学合理的评价考核制度。三是需要加快夯实碳排放核算和统计数据基础。完善能源活动碳排放核算与统计,将化石能源电力净调入(调出)蕴含的间接碳排放纳入核算范围,健全工业生产过程碳排放核算与统计,提高碳排放统计核算数据质量。

1.3.2 能源大数据支撑双碳战略

1. 能源大数据助力政府双碳治理能力提升

挖掘能源数据反映社会运行规律的价值,可以为政府、公众、行业提供丰富的能源大数据服务,全面支撑政府决策。能源大数据具有跨行业、跨区域的特点,消除能源数据线下统计偏差,增强能源数据的监测预测,发挥能源数据对宏观经济运行的综合分析与精准预测能力,可以服务政府更加准确分析能源安全、国际形势、产业转型、区域协调等多领域状况,支撑经济治理能力。发挥能源跨界数据交叉分析及相互印证优势,可以助力实施安全、环保、民生等关键领域的全图景式动态监测、高效服务政府开展社会综合治理。

2. 能源大数据促进清洁低碳高效能源体系建设

能源大数据覆盖油、水、气、电等各类能源主体,加速数字技术在能源领域深度应用和创新融合，共同推动能源行业数字化、绿色化转型升级。充分利用能源领域各方优势，携手解决共性的技术难题，突破“卡脖子”的关键问题，推动能源技术、数字技术自主可控和创新；凝聚发展合力，共创能源生态，深化产业链上下游协同，携手共建充满活力的能源数字经济新模式。数字化是新型能源系统的本质特征之一。未来能源系统，需具备“采集感知＋算力算法＋运行控制＋智慧运营”于一体的能力，推进数字技术和物理能源系统的深度融合。能源结构、能源使用形态的演变会导致能源系统运行机理、平衡模式发生重大变化，需要运用数字化技术提高各环节转换效率和可靠性。发挥数据作为关键生产要素的驱动力作用，实现能源流、信息流、业务流、资金流多流融合，推进数据深度共享、资源最优配置、业务高效协同。

3. 能源大数据有效支撑碳排放核算

全面、及时、准确的碳排放数据是开展“双碳”形势分析、研判预警、政策制定的重要依据，实现从能耗“双控”向碳排放“双控”转变，碳排放统计核算是做好碳达峰碳中和工作的重要基础。目前我国颁布的省级和行业碳排放核算方法高度依赖统计年鉴数据，时效性和精细度难以满足政府决策和管理需求。而我国电网、能源企业具有独特优势，电力行业作为重要的碳排放源，与能源活动、工业生产和碳排放等都有较为密切的关系。同时，电力大数据具备实时准确性强、覆盖范围广、价值密度高等特点，利用电力大数据测算全国及分地区、分行业月度碳排放，为解决现有问题提供了可行路径，可为碳排放统计核算体系作有益补充。

第2章

CHAPTER 2

能源大数据基础理论

本章从能源大数据的基础理论入手，阐述了能源大数据的基本概念，包括其定义、特征及分类，介绍了能源大数据的数据管理理论、数据资产管理理论、商业模式和市场机制等内容，重点分析了能源数据标准体系建设、能源数据模型设计、能源数据资产评估方法及商业模式。

2.1 能源大数据基本概念

2.1.1 能源大数据的定义及价值

《中华人民共和国数据安全法》定义数据是“任何以电子或其他方式对信息的记录”。2003 年起，谷歌公司发布关于 GFS、MapReduce 和 BigTable 的三篇论文，奠定了大数据时代的基础，使大数据逐步进入高速发展期。2011 年，麦肯锡全球研究所给出大数据定义，称其是“一种规模大到在获取、存储、管理、分析方面大大超出了传统数据库软件工具能力范围的数据集合”。该定义以数据量为核心，与传统数据及其相关的处理活动进行了区分。大数据定义的对象除数据集合外,广义上还包括相关的数据技术、数据平台、数据获取与应用场景。

人们关于大数据概念的认识是发展的,并逐步注重对其特征以及对应技术、工具重要性的理解(见表 2-1)。结合不同行业场景,在大数据和大数据技术基础上,发展出如交通大数据、生物大数据、医疗大数据、电信大数据、能源大数据等各领域大数据。《辞海》(第七版)给出的能源大数据定义为:“集成多种能源(电、煤、石油、天然气、供冷、供热等)的生产、传输、存储、消费、交易等数据于一体,涵盖能源供给侧和能源消费侧的数据集合”。能源大数据中的“能源”对所属行业进行了界定,涉及数据来源、数据内容、数据应用场景等。

表 2-1　大数据概念的认识

序号	来　源	概念或定义	年份
1	维克托·迈尔·舍恩伯格和肯尼斯·库克耶:《大数据时代》	大数据是人们在大规模数据的基础上可以做到的事情,使用全体数据而非抽样数据,允许不精确,关注相关关系而非因果关系	2008
2	麦肯锡全球研究所:*Big data: The next frontier for innovation, competition and productivity*	一种规模大到在获取、存储、管理、分析方面大大超出了传统数据库软件工具能力范围的数据集合	2011
3	高德纳咨询公司:*The importance of 'big data': A definition*	需要新处理模式才能具有更强的决策力、洞察发现力和流程优化能力来适应海量、高增长率和多样化的信息资产	2012
4	美国国家标准和技术研究所(NIST):《NIST 大数据通用框架》	传统的数据体系无法高效处理的数据集合情况,以海量、多样性、速度、可变性为主要特征,要求用一种可扩展的架构来高效存储、操控和分析数据	2015
5	中国国家标准化管理委员会:《信息技术　大数据　术语》(GB/T 35295—2017)	具有体量巨大、来源多样、生成极快且多变等特征,并且难以用传统数据体系结构有效处理的包含大量数据集的数据	2017

综上所述，我们定义能源大数据为：以一种或多种能源（电力、煤炭、石油等）的开发、生产至消费数据为核心形成的，需要借助新型海量、复杂数据处理工具开展存储、运用等数据处理活动的数据集合。

能源大数据可从传感器、计量仪表、市场交易和消费者行为等多个来源进行采集。通过装设在能源网络和能源装备中的传感器装置和能源表计获取系统运行信息及设备健康状态信息，并将数据信息交由智能运营维护与态势感知系统，实现数据可视化展示、状态监测、智能预警和故障定位等功能，帮助能源企业更好地了解其能源生产等情况，制定更加科学、精确的企业运营策略，实现生产经营管理与发展规划各方面的有效优化。在当今全球对可持续发展的追求中，能源大数据成为促进清洁、可持续能源使用的关键工具。对于能源企业，它的核心价值主要体现在以下几方面。

（1）提高能源利用效率。能源大数据可以帮助能源企业深入了解其能源的生产和使用情况，进行问题分析与解决。例如，通过分析电力系统的历史数据和实时数据，能够准确预测其未来负荷，进而指导电力系统的调度和管理等。这些精细化的管理和预测手段，有助于提高能源利用效率，增加能源供给的灵活性和响应速度，从而更好地满足不断变化的市场需求。

（2）降低企业成本。能源大数据可以帮助能源企业找到成本较高、浪费严重的生产环节以及影响因素，进而制定相应的改进策略，实现降本增效。例如，通过对化石能源生产和消费情况的把握，企业可以更好地规划产能和库存，减少浪费和损失；通过智能电网的实时监测和分析，有助于提高电网稳定性和安全性，进而减少维护成本等。

（3）提升用户体验。随着数字化时代的到来，能源企业不再只是以供给者的角色出现，而是越来越注重用户的感受和需求。利用能源大数据，企业可以深度了解用户用能情况，以个性化的方式为用户提供更好的服务和产品。例如,通过挖掘用户的用能习惯和偏好,更精准地推送适合用户的能源服务方案。

(4) 推动绿色发展。能源大数据可以帮助企业了解能源对环境的影响,从而采取相应的措施来减少环境污染、降低碳排放。例如,通过定期监测分析企业的能源消耗情况,发现潜在的资源浪费及能源浪费情况,采取改进设备使用行为等措施,降低能源消耗。此外,能源大数据的应用也可以促进清洁能源技术发展。

(5) 推动行业创新。能源大数据为企业提供了更多的商业机会,推动行业创新,进而带动整个能源产业的升级换代。例如,利用物联网技术,结合区块链等多种技术手段,可以建立起一种全新的发电、储能、输配电、交易、使用、管理等综合性的能源体系,从而打造出更加灵活和高效的能源系统。

2.1.2 能源大数据的特征

关于大数据特征,最为经典的论述是“4V”: Volume(规模),Velocity(速度),Variety(多样性)和 Value(价值)。此外,也有学者提出补充 Veracity(准确性/真实性)、Vitality(动态性)供应等作为大数据的特性。中国电子技术标准化研究院发布的《大数据标准化白皮书(2014)》,通过调查发现对于大数据特性的关注度从高到低依次为多样性、价值、真实性、规模、速度。

能源作为国民经济和世界发展的基础,其结构庞大而复杂,各环节无时无刻不在产生大量数据。伴随能源企业信息化的快速进步与新型电力系统的全面建设,能源大数据体量更是呈指数级提升。大数据的数据量大、数据的产生和处理速度快、数据多样性、价值密度低的特征,在能源领域的具体表现如下。

规模: 数据体量巨大。由于能源大数据涉及范围广、影响深远,同时大数据技术在能源全环节传感信息采集装置与能源设备中的海量应用，且信息采集装置工作频率较高，使得能源大数据体量增长速度极快，其量级达 TB(Terabyte)至 PB(Petabyte)级甚至 EB(Exabyte)级以上。

快速：时效性与全面性强。随着能源行业科技化和信息化程度的加深，以及各种监测设备和智能传感器的普及，大量包括石油、煤炭、太阳能、风能等的数据信息得以产生并被存储，所获得的数据采集频率在分钟级以内，数据量增长速度快。这就为构建实时、准确、高效的综合能源管理系统提供了数据源，可以让能源大数据发挥作用。

多样性：数据多源异构。能源大数据集成多种能源(电、煤、石油、天然气、供冷、供热等)的生产、传输、存储、消费、交易等数据于一体，是政府实现能源监管、社会共享能源信息资源、促进能源体制市场化改革的基本载体。能源大数据与传统能源系统的结构化量测数据相比，每类数据源的数据采集所覆盖的范围大小不一，数据信息聚焦的时空尺度有别，在数据多样性方面呈现出明显的多源异构特征。

价值：高价值与低价值密度。人类生产生活行为需要消费能源，能源数据成为客观反映社会、经济、生产生活情况的“指针”。能源行业基础设施的建设和运营涉及大量工程和多个环节的海量信息，而大数据技术能够对海量信息进行分析，帮助提高能源设施利用效率，降低经济和环境成本。最终在实时监控能源动态的基础上，利用大数据预测模型，可以解决能源消费不合理的问题、促进传统能源管理模式变革、合理配置能源、提升能源预测能力等，将会为社会带来更多的价值。

2.1.3 能源大数据的分类

能源大数据是按照大数据的所属行业领域进行了一次分类。能源大数据具有多维特征，且相互间客观存在逻辑关联，可从数据自身的分类维度、基于领域特点的分类维度等方面进行考虑。

数据自身的分类维度包括：

按照数据量级划分，依次递增分为TB级，即万亿字节级别，PB级，即千万亿字节级别，等等。数据量级对数据存储、管理、分析、应用等技术提出更高要求。按照数据基本类型划分，分为结构化数据、非结构化数据、半结构化数据。非结构化数据形式多样，包括图像、视频、音频文件和文本信息等。这类数据无法用传统的关系数据库进行存储，且数据量通常较大。各类能源生产、加工过程中的监控设备、检测设备，是非结构化数据中图像数据的重要来源。按照数据产生类型划分，分为传统企业数据——包括管理信息系统(Management Information System, MIS)数据，传统的企业资源计划(Enterprise Resource Planning, ERP)数据，库存数据以及财务账目数据等；机器和传感器数据——包括呼叫记录、智能仪表、工业设备传感器、设备日志、交易数据等；社交数据——包括用户行为记录、反馈数据等。例如，电网企业，由于涉及电网设备运行管理、供电服务、企业自身运营多方面，因此持有各种产生类型的数据。

基于领域特点的分类维度：

首先是能源大数据产生主体，包括：按照能源类型划分，可分为能源和耗能工质[①]类型两部分，其中，能源包括煤炭、石油、天然气、生物质能、电力、热力以及其他直接或者通过加工、转换而取得有用能的各种资源；耗能工质包括水(新水、软化水、除氧水)、压缩空气、氧气、氮气、二氧化碳、乙炔、电石等。同时，可按照一次或二次能源、可再生能源、清洁能源等能源资源性质进行分类。按照能源产业链环节划分，可分为能源开发环节——包括勘探、开采等，能源转化环节——例如石油炼制、天然气液化等，能源生产环节——包括能源产品的生产、存储、运

① 耗能工质是在生产过程中所消耗的不作原料使用，也不进入产品，制取时又要消耗能源的工作物质。它是由能源经过一次或多次转换而成的非热性属性的载能体。

输和分配等，以及能源消费环节。按照能源业务类型划分，可分为运行管理、工程建设、技术装备、设计咨询、经济法律、教学科研等。例如，电力行业包括调度控制、运维检修、电力营销、财务资源、安全监察等不同专业，可参考分类。

其次是能源大数据权属主体角度，包括：按照能源数据生成来源，即数据生产的主体划分，可分为能源公共数据、能源企业数据、能源用户个人信息数据等；按照能源数据管理层级划分，例如考虑行政区域、经济区域，可分为省级、区域级、国家级能源数据等。

最后，按照能源数据的应用对象划分，可分为双碳大数据、能耗大数据、能源安全大数据等。需要注意的是，此处涉及大量跨领域数据的融合应用，包括经济、人口、气象、环境等数据，广义上来看，这也是能源大数据的组成部分。

GB/T 38667—2020《信息技术—大数据—数据—分类指南》《T/JSIA 能源大数据　数据分类分级指南》等标准给出了大数据或能源大数据的分类体系，可用于参考制定能源大数据的分类目录。

2.2 能源大数据管理理论

2.2.1 数据管理理论体系

能源大数据因具有体量巨大、时效性与全面性强、数据多源异构等特征，对数据管理能力提出了更高的要求。能源大数据的管理，需要重视其体系化、标准化、架构化和规范化。数据管理体系化方面，数据管理的概念自 20 世纪 80 年代提出，并发展出数据治理、数据资产管理，通过各种理论体系的构建及实践优化，不断促进大数据产业的深入发展。其中，以国际数据管理协会（Data Management Association，DAMA）提出的 DAMA-DMBOK 和基于国家标准 GB/T 36073—2018《数据管理能力成熟度评估模型》提出的 DCMM 为典型代表。

1. DAMA-DMBOK

数据管理知识体系 DAMA-DMBOK 是 DAMA 通过对业界数据管理最佳实践的分析总结，在 2009 年提出的一种数据管理体系。由 11 个数据管理职能领域和 7 个基本环境要素共同构成“DAMA 数据管理知识体系”，每项数据职能领域都在 7 个基本环境要素约束下开展工作，按照一定的逻辑结构进行分析，保证数据治理的目标和实际商业过程的贡献。用于指导组织的数据管理职能和数据战略的评估工作，并建议和指导刚起步的组织去实施和提升数据管理。DAMA-DMBOK 定义的数据管理的核心职能如图 2-1 所示。中心内容是数据治理，按照先后建设的逻辑顺序来看，分别有数据治理、数据架构、数据建模和设计、数据存储和操作、数据安全、数据集成和互操作、文件和内容管理、参考数据和主数据、数据仓库和商务智能、元数据、数据质量。

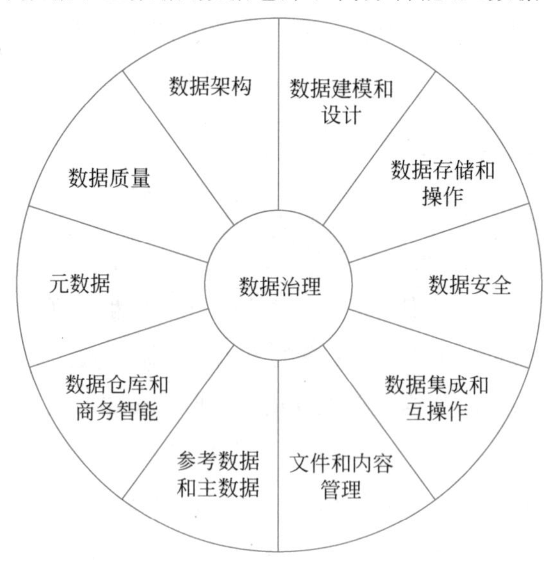

图 2-1　DAMA-DMBOK 数据管理框架

- 数据治理：通过建立一个能够满足企业数据需求的决策体系，为数据管理提供指导和监督。
- 数据架构：定义了与组织战略协调的数据管理资产蓝图，以建立战略性数据需求及满足需求的总体设计。
- 数据建模和设计：以数据模型的精确形式，进行发现、分析、展示和沟通数据需求的过程。
- 数据存储和操作：以数据价值最大化为目标，在整个数据生命周期中，从计划到销毁的各种操作活动。
- 数据安全：确保数据隐私和机密性得到维护，数据不被破坏，数据被适当访问。
- 数据集成和互操作：包括与数据存储、应用程序和组织之间的数据移动和整合相关的过程。
- 文件和内容管理：用于管理非结构化媒体数据和信息的生命周期过程，包括计划、实施和控制活动，尤其是指支持法律法规、遵从性要求所需的文档。
- 参考数据和主数据：包括核心共享数据的持续协调和维护，使关键业务实体的真实信息，以准确、及时和相关联的方式在各系统间得到一致使用。
- 数据仓库和商务智能：包括计划、实施和控制流程来管理决策支持数据，并使知识工作者通过分析报告从数据中获得价值。
- 元数据：包括规划、实施和控制活动，以便能够访问高质量的集成元数据，包括定义、模型、数据流和其他至关重要的信息（对理解数据及创建、维护和访问系统有帮助）。
- 数据质量：包括规划和实施质量管理技术，以测量、评估和提高数据在组织内的适用性。

2. DCMM

DCMM 是国家标准 GB/T 36073—2018《数据管理能力成熟度评

估模型》(*Data Management Capability Maturity Model*)的英文简称。DCMM 是我国数据管理领域第一个正式发布的国家标准,旨在帮助企业利用先进的数据管理理念和方法,建立和评价自己的数据管理能力,不断完善数据管理组织、程序和系统,充分发挥数据在促进企业向信息化、数字化、智能化发展方面的价值。DCMM 定义了数据战略、数据治理、数据架构、数据应用、数据安全、数据质量、数据标准和数据生存周期 8 个核心能力领域,如图 2-2 所示。

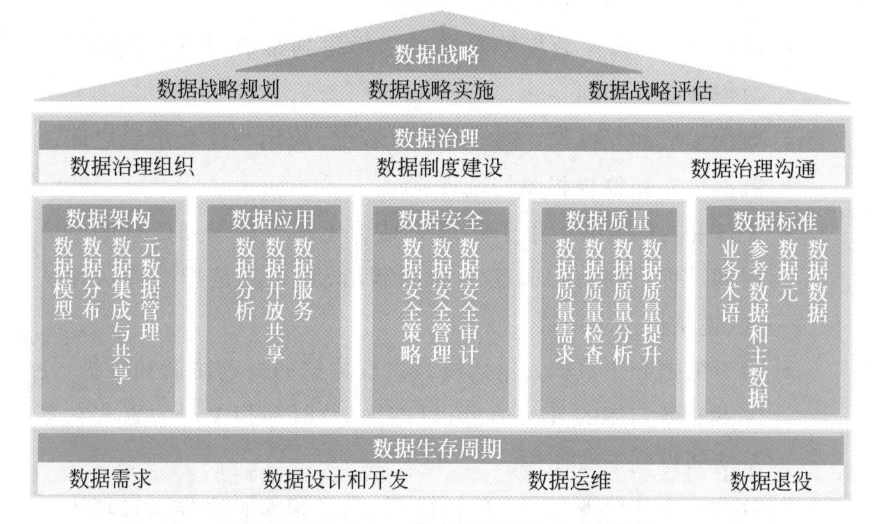

图 2-2 DCMM 数据管理能力域结构

- 数据战略:组织开展数据工作的愿景、目的、目标和原则。
- 数据治理:对数据进行处置、格式化和规范化的过程。
- 数据架构:通过组织级数据模型定义数据需求,指导对数据资产的分布控制和整合,部署数据的共享和应用环境,以及元数据管理的规范。
- 数据应用:基于数据展开的分析、共享和服务活动。
- 数据安全:数据的机密性、完整性和可用性。

- 数据质量：在指定条件下使用时，数据的特性满足明确的和隐含的要求程度。
- 数据标准：数据的命名、定义、结构和取值的规则。
- 数据生存周期：将原始数据转换为可用于行动的知识的一组过程。

2.2.2 能源数据标准

能源数据的收集、存储、分析和应用等的标准化，有助于提升数据管理效率，降低运营成本，更好地实现数据流通与价值发挥。我国能源数据的标准化，是指依据《中华人民共和国标准化法》和《能源标准化管理办法》等相关规定，组织能源数据领域国家标准和行业标准的制修订、实施和对标准的实施进行监督，指导企业开展标准化工作。

随着能源行业数字化转型深入和数字化水平提升，各能源企业积累了海量的数据信息。虽然能源行业在数据方面已经存在着各类国家标准、行业标准、企业标准，但整体分析能源行业信息技术、大数据相关标准体系，发现这些标准体系层次划分需要进一步优化，标准体系内的各技术应用规范不协调，数据管理类标准分类和数据技术约束规范均需要提升。此外，与当前行业信息技术发展和应用的需求相比，标准整体质量亟待提高。面对大数据时代，物联网、人工智能、云计算等新型信息技术与行业发展融合的新需求，部分标准适用范围和内容不全面，在实际生产中发挥的作用不理想，且体系动态更新滞后，缺少新兴技术元素。

1. 能源数据标准化现状

1）电力行业

依据《能源标准化管理办法》，能源领域电力行业标准化管理机构包括中国电力企业联合会、电力规划设计总院。中国电力企业联合会下设标委会逾100个，包括电力行业标委会、全国标委会及分委会、中电联标委会、IEC/TC中国秘书处。其中，电力行业信息标准化技术委员会与信息技术、大数据最为密切。在电力数据方面，随着坚强智能电网的建设，电力行业已经产生了海量的电力行业大数据集，相关数据标准重点涵盖基础概念、数据的采集与转换、传输、存储与管理、分析挖掘、数据质量、数据服务、安全防护等方面。统计至2020年，在国家及行业层面，已形成电力数据规范、数据和通信安全等相关国家标准约20项，数据传输、访问规范等相关行业标准约50项，包括《电网运行与控制数据规范》《电力大数据资源数据质量评价方法》《电网设备通用数据模型命名规范》，示例如表2-2所示。

表2-2 能源数据标准示例

类别	标准号	标准名称
能源	GB/T 38667—2020	信息技术　大数据分类指南
	GB/T 35274—2023	信息安全技术—大数据—数据—服务安全能力要求
	T/JSIA 0001—2022	能源大数据　数据分类分级指南
	DB33/T 2550—2022	能源大数据中心通用架构和技术要求
电力	GB/T 35682—2017	电网运行与控制数据规范
	GB/T 38436—2019	输变电工程数据移交规范
	GB/T 32575—2016	发电工程数据移交
	GB/T 33601—2017	电网设备通用模型数据命名规范
	GB/Z 25320.1—2010	电力系统管理及其信息交换　数据和通信安全　第1部分：通信网络和系统安全　安全问题介绍
	T/CEC 261—2019	电力大数据资源数据质量、评价方法
	T/CEC 282—2019	基于大数据的水电厂设备状态预警技术导则
	DL/T 1171—2012	电网设备通用数据模型命名规范
	DL/T 1661—2016	智能变电站监控数据与接口技术规范
油气	SY/T 7006—2014	石油行业信息系统总体控制规范
	SY/T 6227—2005	石油工业数据库设计规范
	SY/T 6932—2012	石油地质图形数据交换规范
	SY/T 7004—2014	石油数据映射应用指南

续表

类别	标　准　号	标 准 名 称
煤炭	DB14/T 2819—2023	煤炭洗选企业信息化建设规范
	DB15/T 1607.1—2019	基于物联网的煤炭物流信息应用技术规范 第1部分：业务流程概述
	NB/T 10246—2019	煤岩动力灾害多元监测信息传输与集成系统技术要求

2）油气行业

石油信息与计算机应用专业标准化委员会，通过深入贯彻落实石油工业标准化技术委员会的总体规划，持续完善油气行业信息技术标准体系，建立了油气行业信息技术标准化工作统筹推进机制，优化了标准布局，加快了关键领域标准制、修订工作，注重标准质量，在标准的宣传与实施等方面均取得较好效果。

统计至2020年，油气行业信息技术标准体系分为管理与服务类、基础设施类、技术应用类、信息安全类和数据管理类总计5个子类。管理与服务类标准，包括《石油行业信息系统总体控制规范》；基础设施类标准，包括《石油工业数据库设计规范》和《石油地质绘图软件符号规范》；信息安全类标准，包括《石油工业计算机信息系统安全管理规范》和《石油工业计算机病毒防范管理规范》；技术应用类标准，包括《石油地质图形数据交换规范》《石油工业应用软件工程规范》和《石油数据映射应用指南》；数据管理类标准，包括《石油录井数据项名称规范》和《油(气)层层位代码》。

3）煤炭行业

目前，煤炭行业已经启动了煤矿智能化标准体系的建设工作。信息基础设施作为智能化煤矿建设的重要组成部分，相关标准立项和制定工作也已经开始。按照智能化煤矿信息基础设施标准体系框架结构，分为基础标准、通信网络标准、煤矿物联标准、煤矿数据标准、信息安全标准。

煤矿数据标准子体系主要规范煤炭企业数据存储、交换、分析、管理、服务等要求。主要包括：一是存储交换标准。主要规范数据存储以及各种系统之间数据交换的互操作、性能等方面的要求，以及数据存储规模、存取速度、系统响应时间、系统接入能力、信息交互能力等评价指标。二是数据分析标准。主要规范数据分析流程、不同场景下数据分析方法等方面的要求，以及数据分析算法、模型、业务场景模型的能力评价指标。三是数据管理标准。主要规范数据的存储结构、数据字典、元数据格式、数据表结构、数据质量、生命周期管理等方面的要求。四是数据服务标准。主要规范提供数据服务的能力，包括数据分析服务、可视化服务等方面的要求。

2. 能源数据标准体系框架构建

1）标准体系构建原则

由于能源数据跨煤炭、石油、天然气、电力、新能源、热力等众多行业，业务领域复杂、数据来源多、各行业企业数据管理水平各异，因此构建能源数据标准体系是一项复杂工作，需要遵循如下原则进行构建。

- 科学性。以国家标准、行业标准为基础按行业通用分类。积极采用、借鉴国内数据标准相关规范，标准分类符合行业习惯。
- 全面性。需要覆盖各类能源的生产、消费、经营和管理，不重不漏。
- 前瞻性。充分借鉴国内外同行业的先进实践经验，力争数据标准化体系具备一定的前瞻性，满足数据要素生产力和数据资产发展需要。
- 扩展性。符合能源业务发展、能源数据管理的相关要求。

2）构建标准体系方法

（1）收集梳理数据标准。全面收集梳理国际标准、国家标准、行业标准、企业标准及各省市地方标准与团体标准，并结合大数据技术及能源产业发展现状与趋势，为建立能源大数据标准体系打下前期基础。在进行收集工作时，按照通用体系标准、单一领域标准、数据管理领域标准和行业标准的次序展开，逐层深入，由通用到聚焦能源行业，如图 2-3 所示。

（2）构建方法。分析前期收集梳理的数据标准，重点选择 DAMA、DCMM、国家大数据标准化框架以及各行业大数据标准体系作为研究对象，理论与实践结合，构建能源大数据标准体系，方法如图 2-4 所示。涵盖基础标准、数据标准、技术标准、平台或工具、治理与管理、安全与隐私、数据应用与服务 7 方面，指导、规范能源数据的采集、处理、共享、管理和应用效率。

2.2.3 能源数据的架构

广义的能源大数据不仅包含了煤炭、石油、天然气、新能源、电力、热力等能源行业的直接数据，也涉及气象、宏观经济、金融服务等其他领域的数据。由于能源数据来自不同领域，具有数量多、来源广、种类杂、格式各异的特点，需要构建统一的能源数据架构，设计能源数据模型，为能源数据汇聚共享打造基础，以发挥能源数据的作用和价值。

本节从能源数据架构概念出发，结合能源数据特点和安全要求，提出分级分区的能源数据总体架构，以能源分类分级为基础，刻画能源数据的分布和流转。针对能源数据模型提出设计策略、规范和方法，并以实例形式说明了设计方法的应用。

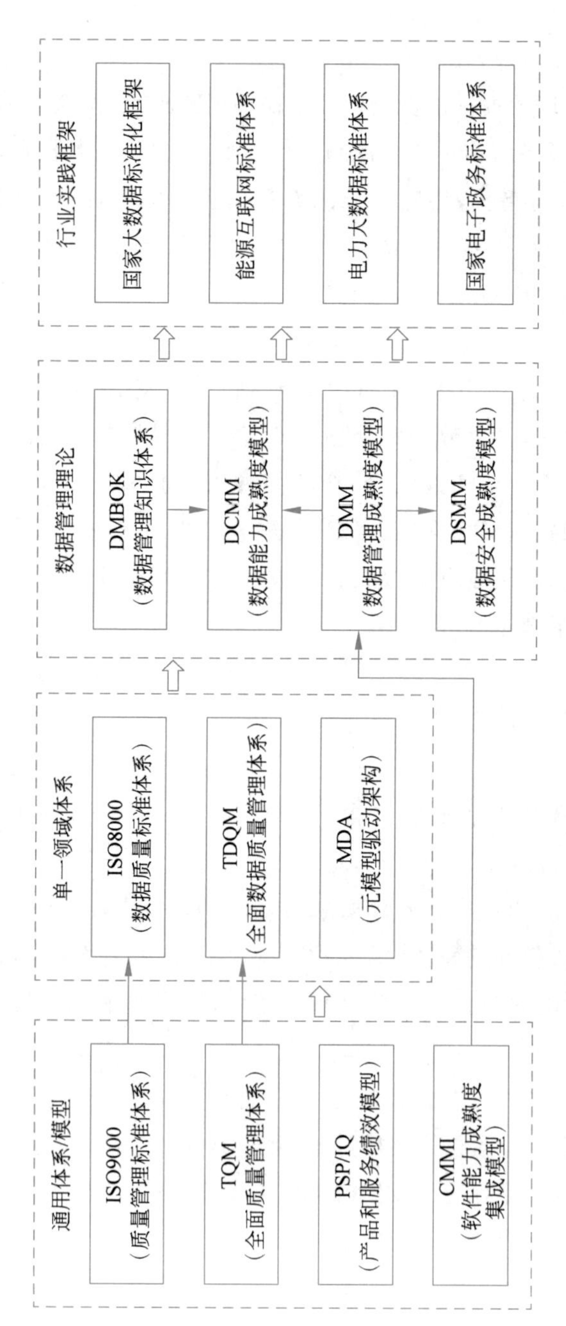

图 2-3 梳理数据标准流程

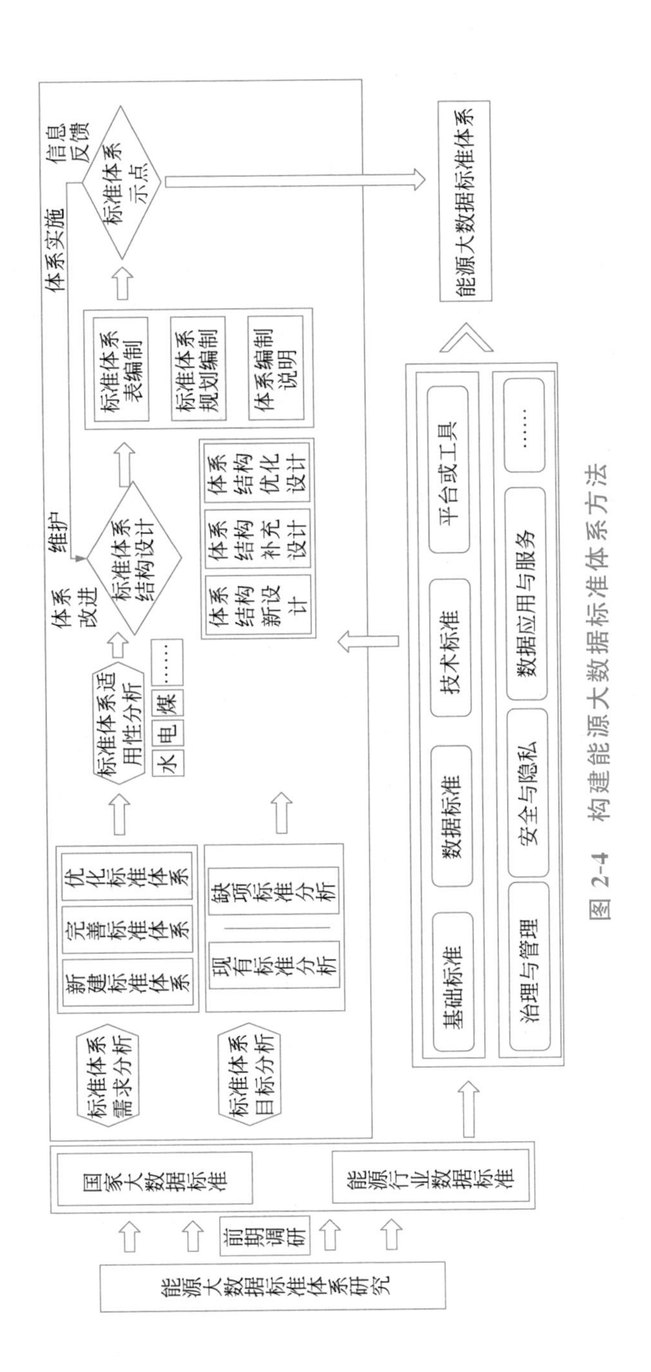

图 2-4 构建能源大数据标准体系方法

1. 数据架构概念

在 DAMA 的数据管理知识体系指南中，数据架构是企业信息化架构的重要组成部分，它对数据架构的描述主要包含企业数据模型、数据流设计、数据价值链和实施路线图。企业数据模型是一个整体的、企业级的、独立实施的概念或逻辑数据模型，为企业提供通用的、一致的数据视图。数据流设计定义了数据库、应用、平台和网络(组件)之间的需求和主蓝图。这些数据流展示了数据在业务流程、存储位置、业务角色和技术组件间的流动。数据价值链基于企业核心业务价值链的数据分布和流向，与数据流设计是一致的。实施路线图描述了数据架构3～5 年的发展路径。考虑到实际情况和技术评估，由实施路线图和业务需求共同将目标数据架构变为现实。

在国家标准《数据管理能力成熟度评估模型(DCMM)》中，数据架构是 DCMM 的 8 大领域之一，它对数据架构的定义是：“通过组织数据模型定义数据需求，指导数据资产的分布控制和整合，部署数据的共享和应用环境，以及元数据管理的规范”。在 DCMM 中，数据架构包含了数据模型、数据分布、数据集成与共享、元数据管理四部分内容。数据模型是使用结构化的语言将收集到的组织业务经营、管理和决策中使用的数据需求进行综合分析，按照模型设计规范将需求重新组织。数据分布是针对组织级数据模型中的数据定义，明确数据在系统、组织和流程等方面的分布关系，定义数据类型，明确权威数据源，为数据相关工作提供参考和规范。数据集成与共享是建立组织内各应用系统、各部门之间的集成共享机制，通过组织内部数据集成与共享相关制度、标准、技术等方面的管理，促进组织内部数据的互联互通。元数据管理主要是关于元数据的创建、存储、整合与控制等一整套流程的集合。

数据架构的底层逻辑具有一定的数据资源规划的内涵，是对企业数据进行结构化、有序化治理，让企业从数据孤岛走向数据共享，让企业数据能够更好地被管理、流动和使用，充分释放数据价值。基于这一底层逻辑，可以发现 DAMA 和 DCMM 在数据架构定义和内容上，虽然有所差异，但本质是一样的，最核心的是数据模型和数据流。

2. 能源数据架构

能源数据架构是从全局视角统一对能源数据进行组织和规划，提高跨业务应用间数据存储和共享的效率，其核心内容包括能源数据模型、能源数据分布和能源数据流转。下面将首先针对能源数据总体架构以及数据流的部分——能源数据分层、能源数据分布和能源数据流转展开描述，能源数据模型部分将在后续章节展开。

1）能源数据总体架构

制定能源数据总体架构，需要能源企业从总体上规划企业的数据资源，包括数据架构总体原则、数据架构规划、数据架构设计方法及实施步骤、数据架构技术等。一个通用的数据架构，可以自下而上包括工具平台、数据采集、数据存储、数据计算、数据服务等几个层级的内容。

能源数据总体架构的设计，可基于相关能源大数据平台，参照能源领域相关国家标准、行业标准制定分级分类标准，明确数据汇聚范围，设计形成数据资产目录和数据分层，进而开展数据模型、数据分布和数据治理三方面工作，最终实现能源数据的高效流转，输出能源大数据服务。

- 数据资产目录，是公司数据资产的清单。数据资产目录管理包括目录维护及目录安全权限管理，目录应用场景包括数据资产的可视化应用、数据资产目录服务、数据分析应用场景等内容。
- 数据分层，是基于能源企业的特点，对数据资产进行分层，例如按照数据的处理过程分为数据采集层、存储分析层、数据共享层、数据应用层。它与血缘分析、特征自动生成、元数据管理等后续建设相关。

- 数据模型，是描述数据与数据之间关系的模型，需要遵从数据标准。数据标准包括元数据标准和对应的数据模型标准。良好定义的元数据和数据模型，有助于保障数据共享的一致性、完整性与准确性。
- 数据分布，是明确数据在系统、组织和流程等方面的分布关系，定义数据类型，明确权威数据源，为数据相关工作提供参考和规范。通过数据分布关系的梳理，定义数据相关工作的优先级，指定数据的责任人，并进一步优化数据的集成关系。
- 数据治理，是组织中涉及数据使用的一整套管理行为，由企业数据治理部门发起并推行，关于如何制定和实施针对整个企业内部数据的商业应用和技术管理的一系列政策和流程。它的最终目标是提升数据的价值。

2）能源数据分层

数据分层就是把大量数据更有逻辑地组合在一起，方便使用者和创建者进行操作与应用。能源企业基于自身特点，开展能源数据分层设计。数据分层能够使企业在管理数据时掌握更清晰的数据结构，形成对数据血缘的追踪。常见的能源数据分层思路包括：结构化数据与非结构化数据、企业级数据与应用系统级数据、元数据与过程数据等。

- 结构化数据与非结构化数据。结构化数据是有固定格式和有限长度的数据，例如能源企业典型 PMS（Power Production Management System）、ERP（Enterprise Resource Planning）、OMS（Order Management System）等企业应用系统核心数据；非结构化数据是不定长、无固定格式的数据，比如企业管理制度规范等，例如企业 OA（Office Automation）系统数据；以及半结构化数据，如 CSV、日志、XML、JSON 等格式的数据。
- 企业级数据与应用系统级数据。企业级数据对应企业级的数据标准，定义了能源核心业务实体、实体之间的关联关系，相关的业务规则；应用系统级数据是在某些应用或系统中相对具体的数据。

- 元数据与过程数据。元数据是企业业务中相对静态、不变的实体信息描述，是业务运行所必需的关键信息；过程数据通常指的是在业务流程中产生的记录业务变化的数据。能源企业涉及的元数据包括在线交易类型（On Line Transaction Processing，OLTP），如交易订单状态和在线分析类型（On Line Analysis Processing，OLAP），如用户购买行为的分析等类型。

而从能源数据的处理过程，可以分为以下几层。

- 数据采集层，把能源数据从各种数据源中采集和存储到数据存储器上，例如基于智能水表、电表获取的能源消费数据，过程中涉及转移、交换、选择、过滤和清洗等手段，包括数据分片、路由、结果集处理、数据同步等；
- 存储分析层，包括 OLAP、OLTP、实时计算、离线计算、大数据平台、数据仓库、数据集成、数据挖掘、流计算，涉及结构化数据存储、非结构化数据存储、大数据存储等；
- 数据共享层，涉及数据共享、数据传输、数据交换、数据集成等；
- 数据应用层，涉及应用系统、产品功能、领域模型、实时查询、数据接口等。

3）能源数据分布

数据的分布关系，包括典型的数据源分布、信息流、数据流，以及业务流程通过数据形成联动的模式。数据分布的一个重点是数据存储。数据存储设计需考虑是否结构化数据、数据量级、数据采集方式等多方面因素。例如，不同能源数据按照它的安全等级要求，有不同的存储要求。基于《信息安全技术　网络安全等级保护定级指南》（GB/T 22240）

等相关国家标准要求，根据数据的敏感及影响程度，综合考虑数据遭破坏、泄露或非法利用后对国家安全、公共利益、个人合法权益、组织合法权益的影响程度，将能源大数据分级划分为 4 个安全等级，并按照就高原则进行定级，如表 2-3 所示，进而对能源数据存储分布架构进行设计。

表 2-3　数据安全等级表

数据级别	敏感程度	判断标准	影响说明
1 级	公开数据	依法公开和披露的数据，可以公开和披露的数据	数据遭破坏、泄露或非法利用后，对国家安全、社会秩序、公共利益、能源发展和公民、法人、其他组织的合法权益均无影响
2 级	一般数据	不宜公开的数据，但在公民、法人和其他组织授权下可在一定范围内共享的数据	数据遭破坏、泄露或非法利用后，对公民、法人和其他组织的合法权益造成一定程度损害，对国家安全、社会秩序、公共利益和能源发展无影响
3 级	敏感数据	不得公开的数据，但在公民、法人和其他组织授权下可在小范围内共享、特定用途使用的数据	数据遭破坏、泄露或非法利用后，对公民、法人和其他组织的合法权益造成严重损害，或对社会秩序、公共利益和能源发展造成损害，但对国家安全无影响
4 级	商密数据	涉及公民、法人和其他组织核心利益的数据，不得公开、不宜共享	数据遭破坏、泄露或非法利用后，对社会秩序、公共利益、能源发展造成严重损害，或对国家安全造成损害

4）能源数据流转

能源数据流转设计，需要明确流转的条件和流转的规则。按照数据流转的主体对象，典型能源企业涉及的数据流转包括：

（1）外部数据接入。针对政府机构、能源企业、公开网站等外部数据，根据不同数据安全等级要求，采用公网接入、VPN专线或政企专线方式建立数据通道；根据源端数据的存储介质、数据类型、数据时效性等特点，通过在线系统集成、离线导入等方式实现外部数据接入。其中，应区分商密/敏感数据汇聚接入与一般/公开数据汇聚接入。

（2）内部数据输出。企业内部能源数据按照相关数据流通、共享管理规定，在考虑数据脱敏、个人隐私保护的前提，依托隐私计算、联邦学习、区块链、云计算等安全共享技术，形成对外的数据产品或数据服务。

（3）跨层级数据流转。依托不同层级的能源大数据平台实现数据交互，可分为数据下发与数据上传。

选取数据流转技术方案时，还需要考虑数据量的大小以及使用时效性的要求。

2.2.4 能源数据模型

能源数据模型是能源数据架构中最重要的组成部分，是能源数据汇聚融合的基础，下面将介绍能源数据模型基本概念，提出能源数据模型构建的策略、规范和方法，最后给出一个实际模型构建的案例。

1. 数据模型概念

数据模型主要是针对组织经营、管理、决策活动中的数据信息需求，建立一系列结构化的概念数据模型、逻辑数据模型和物理数据模型，三者之间是一个递进关系。数据模型设计工作包括收集和理解组织的数据信息需求、开发和维护数据模型及信息价值链分析，识别数据主题域和主要数据实体，给出主题域、实体、关键属性定义，明确主题域之间、实体之间关系，使数据与业务流程及其他组织架构的组件协调一致。通过构建统一的数据模型，指导相关业务系统建设，保证不同业务系统中的相同数据有一致的理解和定义。具体说明如表 2-4 所示。

表 2-4 能源数据模型分类

模型分类	定 义	包含内容
主题域模型	主题域模型是在较高层次上将组织的数据进行综合、归类和分析利用的抽象概念，每一个主题通常对应一个宏观的业务分析领域	√ 数据主题； √ 主题间的关系
概念模型	经分析和总结，提炼出的用以描述业务需求统一语义的关键业务概念对象及其关系的抽象	√ 核心数据实体； √ 核心数据实体间的关联关系
逻辑模型	逻辑模型是对概念模型的进一步分解和细化，从企业级视角对公司核心业务对象(实体)及其属性字段(属性)、相互关联关系(关系)进行统一补充和完善	√ 数据实体； √ 数据实体的属性； √ 属性类型； √ 数据实体间的关联关系
物理模型	物理模型是遵循逻辑模型，依据业务应用的数据处理需要(如业务交易、离线分析、实时计算等)，基于选定数据库产品，形成的数据库结构和表设计，用于支撑业务应用对数据的存储、处理、访问和计算等需求	√ 数据表； √ 数据表字段 √ 字段类型、长度、精度； √ 数据表间关联关系； √ 主键； √ 外键

1）主题域数据模型

主题域数据模型是数据建模过程中使用的概念，它是数据架构的最顶层视角之一，通过对数据进行高度抽象和概念分组来形成主题域。主题域是数据建模的起点，它在一个特定的主题内逐步梳理数据的概念和关系，并进行详细设计。

2）概念数据模型

简称概念模型，主要用来描述世界的概念化结构，是一个高层次的数据模型，定义了重要的业务概念和彼此的关系，由核心的数据实体或其集合，以及实体间的关系组成。

3）逻辑数据模型

简称逻辑模型，是对概念数据模型进一步地分解和细化，描述实体、属性以及实体关系，反映的是系统分析设计人员对数据存储的观点，主要解决细节的业务问题，设计时一般遵从“第三范式”以达到最小的数据冗余。

逻辑数据模型涉及实体、属性、关系、基数，以及泛化、关联、聚合、组合等实体关系类型，其相关概念如图 2-5 所示。

4）物理数据模型

简称物理模型，是面向计算机物理表示的模型，描述了数据在存储介质上的组织结构，即用于存储结构和访问机制的更高层描述，描述数据是如何在计算机中存储的，如何表达记录结构、记录顺序和访问路径等信息。它不但与具体的数据库有关，而且还与操作系统和硬件有关。物理模型涉及表、字段、记录、主键、外键，其相关概念如图 2-6 所示。

2. 能源数据模型设计

1）总体策略

能源数据模型设计包括“自上而下”“自下而上”“上下结合”三种方式，需要根据实际业务需求及信息化或数字化系统所处的发展阶段灵活选择设计方式。

（1）自上而下方式。

一种基于业务需求驱动的数据模型设计方式，即从业务需求出发，先开展业务需求分析、业务模型设计，在厘清业务活动、业务流程、业务角色、业务逻辑的基础上，依次开展概念模型设计、逻辑模型设计、物理模型设计，见图 2-7。

这种模型设计方式通常适用于新建业务处理类应用，需要开展一系列的业务需求分析、业务设计、系统设计、系统开发等业务系统开发建设工作，而数据模型设计主要存在于系统设计阶段。

（2）自下而上方式。

一种基于系统现状驱动的数据模型设计方式，即从现有的应用级模型开始，提取在不同应用系统的数据字典，经过分析整合形成统一的

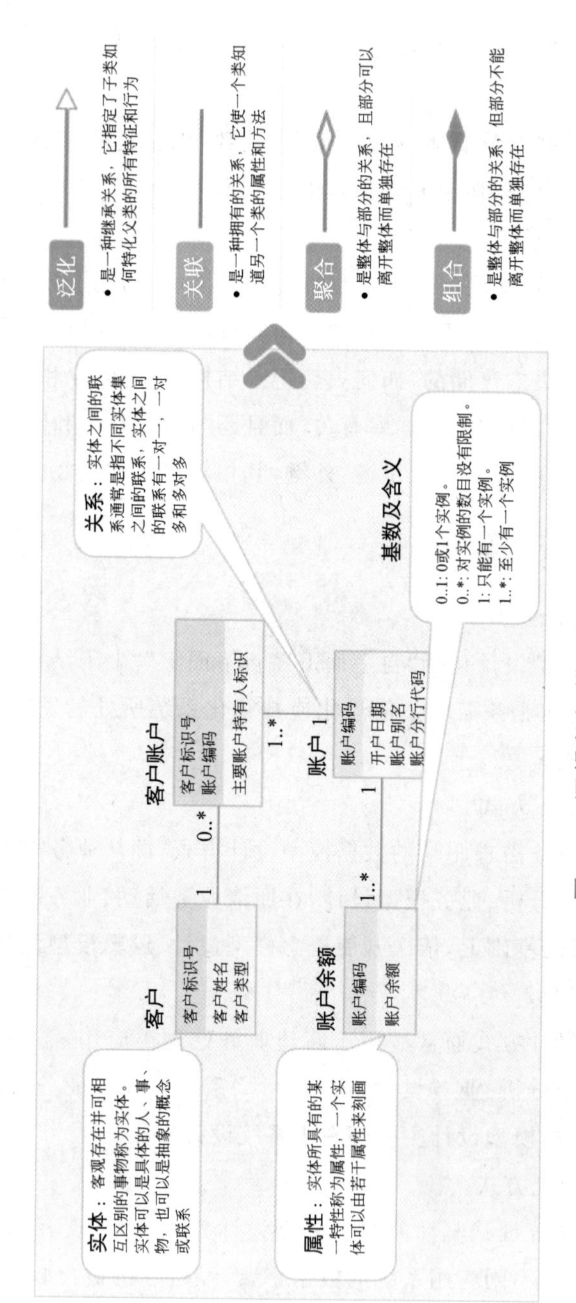

图 2-5 逻辑数据模型相关概念示意图

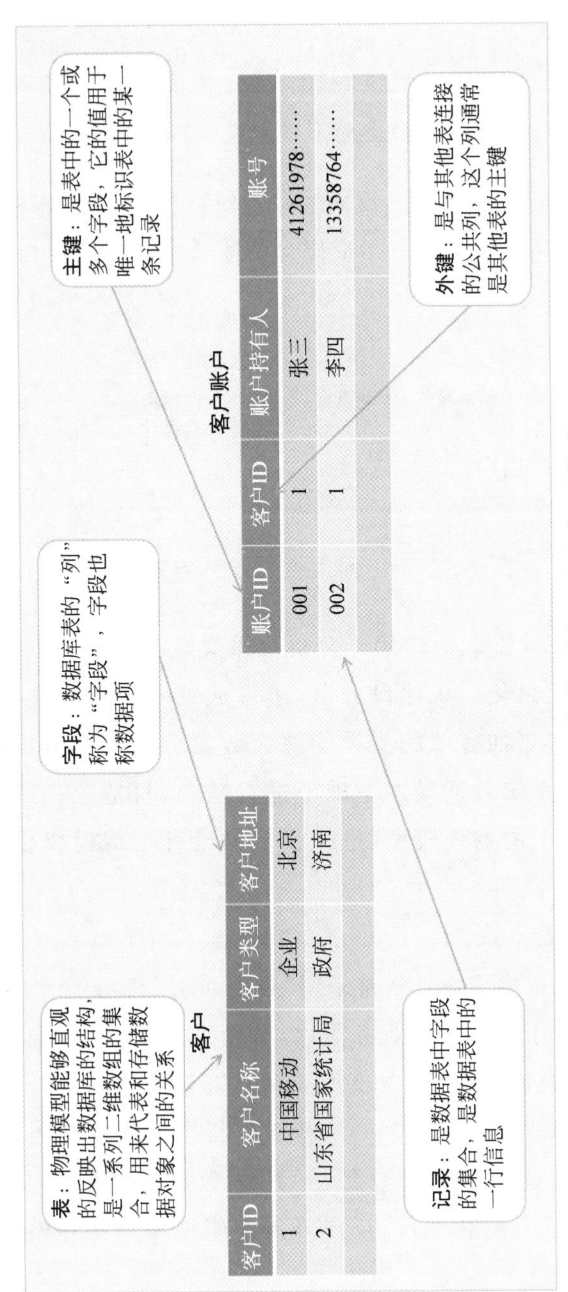

图 2-6　物理数据模型相关概念示意图

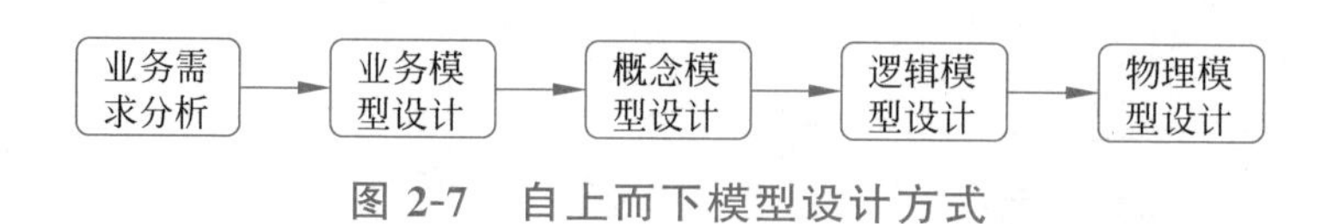

图 2-7 自上而下模型设计方式

物理模型,然后基于物理模型,反向抽象逻辑模型,再在逻辑模型基础上,提取核心实体及实体关系,形成概念模型,如图 2-8 所示。

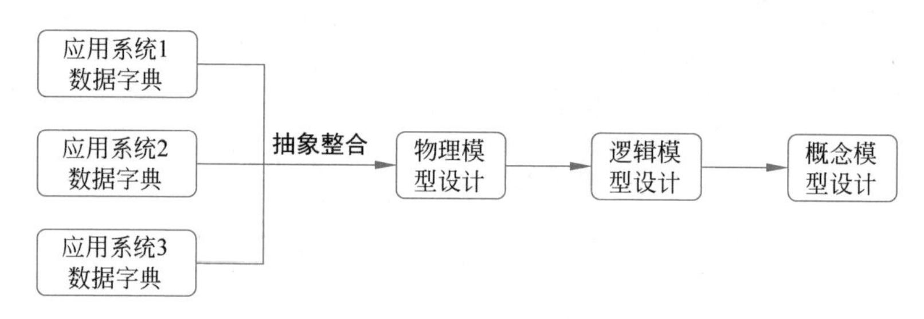

图 2-8 自下而上模型设计方式

这种模型设计方式通常用于分析决策类应用建设,由于历史原因各能源主体信息化系统建设分散,未形成统一数据标准,数据共享性不足。为了更加有效的支撑能源大数据分析决策类应用的建设,需要在既有系统数据模型基础上进行整合,打造统一的数据模型标准,形成统一的物理模型,进一步反向设计形成逻辑模型和概念模型。

(3) 上下结合方式。

能源领域数据模型设计通常采用“自上而下”与“自下而上”结合的方式。一是基于处理应用业务需求,分析业务流程、业务活动、业务逻辑,完成主题域模型、概念模型等相对高阶的模型设计,进而指导逻辑模型与物理模型设计。二是基于分析应用数据需求,整合各应用系统物理模型,补充完善数据表、字段、数据表关系,形成统一的物理模型,分析业务变化情况,反向开展逻辑模型与物理模型设计,见图 2-9。

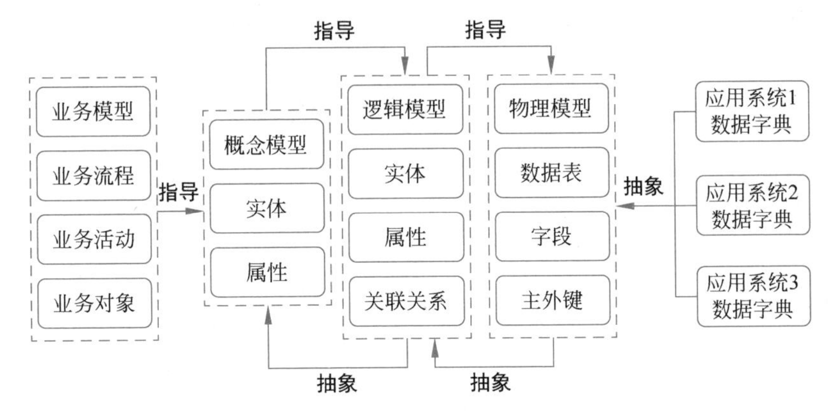

图 2-9　上下结合模型设计方式

2）设计规范

建立能源数据模型“五统一”建设标准，即统一设计方法、统一设计规范、统一基线版本、统一主题分类、统一工作机制，规范能源数据模型设计。

统一设计方法：参考业界数据模型设计方法，基于各能源行业已有设计成果，基于统一的设计方法，开展数据对象抽象、逻辑模型设计、物理模型设计等模型设计工作。

统一设计规范：参考业界数据模型设计规范，结合能源数据的实际特点，统一逻辑模型实体、属性、实体关系及物理模型表、字段、表关系等模型要素的设计规则，规范能源模型设计，实现能源模型成果统一标准。

统一基线版本：统筹各方的数据模型设计需求，确定核心数据范围，基于统一的设计方法和规范，设计统一基线版本能源数据模型，支撑能源双碳业务应用建设及数据标准规范汇聚。

统一主题分类：基于各能源行业已有成果主题域分类体系，纳管能源数据模型成果，实现全业务范围数据统一主题分类管理。

统一工作机制：建立统一的模型设计工作模式，规范组织协调、需求对接、成果管理、问题处理等工作机制，保障模型设计工作有序开展。

3）设计方法

参照数据模型理论，参考业界模型设计方法原则，结合能源数据特点及大量实际建模经验，总结出能源数据模型的四步模型设计方法。通过统一设计方法，开展各能源数据模型的设计工作，具体步骤包括：源端数据分析、数据对象设计、逻辑模型设计和物理模型设计，如图 2-10 所示。

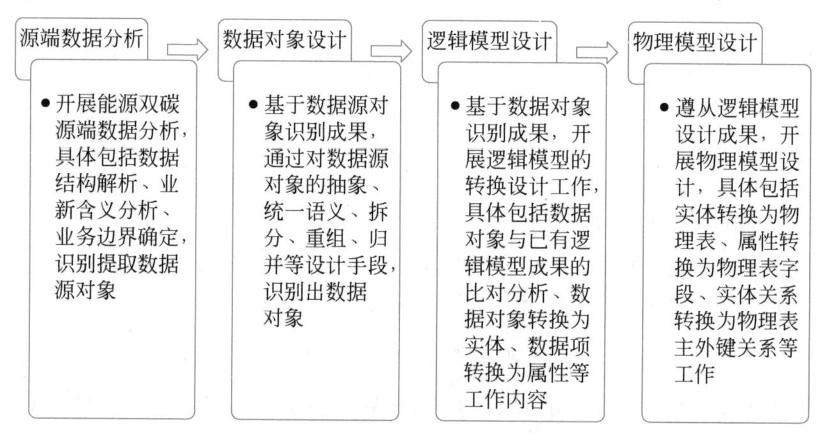

图 2-10　能源数据模型四步设计法

（1）源端数据分析。

聚焦各能源业务应用提交的源端数据需求，结合各业务应用设计成果、已有模型设计成果、国际国内参考标准、官方权威解释资料等信息，经过需求分析、抽象识别，形成能源数据源对象成果，其流程如图 2-11 所示。

（2）数据对象设计。

针对源端数据分析形成的数据源对象，经过进一步规范、统一语义、去重、归并、整合、拆分等抽象设计，形成核心数据对象成果，其流程如图 2-12 所示。

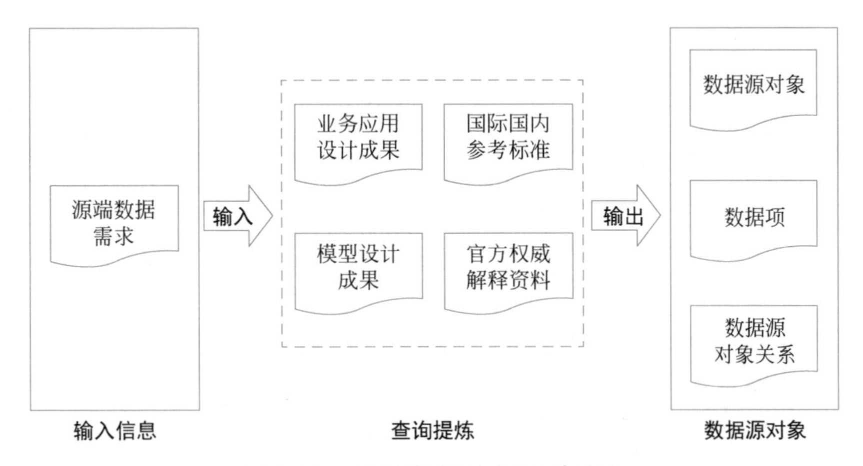

图 2-11 源端数据分析设计流程

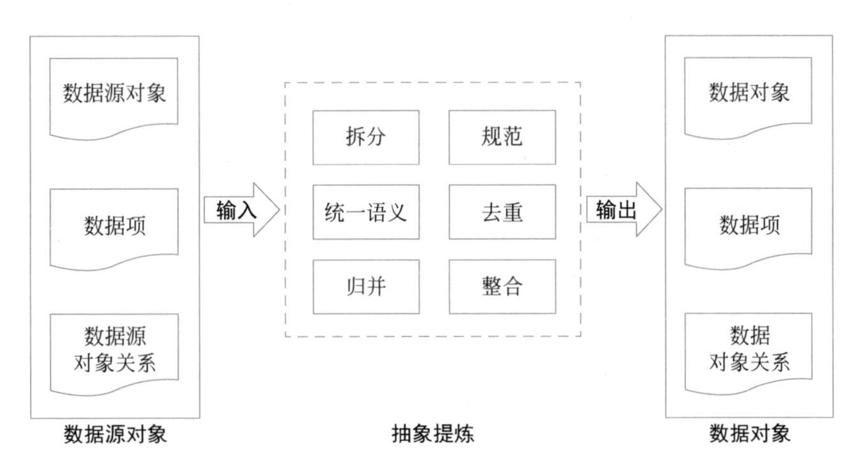

图 2-12 能源数据对象设计流程

（3）逻辑模型设计。

在数据对象设计完成后，开展逻辑模型设计。基于识别抽象的数据对象，与已有逻辑模型成果进行比对，对于已有模型包含且完全满足业务需求的实体，直接引用其实体、属性定义，对于部分满足需求的实体类，进行继承或弱相关扩展，对于完全不满足的，根据业务需要，创建新的实体类，其流程如图 2-13 所示。

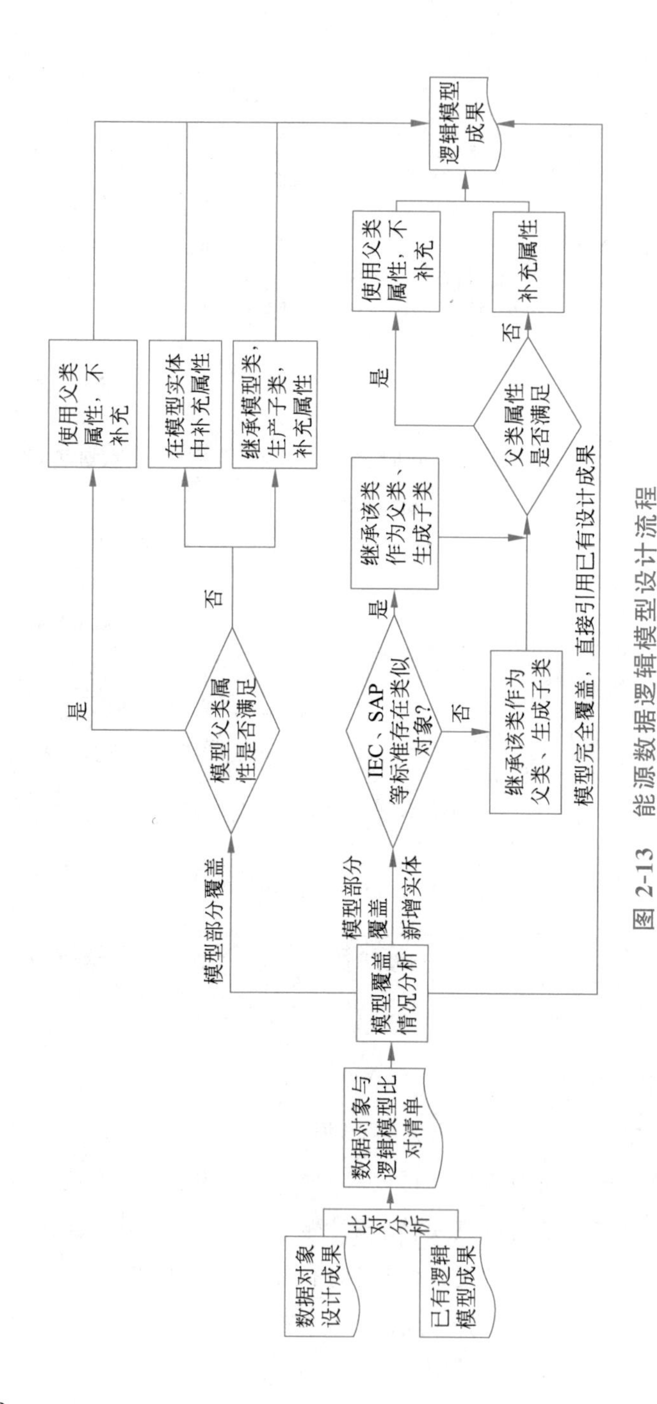

图 2-13　能源数据逻辑模型设计流程

（4）物理模型设计。

能源数据物理模型基于统一的逻辑模型，结合能源大数据中心自身具体的数据产品选型转换设计而成，主要包括实体转换为数据表、属性转换为数据表字段、属性类型转换为数据表字段类型、实体关系转换为数据表主外键关系，形成源端信息，其流程如图 2-14 所示。

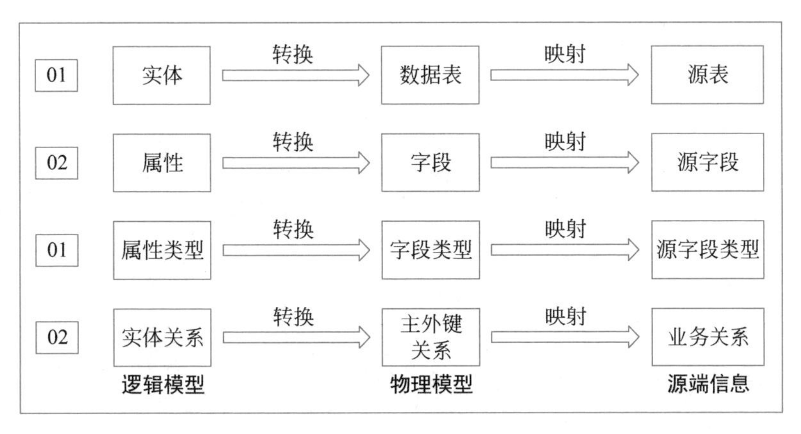

图 2-14 能源数据物理模型设计流程

3. 能源数据模型设计实例

能源数据模型的四步设计方法，可用于指导能源数据模型的设计，下面以省级地区生产总值数据模型设计为例，介绍具体过程。

1）数据需求分析

对同一省级地区生产总值数据（如图 2-15 所示）需求进行分析，发现数据在地域上横跨全国 30 个省，在时间上涉及 1950—2021 年 70 多年的数据，在统计方法上包括分产业、分行业、分收入、分支出等不同类型，不同的统计时间、统计地区、统计方法的结构形式和业务含义均有

地区生产总值-浙江

2-1地区生产总值

单位：亿元 (100 million yuan)

年份 Year	地区生产总值 Gross Regional Product	第一产业 Primary Industry	第二产业 Secondary Industry	第三产业 Tertiary Industry	农林牧渔业 Agriculture, Forestry, Animal Husbandry and Fishery	工业 Industry	建筑业 Construction	批发和零售业 Wholesale and Retail Trades	交通运输、仓储和邮政业 Transport, Storage and Post	住宿和餐饮业 Hotels and Catering Services	金融业 Financial Intermediation	房地产业 Real Estate	其他 Others	人均地区生产总值（元） Per Capita Gross Regional Product (yuan)
1978	184.61	82.20	65.55	36.86	82.20	59.40	6.15	7.75	6.17	3.02	4.88	2.42	12.62	261
1981	242.32	108.02	83.36	50.94	108.02	74.58	8.78	10.83	7.82	4.21	7.15	3.33	17.60	337

地区生产总值-浙江

2-6 分行业地区生产总值
单位：亿元

项目	2000
地区生产总值	**3764.54**
第一产业	**640.57**
农、林、牧、渔业	
农业	
农、林、牧、渔服务业	
第二产业	**1628.45**
工业	1422.34
采矿业	
制造业	
电力、燃气及水的生产和供应业	
建筑业	206.11
第三产业	**1495.52**
交通运输、仓储和邮政业	410.66
信息传输、计算机服务和软件业	
批发和零售业	399.11
住宿和餐饮业	
公共管理和社会组织	
国际组织	

地区生产总值-吉林

2-4 地区生产总值（2015—2019）

分组	2013	2014	2013年为2012年的% 2012=100	2014年为2013年的% 2013=100
地区生产总值	**55230.32**	**59426.59**	**109.6**	**108.7**
第一产业	4565.97	4798.36	103.6	103.8
第二产业	27442.85	28788.11	110.5	109.2
第三产业	23221.51	25840.12	109.5	108.9
农林牧渔业	4742.63	4992.88	103.8	104.0
工业	24265.31	25340.86	110.9	109.3
建筑业	3261.07	3534.48	108.4	108.2
文化、体育和娱乐业	242.82	236.82	111.7	109.3
公共管理、社会保障和社会组织	1901.29	2095.91	106.4	103.8
人均地区生产总值(元)	**56885**	**60679**	**109.0**	**108.1**
支出法计算的地区生产总值中				
一、最终消费支出	23101.63	24193.05	108.9	105.4
居民消费支出	16741.40	18726.59	110.7	110.7
农村居民	4330.82	4994.23	109.3	113.5
城镇居民	12410.58	13732.36	111.2	109.7
二、资本形成总额	30952.89	33780.80	111.2	109.4
三、货物和服务净流出	1175.80	1452.74	89.8	146.1

地区生产总值-吉林

2-3地区生产总值

指标	2012	2012年为2011年的%(按可比价计算)
地区生产总值(当年价格)	11939.24	112
第一产业	1412.11	105.3
农、林、牧、渔业	1412.11	105.3
农业	772.15	104.5
林业	61.38	103
畜牧业	516.57	106.7
渔业	20.93	104.1
农、林、牧、渔业服务业	41.08	105.1
第二产业	6376.77	114
工业	5582.48	114.1
建筑业	794.29	113.4
第三产业	4150.36	111.3
交通运输、仓储和邮政业	462.13	107.3
批发和零售业	986.46	112.5
非营利性服务业	1148.4	110.1
人均生产总值(元)	43415	111.9

图 2-15 地区生产总值数据

差异。在设计模型时要统筹考虑，实现模型的前瞻性设计与稳健性设计，有效应对不同来源的数据个性化差异情况冲击。

2）数据源对象识别

通过源端数据分析，结合源表名及表中数据业务含义，识别数据源对象及数据项信息。以下以吉林省的地区生产总值为例介绍数据源对象识别过程，如图 2-16 所示。首先根据表名及表中数据业务含义，识别数据源对象名称为“省级地区生产总值”；然后深入分析，识别数据项信息，具体包括维度（年份、地区、产业类别、行业类别）和业务数据项（生产总值、增加值、人均生产总值、指数）两种。

3）数据源对象重组

基于识别出的数据源对象，结合源端数据具体的业务含义和业务边界，对数据源对象中维度和业务数据项进行重组，提炼新的数据源对象，识别源对象关系，实现数据源对象业务单一化、原子化、去耦合化。以吉林省地区生产总值为例，过程如图 2-17 所示。

4）更多数据源对象识别

重复上述 3 个步骤，依次对其余各省级及国家级的统计年鉴地区生产总值相关源表进行识别和重组，共得到 71 个数据源对象，如图 2-18 所示。

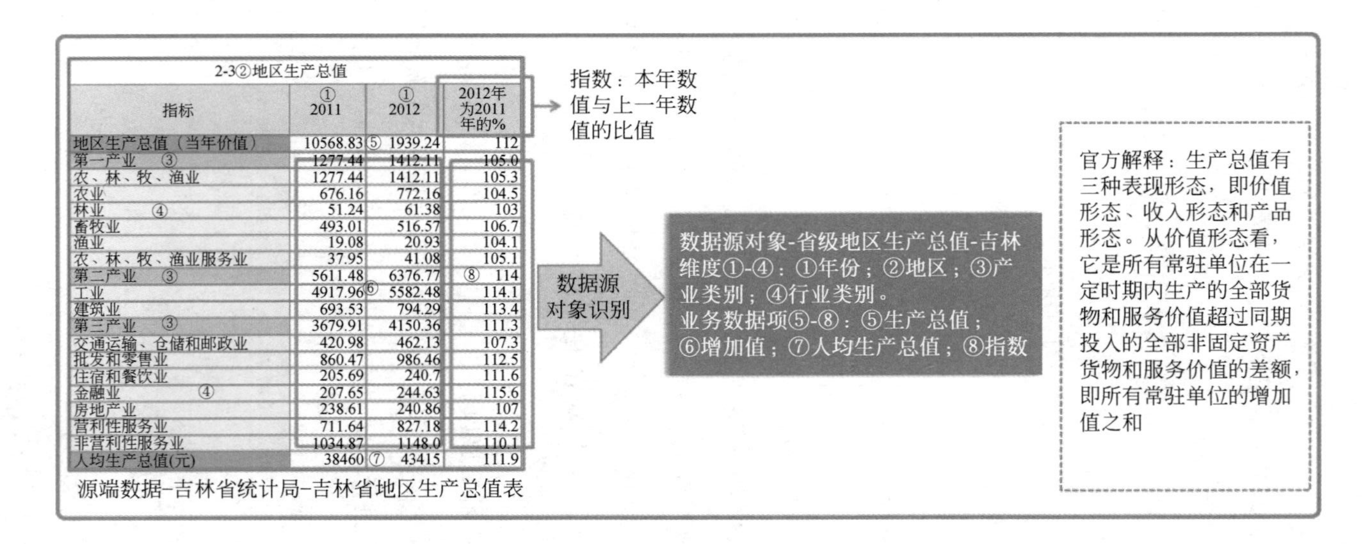

2-3②地区生产总值

指标	① 2011	① 2012	2012年为2011年的%
地区生产总值（当年价值）	10568.83 ⑤	1939.24	112
第一产业 ③	1277.44	1412.11	105.0
农、林、牧、渔业	1277.44	1412.11	105.3
农业	676.16	772.16	104.5
林业 ④	51.24	61.38	103
畜牧业	493.01	516.57	106.7
渔业	19.08	20.93	104.1
农、林、牧、渔业服务业	37.95	41.08	105.1
第二产业 ③	5611.48	6376.77	⑧ 114
工业	4917.96 ⑥	5582.48	114.1
建筑业	693.53	794.29	113.4
第三产业 ③	3679.91	4150.36	111.3
交通运输、仓储和邮政业	420.98	462.13	107.3
批发和零售业	860.47	986.46	112.5
住宿和餐饮业	205.69	240.7	111.6
金融业 ④	207.65	244.63	115.6
房地产业	238.61	240.86	107
营利性服务业	711.64	827.18	114.2
非营利性服务业	1034.87	1148.0	110.1
人均生产总值(元)	38460 ⑦	43415	111.9

图 2-16　数据源对象识别

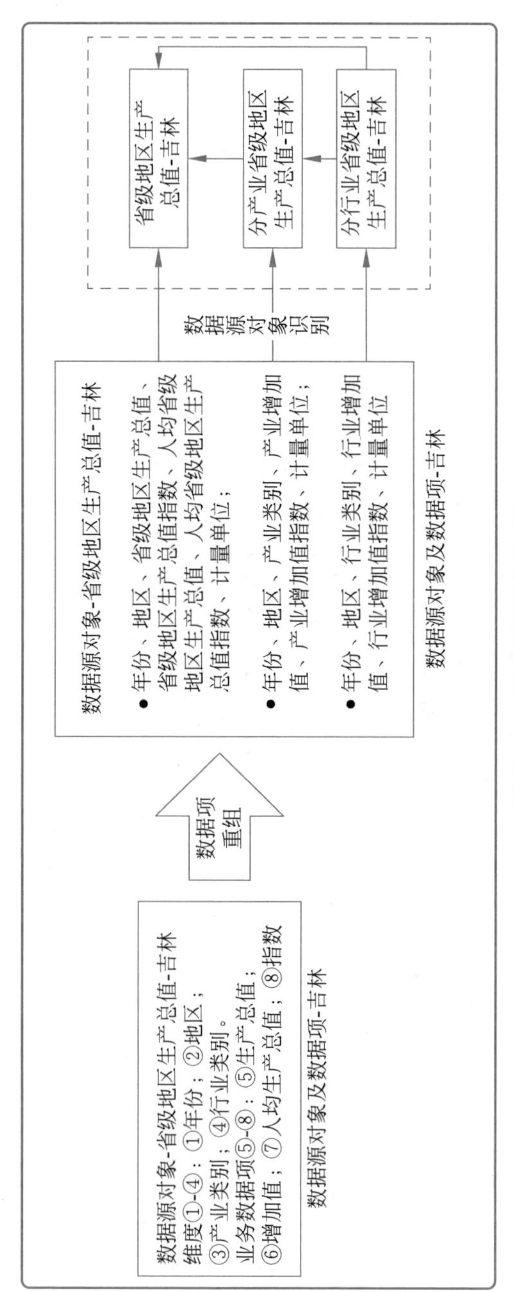

图 2-17　数据源对象重组

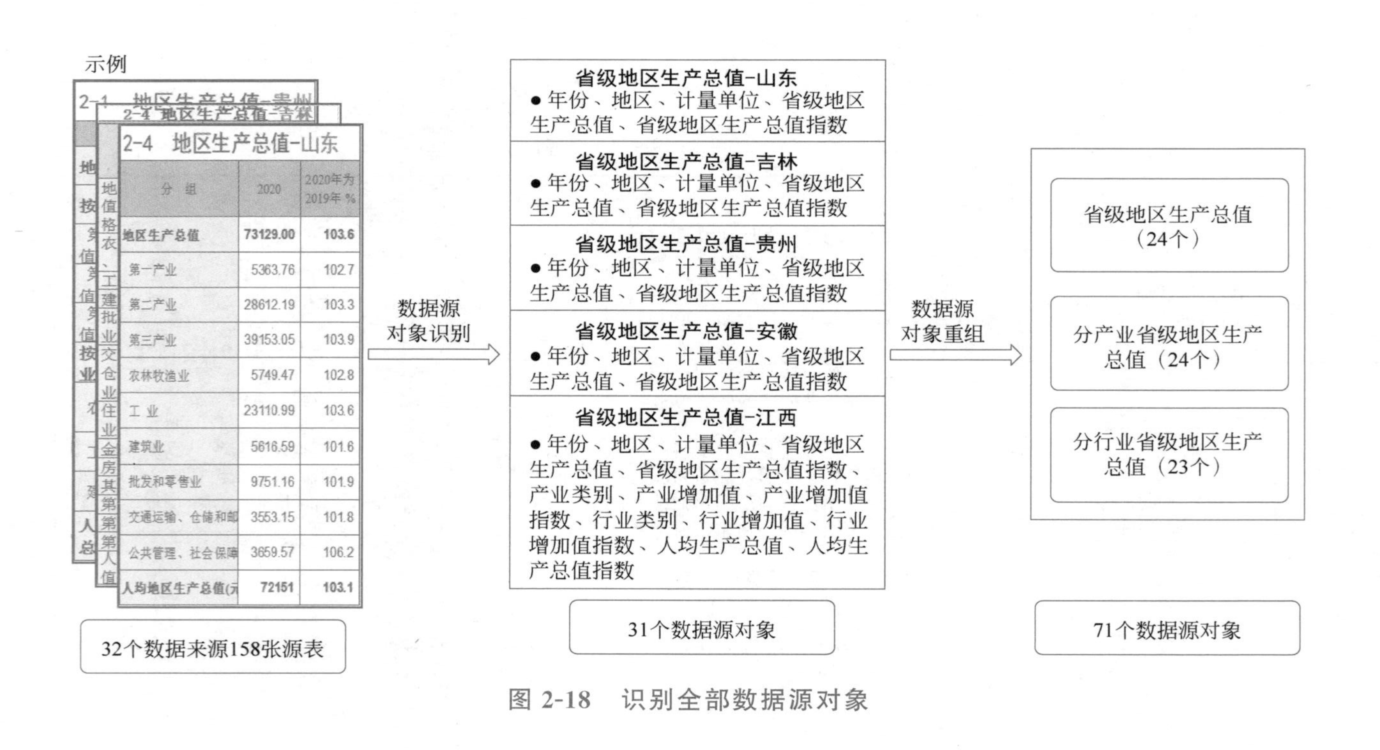

图 2-18 识别全部数据源对象

5）数据源对象统一语义

从 31 个来源识别出的 71 个数据源对象，存在着"一词多表"的情况，即相同数据源对象或数据项在不同来源的表中命名不统一、业务含义模糊，需要对它们进行规范统一处理，方法如图 2-19 所示。

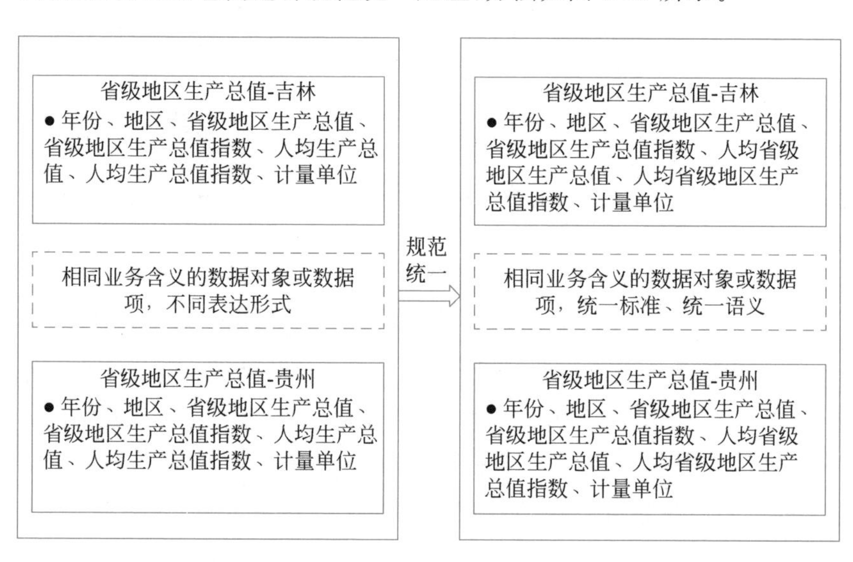

图 2-19 统一数据源对象语义方法

6）数据源对象抽象去重

从 31 个来源识别出的 71 个数据源对象，存在着数据对象及相关数据项完全相同的情况，需要作去重处理，确保全局范围内数据对象唯一性，其方法如图 2-20 所示。

7）数据源对象归并

相同数据源对象可能因为数据来源不同而呈现"主体数据项相同、部分数据项个性化拓展"的特点，处理方法是对全业务范围内数据源对象作归并处理，保留主体数据项，归并个性化差异数据项，实现数据对象对不同来源数据信息的全量有效覆盖，确保数据对象的稳健性，避免因数据来源不同导致模型频繁变更的情况出现，既满足

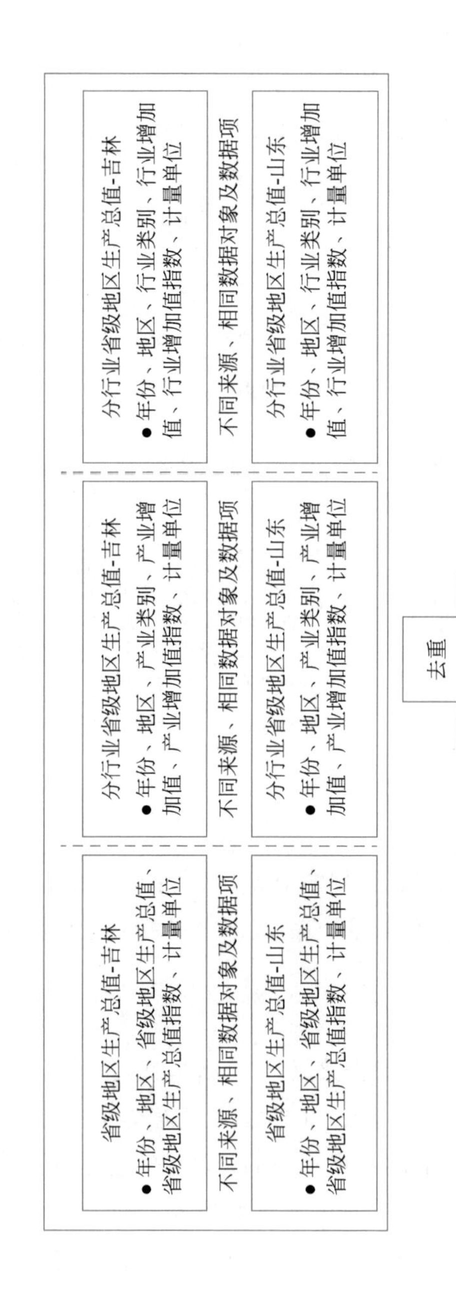

图 2-20 数据源对象去重方法

当前应用数据需求，也要考虑未来新应用的数据需求，其方法如图 2-21 所示。

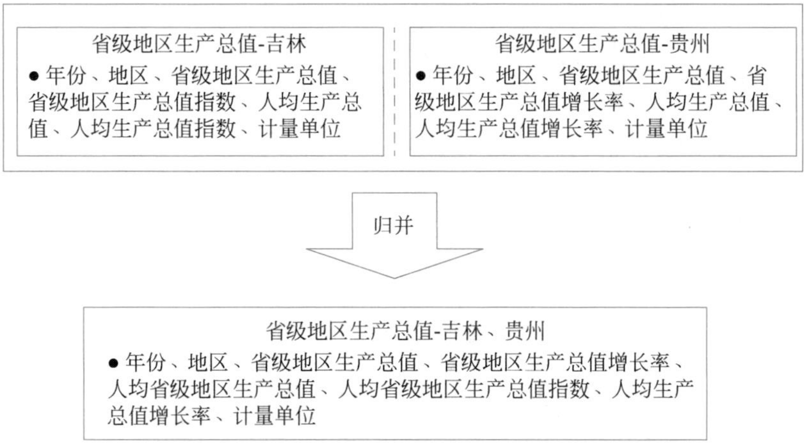

省级地区生产总值-吉林

● 年份、地区、省级地区生产总值、省级地区生产总值指数、人均生产总值、人均生产总值指数、计量单位

省级地区生产总值-贵州

● 年份、地区、省级地区生产总值、省级地区生产总值增长率、人均生产总值、人均生产总值增长率、计量单位

省级地区生产总值-吉林、贵州

● 年份、地区、省级地区生产总值、省级地区生产总值增长率、人均省级地区生产总值、人均省级地区生产总值指数、人均生产总值增长率、计量单位

图 2-21　数据源对象归并方法

8）数据对象整合

重复以上第 5)～7)步，通过对 31 个来源的 71 个数据源对象进行统一语义、去重、归并等处理，最终得到有效的 3 个数据对象，即省级地区生产总值、分产业省级地区生产总值、分行业省级地区生产总值，而且两两之间存在关联关系，其过程如图 2-22 所示。

9）逻辑模型设计

以上述识别得到的地区生产总值相关 3 个数据对象为例，介绍逻辑模型设计过程。通过 3 个数据对象与已有逻辑模型成果的比对分析，发现模型已有成果未覆盖，需新增设计 3 个逻辑模型实体，并添加相关属性。具体工作内容包括：数据对象名称转换为实体，数据项转换为属性，数据对象关系转换为实体关系，其方法如图 2-23 所示。

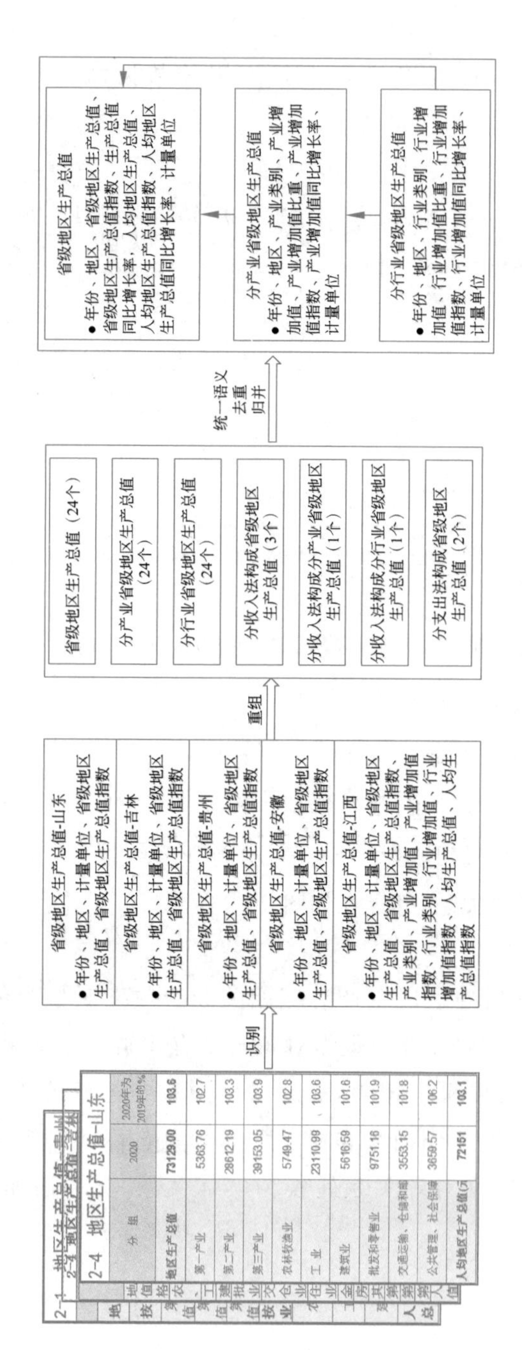

图 2-22 数据对象整合过程

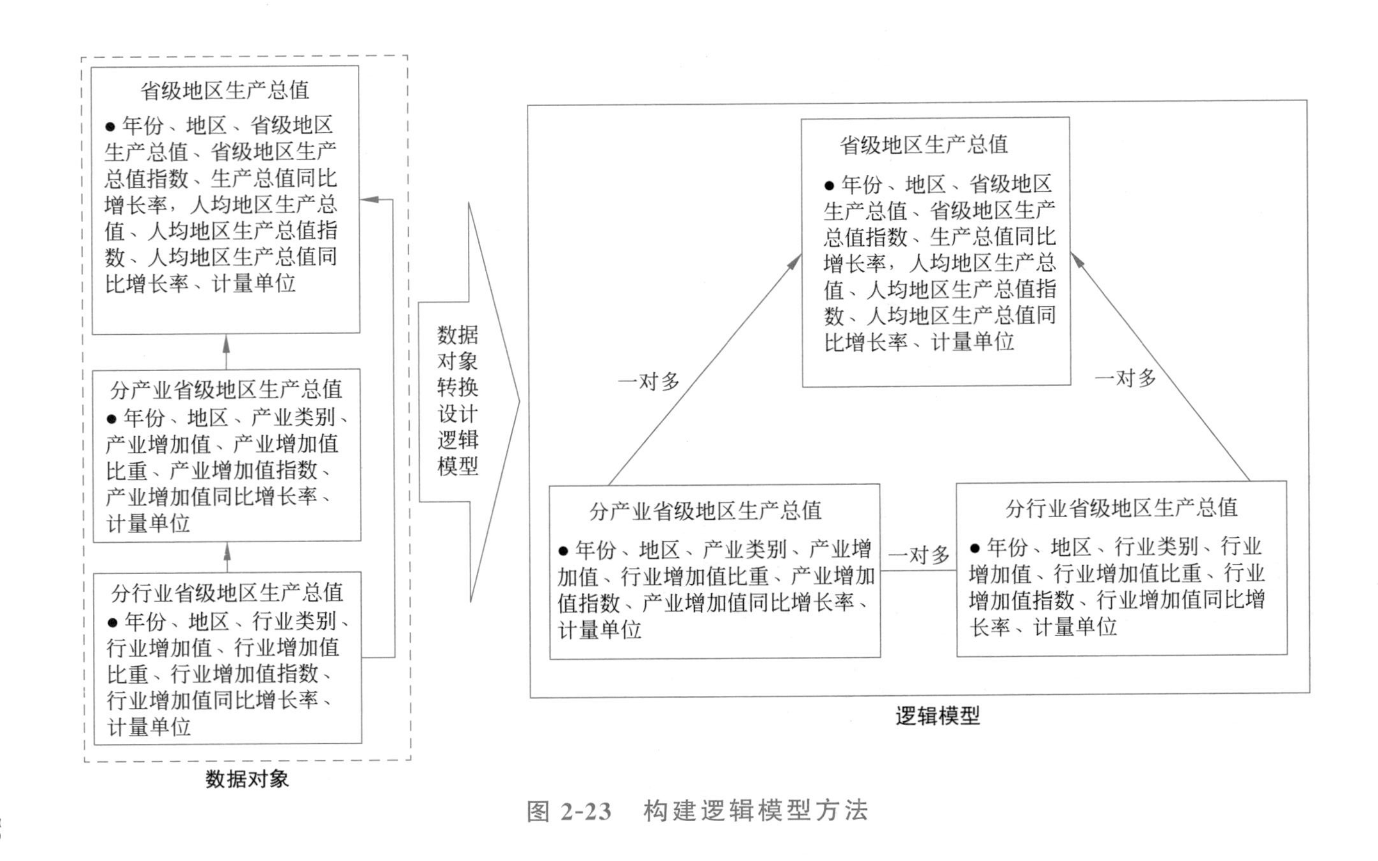

图 2-23 构建逻辑模型方法

10）物理模型设计

物理模型设计主要包括实体转换为物理表、属性转换为字段、属性类型转换为字段类型，并结合具体的数据库产品选型，开展字段类型、长度、精度的转换设计。

以“分产业省级地区生产总值”为例，物理表及字段类型转换方法如图 2-24 所示。

物理表间关系，通过将逻辑模型的实体关系转换为表主外键关系进行设计，过程如图 2-25 所示。

物理模型表可以根据需要合理进行表的拆分设计，如图 2-26 中物理表“省级地区生产总值”包含省级地区生产总值及人均省级地区生产总值两方面的信息，可以进一步拆分为“省级地区生产总值”与“人均地区生产总值”两张表，如图 2-26 所示。

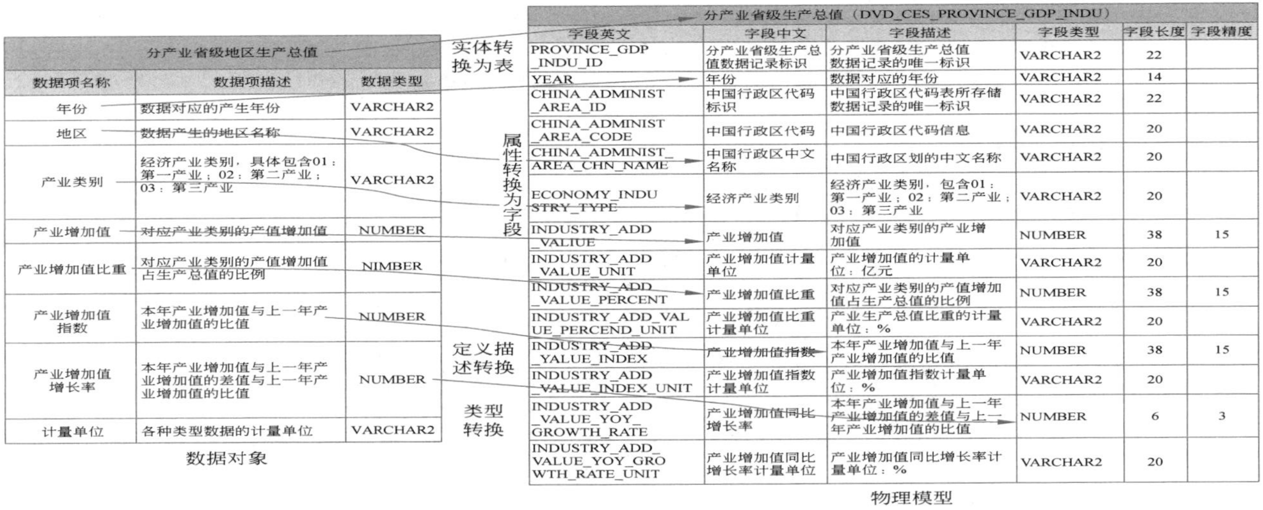

分产业省级地区生产总值		
数据项名称	数据项描述	数据类型
年份	数据对应的产生年份	VARCHAR2
地区	数据产生的地区名称	VARCHAR2
产业类别	经济产业类别，具体包含01：第一产业；02：第二产业；03：第三产业	VARCHAR2
产业增加值	对应产业类别的产值增加值	NUMBER
产业增加值比重	对应产业类别的产值增加值占生产总值的比例	NIMBER
产业增加值指数	本年产业增加值与上一年产业增加值的比值	NUMBER
产业增加值增长率	本年产业增加值与上一年产业增加值的差值与上一年产业增加值的比值	NUMBER
计量单位	各种类型数据的计量单位	VARCHAR2

数据对象

实体转换为表

属性转换为字段

定义描述转换

类型转换

分产业省级生产总值（DVD_CES_PROVINCE_GDP_INDU）					
字段英文	字段中文	字段描述	字段类型	字段长度	字段精度
PROVINCE_GDP_INDU_ID	分产业省级生产总值数据记录标识	分产业省级生产总值数据记录的唯一标识	VARCHAR2	22	
YEAR	年份	数据对应的年份	VARCHAR2	14	
CHINA_ADMINIST_AREA_ID	中国行政区代码标识	中国行政区代码表所存储数据记录的唯一标识	VARCHAR2	22	
CHINA_ADMINIST_AREA_CODE	中国行政区代码	中国行政区代码信息	VARCHAR2	20	
CHINA_ADMINIST_AREA_CHN_NAME	中国行政区中文名称	中国行政区划的中文名称	VARCHAR2	20	
ECONOMY_INDUSTRY_TYPE	经济产业类别	经济产业类别，包含01：第一产业；02：第二产业；03：第三产业	VARCHAR2	20	
INDUSTRY_ADD_VALUE	产业增加值	对应产业类别的产业增加值	NUMBER	38	15
INDUSTRY_ADD_VALUE_UNIT	产业增加值计量单位	产业增加值的计量单位：亿元	VARCHAR2	20	
INDUSTRY_ADD_VALUE_PERCENT	产业增加值比重	对应产业类别的产值增加值占生产总值的比例	NUMBER	38	15
INDUSTRY_ADD_VALUE_PERCEND_UNIT	产业增加值比重计量单位	产业生产总值比重的计量单位：%	VARCHAR2	20	
INDUSTRY_ADD_VALUE_INDEX	产业增加值指数	本年产业增加值与上一年产业增加值的比值	NUMBER	38	15
INDUSTRY_ADD_VALUE_INDEX_UNIT	产业增加值指数计量单位	产业增加值指数计量单位：%	VARCHAR2	20	
INDUSTRY_ADD_VALUE_YOY_GROWTH_RATE	产业增加值同比增长率	本年产业增加值与上一年产业增加值的差值与上一年产业增加值的比值	NUMBER	6	3
INDUSTRY_ADD_VALUE_YOY_GROWTH_RATE_UNIT	产业增加值同比增长率计量单位	产业增加值同比增长率计量单位：%	VARCHAR2	20	

物理模型

图 2-24 逻辑模型转换物理模型方法

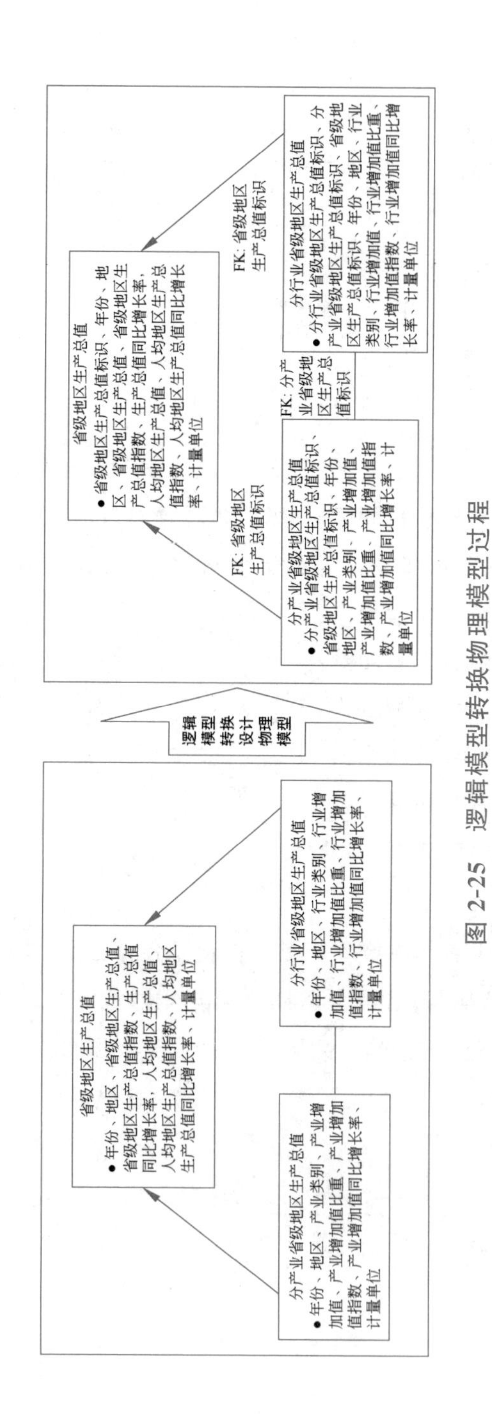

图 2-25 逻辑模型转换物理模型过程

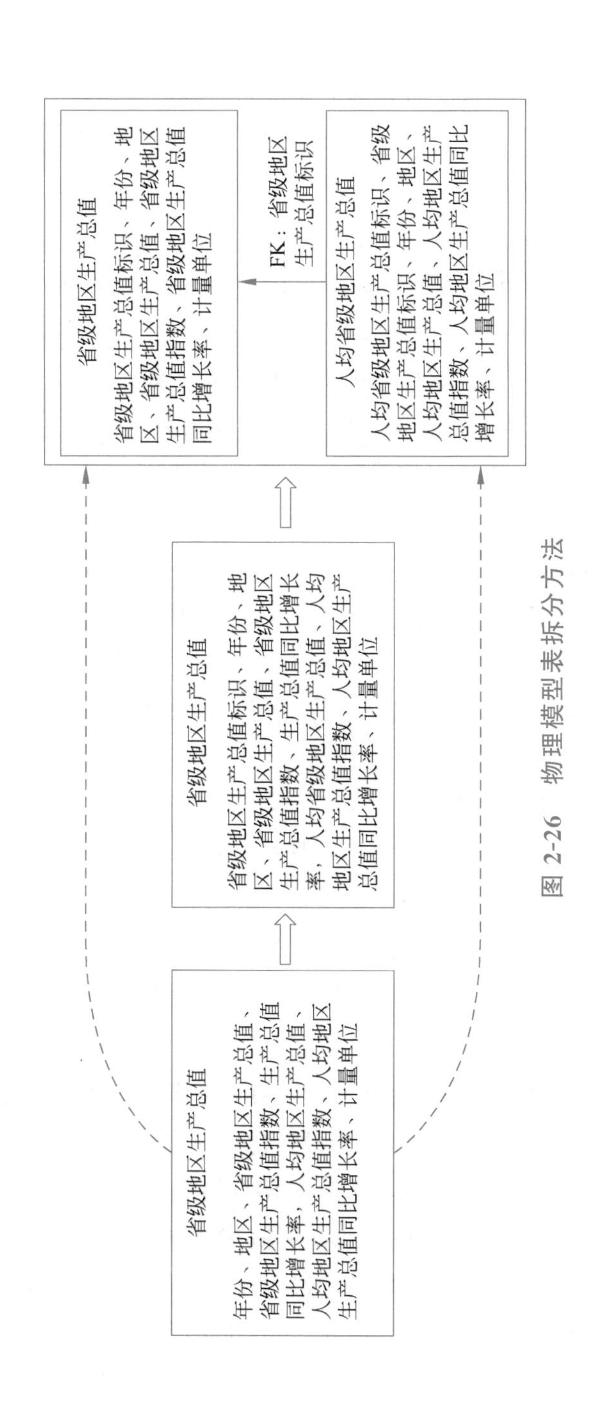

图 2-26　物理模型表拆分方法

2.3 能源大数据资产管理

2022年12月，党中央、国务院印发《关于构建数据基础制度更好发挥数据要素作用的意见》(以下简称《意见》)，为最大化释放数据要素价值、推动数据要素市场化配置提出了最新指引，《意见》指出要“充分发挥我国海量数据规模和丰富应用场景优势，激活数据要素潜能，做强做优做大数字经济”。能源大数据覆盖范围广、数据体量大、价值密度高，能够全面真实反映宏观经济运行情况、各产业发展状况、居民生活情况和消费结构，具有极高的数据资产价值，对能源大数据价值进行充分挖掘与利用，实现数据要素化、资产化已成为重要课题。

2.3.1 能源大数据资产产权管理

由于数据资产具有可复制性、“看见即拥有”、开发维护成本较高而复制传播成本低等特性，数据资产的权属确认问题对于全球而言都是巨大挑战。在数据资产应用、流转、交易过程中，需要用产权约束各方可享有的权利和应尽的义务，以保障数据资产的安全性和收益性。

1. 数据资产产权相关法律与政策

数据资产产权管理是国内外共同的难题，数据资产所涉及的产权应用场景较为复杂，也是数据资产管理的难点。各国现行全国性法律尚未对数据确权进行立法规制，因此普遍采取法院个案处理的方式，借助包括隐私保护法、知识产权法、合同法等不同的法律机制进行判断。当前，我国正在稳步推进数据要素基础制度建设：2022年12月，中共中央、国务院印发《关于构建数据基础制度更好发挥数据要素作用的意见》，提出“建立保障权益、合规使用的数据产权制度”；2023年8月，财政部印发《企业数据资源相关会计处理暂行规定》，规范企业数据资源相关会计处理，实现数据资源入表。数据资产产权相关政策详见表2-5。

表2-5 数据资产产权相关政策

序号	名称	生效日期	发文机关	地域范围
1	福建省促进大数据发展实施方案（2016—2020年）	2016.06	福建省人民政府	福建
2	内蒙古自治区大数据发展总体规划（2017—2020年）	2017.12	内蒙古自治区人民政府办公厅	内蒙古
3	山东省数字政府建设实施方案（2019—2022年）	2019.03	山东省人民政府办公厅	山东
4	浙江省数字赋能促进新业态新模式发展行动计划（2020—2022年）	2020.11	浙江省人民政府办公厅	浙江
5	广东省人民政府关于加快数字化发展的意见	2021.04	广东省人民政府	广东
6	安徽省大数据发展条例	2021.05	安徽省人民代表大会常务委员会	安徽
7	深圳经济特区数据条例	2021.07	深圳市人民政府	深圳市
8	广东省数字经济促进条例	2021.07	广东省人民政府	广东省
9	上海市数据条例	2021.11	上海市人民政府	上海市
10	关于构建数据基础制度更好发挥数据要素作用的意见	2022.12	中共中央、国务院	全国
11	企业数据资源相关会计处理暂行规定	2024.01	财务部	全国

如表2-5所示，2021年，深圳市、广东省、上海市发布的政策中都明确规定了自然人、法人和非法人组织对其以合法方式获取的数据，以及合法处理数据形成的数据产品和服务依法享有相关权益。通过法律条例明确自然人、法人和非法人组织的数据权益，缓解了由于数据资产难确权带来的困境，保障了包括自然人在内各参与方的财产收益，起到

了鼓励企业在合法合规的前提下参与数据资产流通的作用。

2. 数据资产产权管理方法

中国信息通信研究院《数据价值化与数据要素市场发展报告(2021)》指出：数据确权是为了实现不同利益主体激励相容，即平衡数据价值链中各参与者的权益，实现在用户隐私合理保护基础上的数据驱动经济发展。数据确权需要解决的是附着于数据的权益归属而非单纯的所有权归属，核心是确定哪些权利应该受到保护，即数据确权保护的应该是利益而非所有权。所有权的核心功能在于明确财产权利的排他性，产权区别于所有权且具有比所有权更宽泛的范畴。数据确权“三分”原则，一是分隔原则，将数据利益与所有权分割；二是分类原则，根据数据主体的不同，将数据分为个人数据、企业数据、社会数据三部分；三是分级原则，按照竞争性和排他性对数据进行不同级别的划分，可以将数据分为私有品、准公共品、公共品，对有助于实现社会和个人效益更大化的数据优先确权。数据产权的细分见图 2-27。

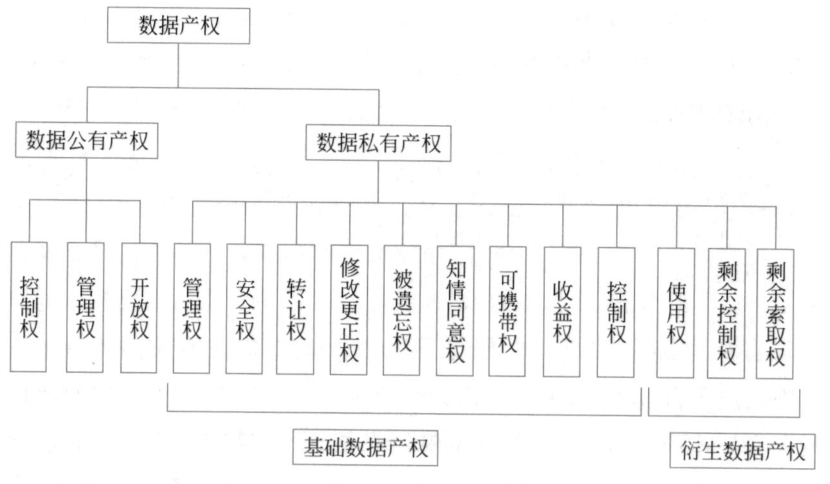

图 2-27 数据产权的细分

因此，可将数据资产产权类型归纳为基本权利和交易权利。前者用于规范数据资产所有者对数据资产的基本权利和义务，而后者用于在数据交易过程中对相关方进行约束。如图 2-27 所示，针对区分数据产权类型及数据产权管理内容，数据公有产权本着公益性，满足公共需求进行开放，而数据私有产权管理更为复杂，需充分考虑防止数据私有产权受到侵害。

3. 能源企业数据资产产权管理实践

从全国来看，中央及地方都积极探索数据确权，不少省市出台相关文件建立相关平台，筹划数据确权发展，但整体来看，数据确权尚处于初级阶段。数据资产具有复制性、"看见即拥有"等特性，能源大数据资产又具有高附加值、高可信度、高关注度等特性，因此在能源大数据资产应用、流转、交易过程中，需要用法律、制度、科技、产权约束各方可享有的权利和应尽的义务，以保障数据资产的安全性和收益性。

参考国内外数据确权的探索，从能源企业角度出发，能源大数据资产产权管理需要从数据的构建原则出发，立足数据性质和能源大数据特性，把握确权方向，进而制定确权路径。可依托政府指导建立能源大数据中心的公共平台，加快建立能源大数据确权机制，建立能源大数据确权基本框架。充分借鉴数据确权"三分"原则，分隔、分类、分级明确数据权利类型，确定数据权利主体，厘清数据的控制边界和使用范围。加快推动能源行业数据确权试点示范工程，联合全国各地能源大数据中心联盟以及全国各地大数据交易中心建立全国能源行业数据统一登记确权体系，分级分类对原始数据、脱敏化数据、模型化数据和标准化数据的权属界定和流转进行动态管理。通过数据登记确权平台及其他手段，多方共同努力，求同存异，从价值出发，让各个市场主体都能在相应权属中获益，从而促进能源大数据交易和流通。

同时，能源企业推动新型信息技术服务数据产权管理，可利用区块链技术推动重构能源数据所有权关系，实现数据的共享与所有权和使用权的分离，增强各参与方互动合作积极性，构建基于区块链的数据分析体系，打造新型能源大数据生态系统；可深化隐私计算等安全共享技术的研究应用，强化多方安全计算、联邦学习、可信计算等隐私计算技术应用场景推广，加大隐私计算多方生态融合、计算效率性能提升、隐私计算区块链多元技术融合等方向的研究，保障多方共享的能源大数据安全可信。

以某电网企业为例，该企业基于“一主两侧多从”的体系架构，利用区块链分布式共识自治、数据不可篡改可溯源、业务智能合约脚本化等技术优势，探索研究了区块链技术在电网数据资产管理中的应用，提出了数据治理、数据应用与数据运营三个阶段的数据资产管理架构来改善业务流程和效率。以数据侧链管控数据资源目录的解决方案，将数据资源目录所涉及的数据调用和计算过程、数据共享、业务协同等行为在链上共建、共管和共享，构建了数据源头可管可知、过程可控、结果可信的数据资产管理架构体系，实现了数据变化实时探知、访问全程留痕，以促进实现数据资产的高效管理和运营。

2.3.2 能源大数据资产评估

数据资产价值评估，是数据资产管理的核心内容。只有实现数据资产价值的量化评估，企业才能计算数据资产的投入产出，做出更加精准的数据资产管理决策，并为未来将其纳入财务报表做好准备。

1. 数据资产价值评估相关研究

数据资产价值评估是数据定价的基础和前提，是数据要素流通的必要手段。对数据资产进行客观、公正、科学的价值评估，有助于企业在数据要素流通过程中更好地进行资源配置，有效防止数据资产的流失。目前，相关研究机构、标准化组织、技术咨询服务企业等，从多个视角开展了一系列积极探索研究，相关研究成果见表2-6。

表2-6 国内外数据资产价值评估研究成果

序号	年份	研究单位	主要成果
1	2016	中关村数海数据资产评估中心、高德纳咨询公司	发布数据资产评估模型，提出市场价值、经济价值、内在价值、业务价值、绩效价值、成本价值、废弃价值、风险价值共八大维度
2	2019	国家标准化管理委员会	发布国家标准《电子商务数据资产评价指标体系》(GB/T 37550—2019)，给出了数据资产评价指标体系构建的原则、指标分类、指标体系和评价过程，适用于数据的电子商务交易过程中，对数据资产价值进行量化计算和评价
3	2019	上海德勤资产评估有限公司、阿里研究院	发布《数据资产化之路数据资产的估值与行业实践》，分析数据资产价值影响因素以及5种评估方式，包括市场价值法、多期超额利润法、前后对照法、权利金节省法、成本法
4	2020	中国资产评估协会	提出数据资产的资产评估专家指引，参考无形资产评估，为数据资产评估提出改良成本法、改良收益法以及改良市场法三种评估方法
5	2021	中国信息通信研究院政策与经济研究所	发布的《数据价值化与数据要素市场发展报告》提出"数据价值化"的概念，即"以数据资源化为起点，经历数据资产化、数据资本化阶段，实现数据价值化的经济过程"
6	2021	普华永道	发布《开放数据资产估值白皮书》《数据资产化前瞻性研究白皮书》，围绕数据资产加工开发阶段探讨数据资产的分类与估值方法

续表

序号	年份	研究单位	主要成果
7	2023	中国资产评估协会	制定《数据资产评估指导意见》，对数据资产进行了明确定义，对评估对象、操作要求、评估方法和披露要求也进行了详细的规定。自 2023 年 10 月 1 日实施
8	2023	财政部	印发《企业数据资源相关会计处理暂行规定》，规范企业数据资源相关会计处理，强化相关会计信息披露。自 2024 年 1 月 1 日起施行

2023 年，我国财政部印发《企业数据资源相关会计处理暂行规定》，以有效推进企业数据资产入表。与此同时，由于当前国内数据交易市场并不成熟，数据定价仍以合同形式对单笔交易进行约定，数据定价标准的权威性与通用性受限。此外，从数据资产管理目的出发，除关注数据资产的“有形”价值之外，不应忽视数据资产的“无形”价值。

2. 数据资产价值估价方法

数据资产价值评估是基于资产所有者的角度对数据资产的自身价值进行评定和估算，是资产价格发现的基础，是数据资产价值形态的体现。能源大数据资产价值化过程中特征显著：

- **高可信度**。能源行业企业普遍重视信息化基础建设，数据采集自动化程度高、数据采集点多、采集速度快、信息密度高、数据质量好，能够真实反映企业和社会的经济发展水平和趋势，具有较高的真实性和可信度。
- **主体稀缺**。能源产业在国民经济中发挥着基础性、支柱性、先导性和战略性的作用，生产经营主体相对集中，能源数据获取途径受到严格控制与保护，数据关系经济社会乃至国家安全，数据来源主体相对稀缺。

- **高价值性**。能源数据直接采集于能源各产业链的智能终端，反映了企业生产经营状态，对分析社会经济运行态势、企业生产、个人消费情况具有很强的参考价值，多种数据融合应用的前景广阔。
- **能碳高度相关**。能源数据与碳数据高度密切相关，能源数据资产在碳资产最重要的实现过程中，可在碳核查、碳检测、碳交易等各环节发挥独特的、不可或缺的重要作用，能源大数据资产与碳资产、碳金融、碳交易等密切关联，也体现能源大数据的应用。

1）基于传统资产价值评估的改进方法

传统资产价值估值常用方法包括成本法、收益法、市场法，在数据资产方面得到一定的应用。基于能源行业特性提出的改良方法包括：

（1）基于能源行业特性的改良成本法，本质上是评估在现实条件下重新购置或建造一个全新资产所需的全部成本，在原成本法上进行行业特性的改良。能源行业基本都是政府严格监管行业，能源价格定价与成本密切相关。对于能源企业尤其应该对数据资产管理全过程发生的全部成本进行全面盘点，在内部共享使用数据时可基于成本进行分摊，实现内部增效的同时对数据采集、运送、治理、分析、挖掘等各环节进行合理内部绩效激励，在对外数据服务时，基于成本结合专家与市场需求等综合分析，按照合理收益率进行评估定价。

（2）基于能源行业特性的改良收益法，是通过估算预期收益来评估资产价值的方法。用该方法评估能源大数据资产价值难度较大：一是能源大数据资产随分析技术发展可能带来的超额盈利难以预测；二是能源大数据资产相比传统资产具有难以耗尽的特性，合理使用年限很难划定；三是收益法无法体现能源大数据资产的潜在价值，并且与其他数据关联使用时增值的部分不易有效评估。

(3) 基于能源行业特性的改良市场法，是通过比较被评估数据资产与最近售出类似资产的异同，确定被评估资产价值的一种方法。在公平、稳定、有效的数据交易市场上，能源大数据资产价值可以在市场供需关系中得到有效体现，并能够充分反映数据资产的价值波动情况，实现相对准确的动态估值。

从能源行业企业内部实操角度考虑，可先以改良成本法模式估值。从能源大数据资产管理角度分析清楚能源大数据资产的成本构成，无论是应用企业内部管理、评价企业内部数据资产投入效用还是支持数据资产对外交易定价或者未来真正核算入账，都是必需的基础性工作。针对不同市场阶段和应用场景，选取成本、收益、市场多元方法综合评价探索能源大数据资产价值是最优方法。

2) 能源大数据资产价值综合评估模型

中国信息通信研究院《数据资产化：数据资产确认与会计计量研究报告》提出：行业企业从内在价值、成本价值、经济价值、市场价值四个价值维度出发，建立数据资产价值评估体系。狭义的数据价值仅仅指数据的经济效益，然而对能源大数据资产的数据价值，在经济效益之外，同时应该考虑数据的内部效益、市场效益、成本计量、社会效益、环境效益等因素，即聚焦于广义的数据价值。基于数据资产价值评估方法开发设计数据资产价值评估模型，建立评估指标体系，对数据资产价值进行全面的评估。

因而，在原有从内在价值、成本价值、经济价值、市场价值四个价值维度建立数据资产价值评估体系的基础上，确定价值维度时应从企业自身实际出发，针对能源大数据资产显著特征——高可信度、主体稀缺、高价值性、碳能高度相关，构建能源大数据资产价值综合评估模型，在内在价值、成本价值、经济价值、市场价值基础上增加社会效益、环境效益两个价值维度，更好体现能源国有企业为政府服务，为人民公益服务的特性，并突出与碳能高相关特性的环境效益的维度。能源企业考虑数据的有效性、完整性、稀缺性、成本、年/月使用频率、年/月使用比例、使用期限等因素的影响，可开发能源大数据资产价值评估评价软件系统，利用层次分析、熵权法等定性与定量结合方法综合准确评价数据资产价值。

3. 能源企业数据资产价值评估实践

电力企业在能源数据资产价值评估实践方面走在前列，从数据资产价值变现、估值机制研究、市场价值评估等多方面开展了有益的实践。

国网上海市电力公司自主设计开发的“企业电智绘”数据产品，利用能源大数据形成多维指标体系和评价模型，对基于《供用电条例》合法采集到的企业用电数据进行脱敏和深度分析，最终形成涵盖企业用电行为、用电缴费、用电水平、用电趋势等特征的数据资产，有效降低银行在贷前、贷中和贷后阶段甄别客户时的信息不对称风险和时间成本，也为企业申请信贷业务、享受普惠金融提供了信用支撑，促进金融资源合理配置，具有较好的应用前景和市场潜力。2021 年，国网上海市电力公司与中国工商银行上海分行完成了上海数据交易所启用后的首单交易，是国内首宗在交易所平台实施的数据产品交易，有效实现了能源大数据资产的价值变现。

南方电网公司提出以业务价值创造为导向、以“责权利”和“量本利”为主线的数据资产管理体系，探索了电力数据要素和数据资产定义，于 2022 年发布《中国南方电网有限责任公司数据资产定价方法（试行）》，规定了公司数据资产的基本特征、产品类型、成本构成、定价方法并给出相关费用标准，有效衡量数据价值，构建数据资产估值和定价机制，为后续数据资产的高效流通做好准备。

国网浙江省电力有限公司委托浙江大数据交易中心联合浙江中企华资产评估有限公司、中国质量认证中心，按照中国资产评估协会《数据资产评估指导意见》，全国信息技术标准化技术委员会《信息技术　数据质量评价指标》(GB/T 36344—2018)、中国质量认证中心《数据产品质量评价技术规范》(CQC 9272—2023)等数据质量标准，于2023年开展了“双碳绿色信用评价数据产品”的市场价值评估工作。目前，浙江大数据交易中心为“双碳绿色信用评价数据产品”完成了产品上架、存证、数据知识产权登记，是全国首批电力行业数据知识产权登记。

2.4　能源大数据商业模式和市场机制

2.4.1　能源大数据商业模式

在能源数字化转型的大趋势下，我国能源大数据产业迅猛发展。全国各地从省级、市级到区县级，许多能源大数据中心建成投运。多数能源大数据中心都以电为核心，实现煤、电、油、气、热多种能源数据汇聚融合、共享交换和挖掘分析。然而，目前数据的商业化运营方面，还存在内外部业务市场拓展不深、覆盖面较窄、创新能力不足等问题，需进一步充分挖掘能源全产业链的数据市场价值，持续研发产品和创新商业模式。

能源大数据增值服务商业模式主要分为以下几种。

1）基础资源运营服务

整合共享相关基础资源，建成具有水电气缴费、开户报装等功能的多功能型营业厅，实现水、气、电等能源企业统一对外服务，与政府社会治理管理部门、各能源企业共享视频监控信号和网格管理资源，降低各能源企业的视频监控投资运维成本。与各能源企业、电信运营商共享管廊、沟道，降低前期建设投资。各资源提供方可通过提供相应资源收取租金、运维服务费等实现盈利，并降低能源企业运行成本，优化营商环境。

2）云租赁服务

能源大数据中心计算设备资源配置高、平台功能强，可以为政府、发电企业、电网企业、能源企业、装备制造企业等在内的能源产业链企业相关方提供数据清洗、抽取、建模、计算与存储服务，打造覆盖能源领域跨区域、跨产业的工业互联网平台，形成融合全产业链、全价值链的能源互联网生态圈，并可通过资源租赁费用产生收益。

3）数据产品运营服务

能源大数据产品形态为未加工数据类产品、加工后数据产品、数据分析咨询服务产品。未加工数据类产品与加工后数据产品是标准参数输出产品，不接受客户定制化的数据分析需求。数据分析咨询服务产品是非标准产品，接受客户定制化分析需求。未加工数据类产品与加工后数据产品可以通过数据产品超市销售产生收益，数据分析咨询服务产品一般采用项目制方式销售产生收益。

如系统运营商（如电网企业）或设备制造商（如电表制造商）可以通过为用户提供低价甚至免费服务的商业模式，以获取用户的各种用能数据（如用电功率、用气流量），以及与能源系统运行状态相关的数据（如电网电压、热网温度等）。通过对用户用能等海量数据进行深入挖掘，并将其与用户的社会地位、工作状态等基本属性进行映射与关联，可以精准地辨识用户对于电价的承受能力、参与需求响应的意愿、实施能效管理的潜力等，对用户作为一个市场营销对象的全方位属性进行“画像描绘”，为相应商业活动的开展提供重要的分类标签与定位线索。

4）众创平台服务

为创业企业、科研院校、高校等产学研用团队提供开放式研发、测试和应用环境，有效聚合研发效应，充分利用平台能源大数据资源，打造覆盖“源网荷”的能源全产业链的共生共赢的创新生态。大数据中心可以通过参与投资平台上的优秀创业企业产生盈利。

5）数据交易服务

通过对能源数据关联汇聚、深度加工，挖掘能源大数据的社会价值和经济价值。数据运营服务可以为政府、行业机构、企业与社会大众提供能源数据资源服务，通过数据交易和数据增值服务产生经济效益。数据在经过确权授权、评估定价、合规认证等步骤以后，对外进行发布，进入市场开始流通交易。数据运营平台需建立公平透明的能源大数据确权与交易机制，保障交易各方的利益，合法合规交易能源数据，平台收取交易佣金获得收益。

6）政企联合服务

收集各能源宏观及微观明细数据，经过数据整理和数据治理，为政府提供能源大数据中心展示平台以及专题分析报告。通过能源大数据中心展示平台，将分析结果通过可视化平台或微信公众号等形式，实时推送给政府各管理机构，包括能源局、扶贫办、经信委、大数据局、统计局等，开展相关监测工作。政府通过平台补贴、专项研究委托、农网改造投资等一系列项目、政策，支持数据中心建设运营。

2.4.2 能源大数据市场机制

国家工业信息安全发展研究中心发布的《中国数据要素市场发展报告（2021—2022）》对数据要素市场的发展现状进行了汇总介绍。传统能源行业正在加快开展数字化转型，能源大数据的数据底座逐步夯实，具备进一步探索数据要素市场化的条件。

能源大数据市场机制是保证数据市场稳定运行的核心机制，包括供求机制、竞争机制、价格机制、风险机制和监管机制。在能源大数据市场机制运行过程中，价格机制是整个市场机制的核心，与供求机制、竞争机制、风险机制和监管机制相互联系、相互制约，共同推动能源大数据市场的健康运行。图 2-28 为能源大数据市场机制耦合机理图。

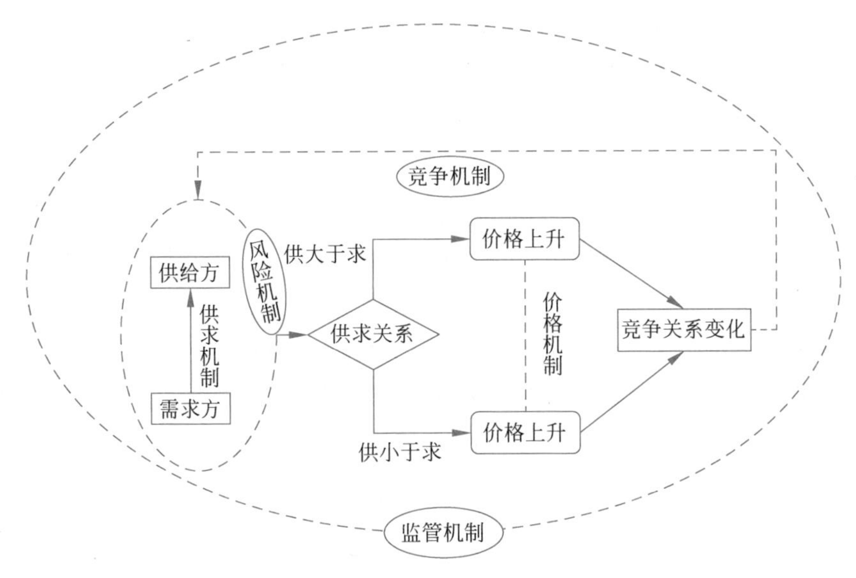

图 2-28　能源大数据市场机制耦合机理图

1）供求机制

供求机制是能源数据市场运行的基石。供求机制是指通过商品的供求变动来影响商品价格、市场竞争的一种机制。它通过商品之间的不平衡供需影响商品的市场价格，以此调节社会生产和需求，最终实现供求平衡。

2）竞争机制

竞争机制指在能源市场经济中，各市场主体间为自身利益展开的竞争。通常通过价格或非价格竞争，按照优胜劣汰的手段来调节市场运行。作为市场经济运行的重要机制，其形式多种多样，竞争内容也复杂多变。

3）价格机制

价格机制是市场运行的核心，是能源数据市场高效运行的基础。能源数据市场价格机制是指数据商品供求与价格的有机联动，是供需平衡的自动调节机制，它能有效促进竞争机制发挥作用。通过价格反映数据供求，并基于价格信息调节数据生产和流通，实现资源优化配置，具体包括公平交易机制、有效定价、价格形成和价格调节等四种机制。

4）风险机制

风险机制是能源数据市场运行的约束机制，通过竞争机制作用于市场供求。通常情况下，竞争与风险共存，并参与市场的正常运行。能源数据市场主体间的竞争可能导致企业亏损而面临压力，因此，提高企业自身对风险的管理、防范、预警是风险机制的重要内容。以碳金融市场风险机制为例，其风险机制构建包括风险管理机制、风险防范机制和风险预警机制。

5）监管机制

监管机制是能源数据市场有效运行的保障，它能够自发地作用于能源数据市场交易过程中。以法律为保障，建立有效、完备的监管体系，能够实现市场竞争、商品价格、风险的有效管控。能源数据市场监管机制可从建立法律机制、构建监管体系、建立监管模式、搭建信息披露监管机制、实现跨市场监管合作机制等方面进行培育。

第3章

CHAPTER 3

能源大数据关键技术

能源大数据技术是将能源领域的数据与其他领域的数据进行综合分析挖掘,是以整个能源数据集合为研究对象的一项综合技术,是传统的数据挖掘、数据分析技术在能源行业的继承和发展,依托能源大数据技术可以形成能源与信息高度融合、互联互通、透明开放、互惠共享的新型能源数字化体系。本章主要阐述了主流的能源大数据采集存储技术、融合治理技术、分析计算技术、数据安全防护技术,并介绍了多源数据融合、云边端协同计算、数字孪生、隐私计算等新兴技术。

3.1 能源大数据采集

能源大数据采集是指通过各种技术手段,收集和整理大量能源数据的过程。能源大数据采集技术的发展,是能源大数据应用的重要基础和前提,也是能源行业数字化转型的必备技术之一。

能源大数据来源广、类型多:既有电、煤、油、气、热等能源实际数据，又有碳排放、环境、社会经济等能源相关数据；既有高频的采集量测数据，又有低频的统计汇总数据；既有规范的结构化数据，又有不规范的半结构化数据、非结构数据；既有高度开放的公开数据，又有严格专用的保密数据。考虑到能源大数据的复杂特点，其数据采集技术手段也是多样的，具体包括网络爬虫技术、应用程序编程接口(Application Programming Interface，API)技术、数据库抽取技术、光学字符识别(Optical Character Recognition，OCR)技术、物联感知技术、AI(Artificial Intelligence)数据采集技术等技术手段。

3.1.1 网络爬虫技术

爬虫技术，也称为网络蜘蛛或网页抓取工具，是一种自动化数据采集程序，能够按照设定的规则遍历互联网上的网页并抓取需要的数据。如图 3-1 所示，爬虫技术的工作原理是模拟浏览器行为，向目标网站发送请求并获取响应，自动化地访问互联网上的各种网站然后解析响应内容，提取所需的数据并进行存储，其中比较常用的爬虫框架有 Scrapy、BeautifulSoup 等。

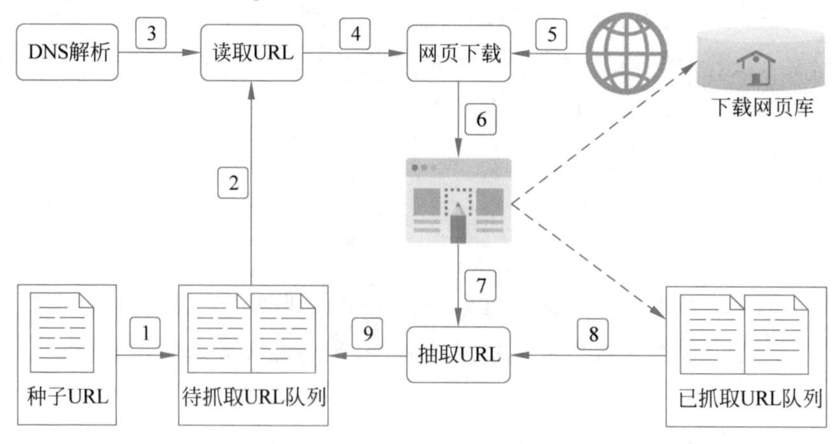

图 3-1 网络爬虫数据采集原理

爬虫技术的优势在于可以大规模、高效地采集网页上的数据，且具有较强的定制性。然而，其局限性也很明显，容易受到网站反爬机制的限制，且对动态内容抓取能力不足。

3.1.2 API技术

API是一种常见的大数据采集技术。随着互联网技术的发展和应用的普及，越来越多的系统和应用提供API供其他系统和应用进行数据交互，例如，Twitter提供了REST API和Streaming API两种接口。如图3-2所示，基于API进行数据采集的工作原理比较简单：首先，在系统中定义好需要抓取的接口以及参数；然后通过程序自动调用接口进行数据抓取，并将返回结果解析为指定格式进行存储。这种方式可以充分利用现有系统资源和开发者技能，同时还可以大大降低开发和维护成本。

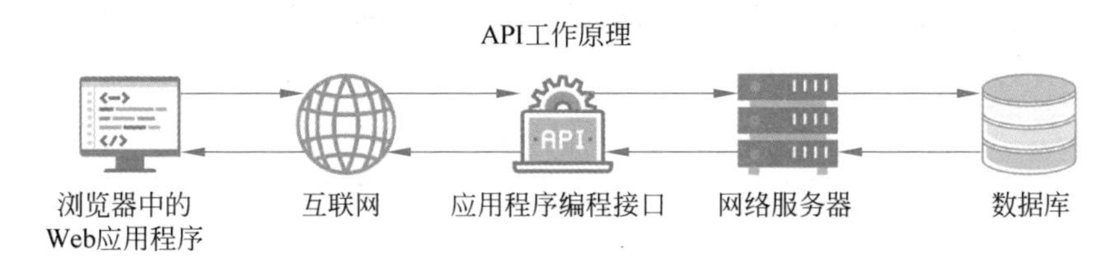

图3-2　API数据采集原理

相较于传统手动采集方式，通过API开展数据采集可以极大地提高效率和准确性，同时还具备高度的可定制性和灵活性。然而，局限性在于受制于数据提供方的政策和限制，可能无法获取全部所需数据。随着互联网技术的不断发展，API数据采集技术也在不断升级和改进，未来将会更加智能化、自动化和高效化，为用户提供更加精准、可靠的数据服务。

3.1.3　数据库抽取技术

数据库抽取技术是将数据从源端系统数据库抽取出来加载到目标系统数据库的过程，技术上主要通过配置数据抽取链路，直联源端数据库与目标数据库，编写并执行数据抽取程序脚本，实现数据从源端数据库到目标数据库的抽取和存储。数据库抽取技术主要包括全量数据抽取、增量数据抽取两种形式。

1）全量数据抽取

全量数据抽取，类似于数据迁移或数据复制，指的是将数据源中的表或视图中的数据原封不动地从源端数据库中抽取出来加载到目标数据库的过程。全量数据抽取适用于抽取数据量对写入数据库影响较小的情形，其原理如图3-3所示，首先使用相关组件（如Sqoop）直连源端数据库，结合源端数据库有效表范围，配置全量数据抽取链路，然后再通过相关组件（如ETLCloud）定时做全量数据抽取，批量加载到目标数据库。

图3-3　数据库全量数据抽取技术原理

2）增量数据抽取

增量数据抽取是指只抽取自上次抽取以来源端数据库中新增或修改的数据的过程，适用于表数据量较大（大于50M）或抽取数据量对源端性能影响较大的情况，其原理如图3-4所示，首先使用相关组件（如Sqoop）直连源端数据库，结合源端数据库有效表范围，配置增量数据抽取链路，然后再通过相关组件（如ETLCloud）定时或实时抽取增量数据，并加载到目标数据库。

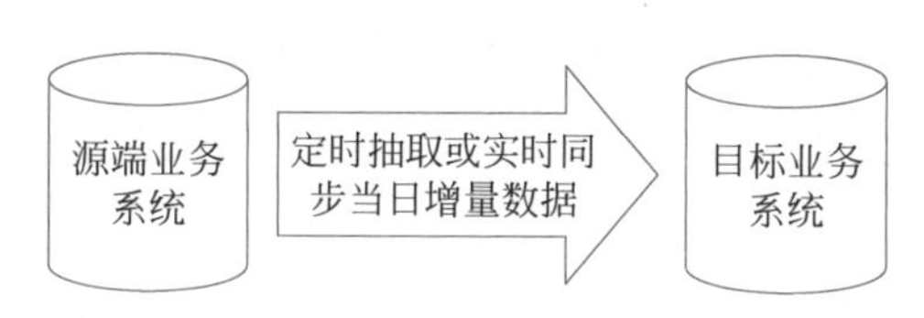

图 3-4　数据库增量数据抽取技术原理

3.1.4　物联感知技术

物联感知技术是指通过各种感知设备，如传感器、摄像头、射频识别(Radio Frequency Identification，RFID)等，将实物世界中的各种信息采集、传输、处理和应用，实现物体与物体、物体与人之间的信息交互和感知的技术。

如图 3-5 所示，物联感知技术体系一般由四部分组成：终端、边缘网关、回传网络和云端平台。

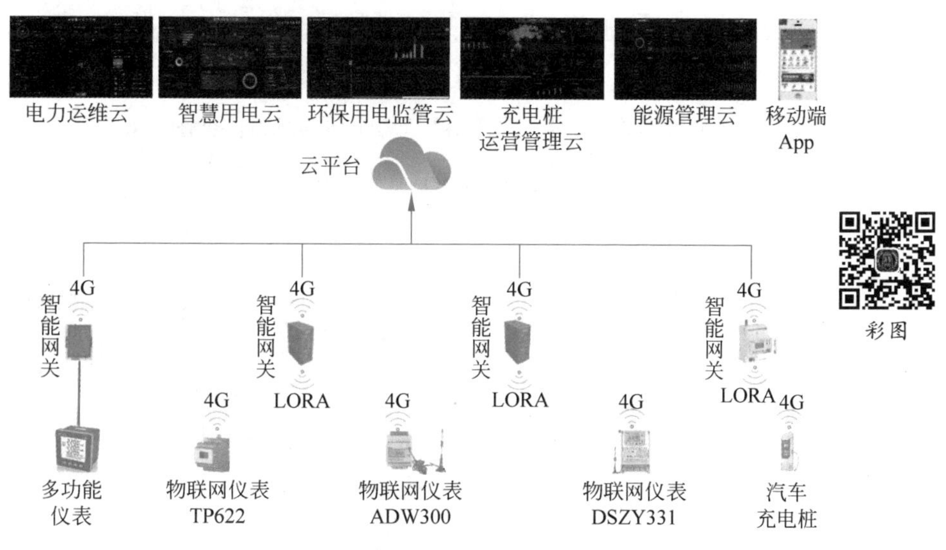

彩图

图 3-5　物联感知数据采集原理

终端：指各种传感器、控制器、摄像头等设备，可以采集和处理物理环境中的信息，如温度、湿度、位置、图像等，并通过有线或无线方式接入网络。

边缘网关：指连接终端和回传网络的设备，可以实现对终端的自动发现、身份认证、数据转换、加密传输等功能，并支持边缘计算和本地控制。

回传网络：指将边缘网关和云端平台连接起来的通信网络，可以采用有线或无线方式，如以太网、光纤、5G 等，保证数据高效、可靠、安全地传输。

云端平台：指对物联感知产品进行管理、控制和分析的软件平台，可以提供统一的接口和标准化数据，支持多种应用场景和业务需求。

3.1.5 AI 数据采集技术

AI 数据采集是指利用 AI 技术自动地从各种数据源中采集数据，这些数据源可以包括传感器、设备、社交媒体、移动设备、生物信号等，采集内容涵盖图像、文本、语音、视频等全维度数据，见图 3-6。

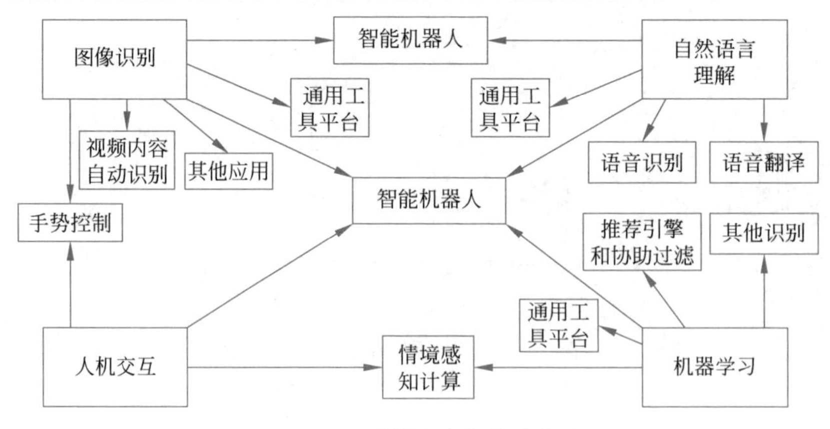

图 3-6 AI 数据采集技术框架

AI数据采集的优势在于它能够自动化地处理大量的数据，减少人工干预，提高数据的准确性和可靠性。但同样也面临一些挑战：首先，AI技术需要大量的数据进行训练，因此需要有大量的数据供应商支持；其次，AI技术需要专业的技术人员进行设置和维护，因此需要有相应的人才支持；最后，AI数据采集需要遵守相关的法律法规和伦理规范，确保数据的安全性和隐私性。

3.2 能源大数据存储

能源大数据从结构上来看，分为结构化数据、半结构化数据、非结构化数据三种类型，对于不同结构类型的能源数据需要确定合理的存储方式，从而提高数据的可靠性、安全性和高效性，为数据分析和挖掘提供有力支持。

3.2.1 结构化数据存储

结构化数据是指以特定格式和规则组织的数据，其数据元素之间存在明确的关系和层次结构，易于存储、处理和分析。结构化数据通常用关系型数据库(RDBMS)以表格的形式存储，可以使用SQL进行查询和管理。

关系型数据库非常擅长处理表之间需要复杂联合查询的事务数据。关系型数据库按照结构化的方法存储数据，每个数据表都必须对各个字段定义好，也就是设计好表的数据模型，再根据数据模型存储数据，这样做的好处就是由于数据的结构和内容在存入数据之前就已经定义好了，所以整个数据表的可靠性和稳定性都比较高。常见的关系型数据库包括MySQL、Oracle、SQL Server等。

3.2.2 半结构化数据存储

半结构化数据是指不符合传统关系型数据库数据模型要求的数据，通常指没有规定结构，介于结构化数据和非结构化数据之间的数据类型，其结构相对于结构化数据不太规范化，但有具体标识和描述性数据，如 XML、JSON 和 YAML 等格式的数据。

存储半结构化数据可以选用非关系型数据库中的文档型数据库（如 MongoDB）或图数据库（如 Neo4）。文档型数据库适合存储和查询具有层次结构的数据，而图数据库则适合存储和查询具有复杂关系的数据，这些数据库提供了灵活的数据模型和查询语言，能够有效地存储和查询半结构化数据。此外，还可以使用关系型数据库来存储半结构化数据，但需要对数据进行适当的转换和规范化。

3.2.3 非结构化数据存储

非结构化数据是指没有明确结构的数据，例如文本文档、音频、视频、图像等数据类型。这些数据通常具有高度的复杂性和多样性，不能被轻易地转换成表格或二维矩阵形式，难以使用传统的结构化数据存储和管理方法进行处理，通常用非关系型数据库（NoSQL 数据库）进行存储。

非关系型数据库（NoSQL 数据库）以键值对、文档、列族、图等方式存储数据，适用于海量数据的存储和分析，具有高扩展性和高吞吐量的特点，具体包括文档型、键值型、列型和图形数据库等类型。例如，HBase、Cassandra、Redis 等都是 NoSQL 数据库；HBase 是一种基于 Hadoop 的列式数据库，适用于存储大规模结构化数据；而 Cassandra 是一种分布式数据库，适用于高度可扩展的大数据存储和分析。

总结起来，能源大数据的存储方法有关系型数据库、NoSQL 数据库等多种方式。合理选择适合的存储方法可以提高数据的可靠性、安全性和高效性，为大数据的分析和挖掘提供有力支持。在实际应用中，需要根据数据的特点和业务需求进行选择，并结合存储系统的可扩展性和性能要求进行评估。

3.3　能源大数据融合

随着互联网和物联网的发展，越来越多的能源数据以不同的形式和格式存在，如文本、图片、音频视频、传感器数据等，这些数据需要被有效地融合以提供更加全面准确、可靠的信息。能源大数据融合技术是将不同类型、不同来源、不同格式的能源数据进行跨域整合、归纳、分析和处理，以形成更加完整、准确的数据集的技术，具体可以归为三大类：基于特征的数据融合方法、基于多模型集成的多源异构数据融合方法和基于语义信息的跨领域数据融合方法。

3.3.1　基于特征的数据融合方法

基于特征的数据融合技术非常适合跨领域的多源数据融合，特别是在基于机器学习或深度学习的分类或预测任务中较为常用。基于特征的数据融合基本框架如图 3-7 所示：首先，对多源异构的原始数据进行分析，并对数据进行归一化等预处理；其次，选择合适的模型进行特征提取，所提取的特征信息应能充分（或统计上充分）表示原始数据的信息；最后，将这些特征表示向量进行融合，并基于融合的特征向量做出分类或预测。

特征提取的主要目标是将异构数据抽象成与目标任务相关的统一

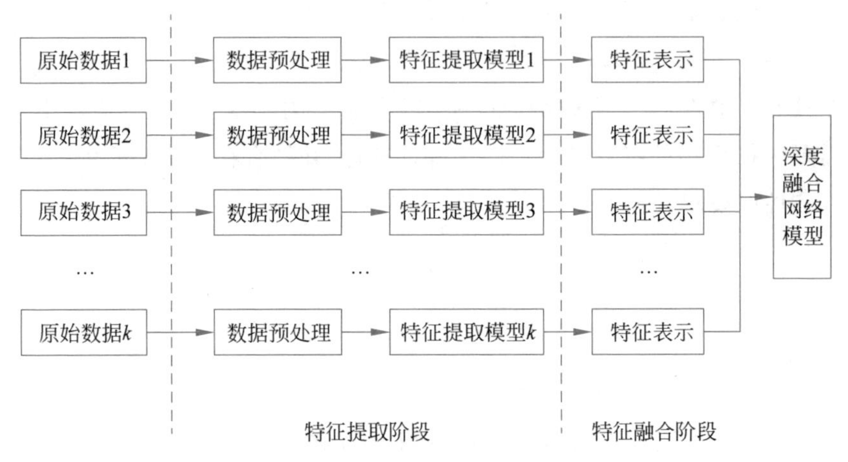

图 3-7　基于特征的数据融合基本框架

维度的特征值。主要有两种方式：一是直接抽取特征值，即依据不同任务目标，直接将不同数据属性值作为特征，属性值的类型可以为数值数据、类型数据、布尔数据等；另一种是间接抽取特征值，通过构建特征函数来实现复杂度更高的数据特征抽取，传统的特征函数往往局限于数据的概率分布，在基于深度学习的网络中，这种特征函数不需要单独构建，可以通过卷积神经网络（Convolutional Neural Networks，CNN）、长短时记忆网络（Long Short-Term Memory，LSTM）等自动学习高层特征表达。

3.3.2　基于多模型集成的多源异构数据融合方法

基于多模型集成的多源异构数据融合方法大体上可以分为两类：分阶段多模型融合方法和多模型联合学习方法。

1）分阶段多模型融合方法

分阶段多模型融合方法即先用一种数据再用另一种数据，分阶段地进行数据融合，基本框架如图 3-8 所示。此类方法在数据挖掘任务的不同阶段使用不同的数据集，因此不同阶段的数据集是松耦合的，对它们的模式的一致性没有任何要求，分阶段多模型融合的关键点在于任务目标的拆分。

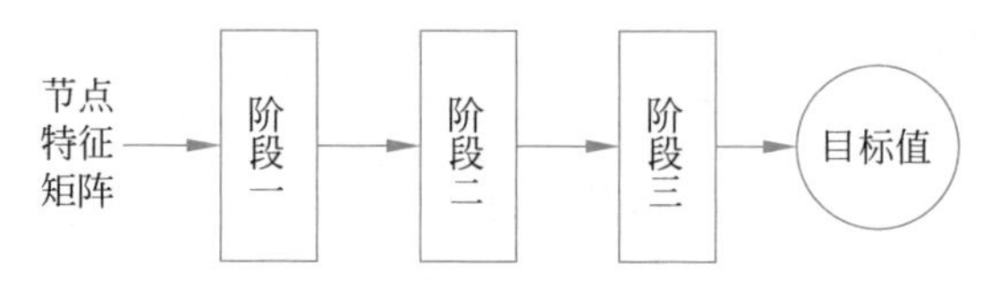

图 3-8　分阶段多模型融合基本框架

在分阶段多模型融合中，可采用如 LSTM 和图卷积神经网络(Graph Convolutional Network，GCN)相结合的异构数据特征提取框架，将 LSTM 阶段的权重馈送到每个 GCN 中，然后将 GCN 阶段的输出信息按列连接，经过全连接层，对应地输出每个节点的标签，实现多源异构数据的特征提取和融合。

2）多模型联合学习方法

多模型联合学习基本框架如图 3-9 所示。首先将多源异构数据集分解成相互独立的子数据集合，每个子数据集合都可以通过训练独立求解得到任务目标，再通过联合推理实现最终目标任务。多模型联合学习可以采用协同训练的方式完成独立数据集的联合训练，有利于模型并行化。

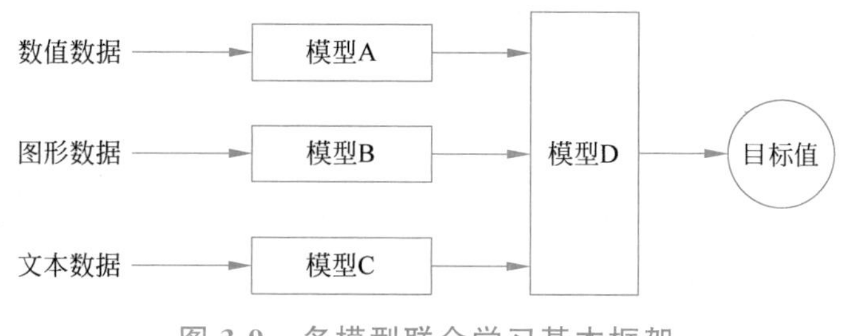

图 3-9　多模型联合学习基本框架

如图 3-9 所示，针对不同的数据类型通常应用不同的模型：采用深度学习网络作为数据分析模型时,对于数值型数据应用的模型主要有 RNN(Recurrent Neural Network,循环神经网络)、CNN 和 LSTM 等;对于时空特征的图像、视频数据,应用的模型主要有 Conv-LSTM (Convolutional Long Short-Term Memory Network,卷积长短期记忆网络)、STGCN(Spatial-Temporal Graph Convolutional Networks,时空图卷积网络)等;对于文本数据应用的模型主要有 N-grams 语言模型、词嵌入模型等;根据不同应用需求,模型 D 也有不同的选择。在多模型集成的融合方法中,重点是对应模型的选择,通常模型选择的好坏会直接影响最终的评估结果和计算效率。

3.3.3 基于语义信息的跨领域数据融合方法

基于语义信息实现多源数据融合的基础是建立数据之间的语义关联,并对其语义关系进行统一描述。此类方法具有良好的数据源动态适应性,适用于高级语义的数据共享、查询、分析等任务,但该方法的复杂度较高,需要清晰地理解每个数据集所代表的信息、不同数据集可以融合的原因以及不同数据集之间是如何相互增强特征的。跨领域语义融合的基本框架如图 3-10 所示。基于语义信息的数据融合一般在特征表示学习方法的基础上,结合语义关系对数据集进行处理,以实现数据信息的增强、补充和知识迁移。基于语义信息的方法主要包括:基

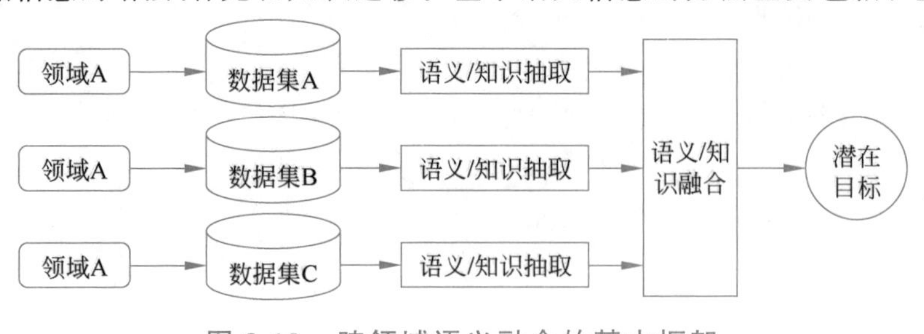

图 3-10 跨领域语义融合的基本框架

于相似度的数据融合方法、基于概率图模型的数据融合方法等。

1）基于相似度的数据融合方法

该方法是指利用不同对象之间的潜在相关性（或相似度）融合不同的数据集，以形成较为完整的描述对象的数据。若两个对象（X、Y）在某种维度上存在相似性，当 Y 的信息缺失时可以利用 X 的信息补偿；当 X 和 Y 分别有不同的数据集时，可以学习它们之间的多个相似性质。这些相似性可以相互加强，巩固两个对象之间的相关性，并能够基于相关性相互混合使用不同的数据集。

2）基于概率图模型的数据融合方法

概率图模型是用来描述一组变量之间关系的数学工具，其中变量分为随机变量和非随机变量两类，随机变量用随机变量节点表示，非随机变量用因子节点表示。基于边的连接关系，概率图分为有向图和无向图两种。有向图中，每条边都有一个方向，表示因果关系，例如一个变量的值会影响另一个变量的值；无向图中，每个节点之间都有连接，表示相关关系，例如两个变量是同时发生变化的。

在基于概率图模型的数据融合方法中，图节点表示数据中的重要对象或特征，两个节点之间的边（连线）表示两者的依赖关系，边的权值为依赖关系的概率。通过对数据中相关样本的概率统计可以实现概率图方法中由先验分布到后验分布到求解，从而实现多源异构数据融合。

3.4　能源大数据治理

数据治理最常见的定义如下：国际数据管理协会（DAMA）认为数据治理是对数据资产管理行使权力和控制的活动集合；国际数据治理研究所（Data Governance Institute，DGI）认为数据治理是通过一系列与信息相关的过程来实现决策权和职责分工的系统；我国国家标准《信息技术 大数据 术语》(GB/T 35295—2017)从数据全生命周期管理出发,将数据治理定义为对数据进行处置、格式化和规范化的过程。

随着能源行业数字化转型的不断深入,各能源主体的业务系统产生数据量日益丰富,数据的整合难度也日益加大。面对数据打架、数据标准不统一、数据质量差、数据共享与利用效率低下等问题,数据治理的重要性和必要性越来越明显。

能源大数据治理是将能源数据管理、制度、流程、组织等治理要素融入技术,支撑数据治理工作落地的技术,具体包括技术体系和治理模式两个维度。

3.4.1 能源大数据治理技术体系

如图 3-11 所示,能源大数据治理技术体系应该包括数据治理、平台治理、应用治理三个层面。

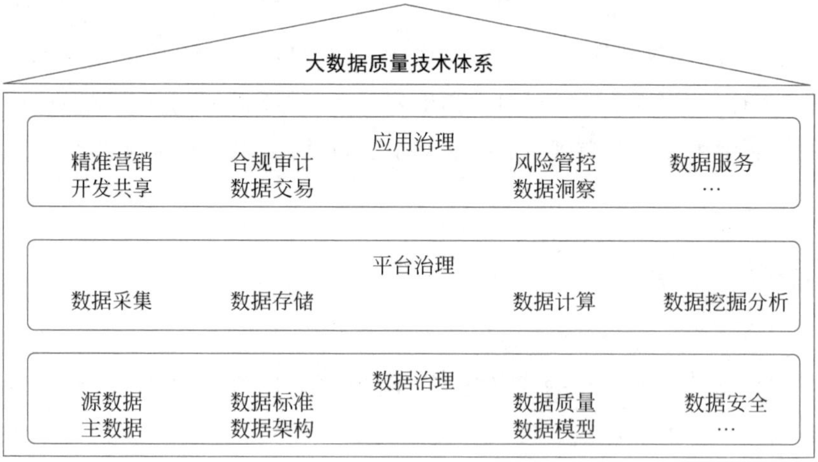

图 3-11 能源大数据治理技术体系

1）数据治理

即以数据为核心，从主数据、元数据、标准、质量、安全等方面，为数据提供全生命周期治理。

2）平台治理

即以平台为核心，结合平台类型、业务、治理需求等，将对应的治理技术，融入大数据平台的采集、存储、计算等过程，实现对大数据平台管理过程的治理。

3）应用治理

即以应用为核心，结合应用类型、业务、治理需求等，将对应的治理技术融入大数据应用工具，实现对大数据应用过程的治理。

3.4.2　能源大数据治理模式

能源大数据治理技术种类多样、功能各异，不同技术的相互融合会带来更好的效果，因此，治理模式的选择显得尤为重要。梳理目前的市场需求和应用现状，可总结出四种数据治理模式。

1）主数据治理模式

主数据是指满足跨部门业务协同需要的、反映核心业务实体状态属性的组织机构的基础信息。主数据治理是指为了确保主数据一致性、准确性和可靠性而进行的一系列管理活动，包括主数据的收集、存储、分析、更新和共享等，旨在确保一个组织中相关的各个系统都有准确、一致的主数据。

主数据治理模式以主数据治理为核心要务，融合数据标准治理、数据质量治理和数据安全治理等理论方法，通过创建可信赖的数据源、清晰的数据定义、合适的数据处理和共享机制来实现数据的统一性、准确性和可靠性，见图 3-12。

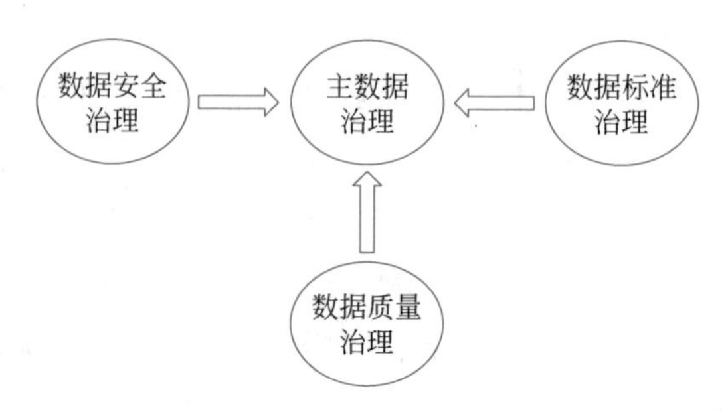

图 3-12　主数据治理模式

2）元数据治理模式

元数据是用于描述数据的数据，主要是描述数据属性的信息，是一种描述性标签，用以描述数据、概念及它们之间的联系。元数据治理是指组织对元数据进行管理和优化的过程，以实现数据资产的最大化利用和价值实现。元数据治理的目标是提升数据管理的效率和可靠性，降低数据管理的风险和成本，元数据治理模式见图 3-13。

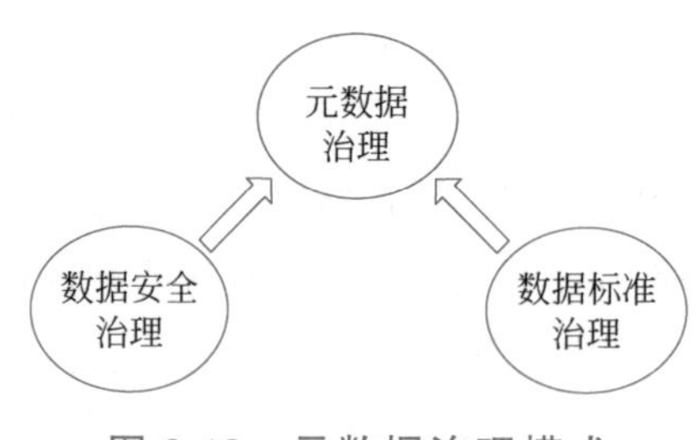

图 3-13　元数据治理模式

简单来讲，元数据治理模式就是以元数据治理为核心要务，同时融合数据标准治理和数据安全治理的理论和方法，提升数据的可理解性和可信度，加强数据的安全性和合规性，同时提升数据的一致性、完整性及准确性等质量指标。

3）数据质量治理模式

数据质量可直接影响管理决策的成败，可谓差之毫厘、谬以千里，因此数据质量对企业发展至关重要。数据质量治理通过质量检核指标的制定与维护、数据质量告警、质量问题的分析和管理等，实现对数据的绝对质量管理与过程质量管理。数据质量治理模式以数据质量治理为核心，同时融合数据标准治理和数据安全治理，以确保数据质量管理服务的规范性和安全性，见图 3-14。

4）安全治理模式

数据安全通常包括数据访问、数据使用、隐私数据、安全审计等。数据安全治理是利用数据加密工具、数据脱敏工具、数据库安全工具、数据防泄露工具、数字水印技术、身份认证技术等保障企业数据的安全。数据安全治理模式以数据安全治理为核心，同时融合数据标准治理，以确保数据安全管理服务的规范性，见图 3-15。

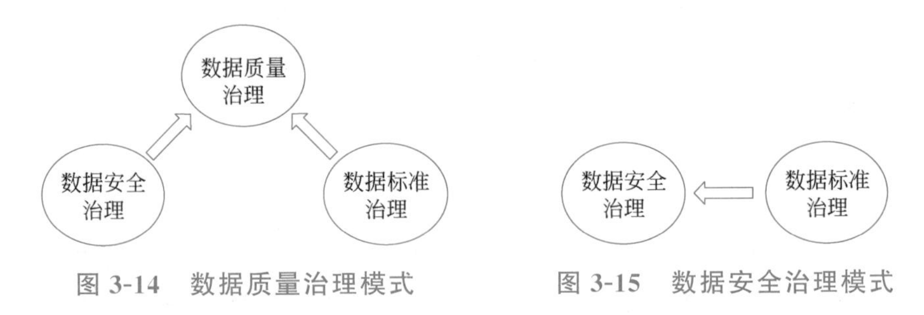

图 3-14　数据质量治理模式　　图 3-15　数据安全治理模式

3.5　能源大数据分析计算

数据分析计算技术是连接数据与其内在价值之间的关键桥梁。随着传统的工业信息网络与互联网等通用信息网络实现互联互通，能源系统内产生的数据量不断提升，结构也趋于多样化，给能源数据的价值发挥带来重大挑战。数据分析计算技术就是对海量、高维、实时、随机、多样和广泛存在的能源数据进行计算处理，分析数据的内在特征与关联，挖掘出数据中隐藏的、新颖的、低密度的、有价值的信息的过程。借助数据分析计算技术不仅能从能源各领域的关联信息中找出潜在的模态与规律，更有可能挖掘隐性交叉的知识，揭示能源大数据之间的关联关系。

下面主要从能源大数据统计分析技术、云边端协同计算技术、数字孪生技术及隐私计算技术四方面对与能源大数据分析计算相关的关键技术进行介绍。

3.5.1 统计分析技术

传统的统计分析技术包括回归分析、时间序列分析、聚类分析、主成分分析、因子分析、生存分析、判别分析、信度分析、列联表分析、相关分析、方差分析等，这里介绍能源数据分析中最为常用的回归分析、时间序列分析以及聚类分析。

1. 回归分析

广义角度讲，回归分析包括很多类模型，除常见的普通的多元回归模型之外，还包括分布滞后自回归模型、向量自回归模型、向量误差修正模型、面板回归模型、计数回归模型、离散选择模型、分位数回归模型、门限回归模型、转换机制模型、归并回归模型、截断回归模型等。考虑到篇幅，这里仅对分布滞后自回归模型、向量自回归模型进行介绍。

1）分布滞后自回归模型

在涉及时间序列数据的回归分析中，一般由于经济变量自身、决策者心理、技术、制度等方面的原因，解释变量需要经过一段时间才能完全作用于因变量，同时由于经济活动的连续性，因变量的当前变化也往往受到自身过去取值水平的影响，即模型中不仅包含解释变量的当前值，还包含它们的滞后值（过去值），这样的模型称为分布滞后模型（Distribution-Lag Model）。分布滞后自回归模型（Autoregressive Distributed Lag Model，ARDL）通常用于分析一个变量受其他变量影响的程度，以及变量之间的长期关系。它可以用于估计联合稳健性系数、长期均衡关系、短期动态调整等。ARDL 的核心思想是将目标变量和其他变量看作联合平稳的时间序列，并采用阶梯回归方法进行估计。在阶梯回归中，先通过最小二乘法估计自回归项和趋势项的系数，在此基础上进一步估计相互影响的系数。这样，ARDL 可以同时考虑长期和短期影响，从而更好地描述变量之间的关系。

$$y_t = \beta_0 + \beta_1 y_{t-1} + \cdots + \beta_p y_{t-p} +$$
$$\gamma_1 x_{t-1} + \cdots + \gamma_q x_{t-q} + \varepsilon_t$$

式中，p 为 y 的自回归阶数，q 为 x 的滞后阶数，最后一项为白噪声，y 为自变量，β 为系数，γ 为外生变量的待估系数。对于滞后阶数（p，q）的选择，可以使用信息准则（AIC 或 BIC），或进行序贯检验，即使用 t 或 F 检验来检验最后一阶系数的显著性。在 ARDL 中，也可引入更多的解释变量：比如，变量 Z 的 r 阶滞后（Z_{t-1}，Z_{t-2}，…，Z_{t-r}）。

由于不同时期的时间滞后变量之间往往存在高度的多重共线性，会降低参数估计的精确度，导致标准误差变大，并且如果样本个数不足，时间滞后项过多，则会导致自由度不足，难以进行传统的假设检验。为了解决这些问题，雪莱・阿尔芒提出了多项式分布滞后（Polynomial Distributied Lag，PDL）模型：

$$y_t = \beta_0 + \sum_{i=0}^{k} a_i x_{t-i} + \varepsilon_t$$

式中，a_i 为滞后变量系数，$a_i = b_0 + b_1 i + b_2 i^2 + \cdots + b_m i^m$。

PDL 模型的优点是：模型最后形成的滞后变量是采用不同权数的加权线性组合，这样就解决了滞后变量之间的多重共线性关系。即使滞后区间很长，也能够检验每个滞后变量对被解释变量的影响，最终也不会损失自由度。

2）向量自回归模型

向量自回归模型（Vector Autoregressive Model，VAR 模型）是非

结构性方程组模型，由 Sims 于 1980 年提出。该模型不以经济理论为基础，采用多方程联立的形式，在模型的每一个方程中，内生变量对模型的全部内生自变量的滞后项进行回归，进而估计全部内生变量的动态关系，常用于预测相互联系的时间序列系统以及分析随机扰动对变量系统的动态冲击。

假设高维时间序列有 n 维，$Y_t=(y_{1,t},y_{2,t},\cdots,y_{n,t})^T$。滞后 p 阶的向量自回归模型 VAR($p$)的一般表达式为

$$y_{i,t}=\alpha_{i1}^T Y_{t-1}+\alpha_{i2}^T Y_{t-2}+\cdots+\alpha_{ip}^T Y_{t-p}+\varepsilon_{i,t}$$

式中，$t\in[1,T]$，$\varepsilon_{i,t}$ 相互独立时均值为零，方差固定的变量。对于 $Y_1,Y_2,\cdots,Y_N$，VAR 模型的向量形式为

$$Y_t=A_1Y_{t-1}+A_2Y_{t-2}+\cdots+A_pY_{t-p}+\varepsilon_t$$

式中，Y_t 为 $n\times 1$ 维向量，ε_t 为 n 维的白噪声序列，$A_j=(\alpha_{1,j},\alpha_{2,j},\cdots,\alpha_{1,n})^T$，$j=1,2,\cdots,n$，是 $n\times n$ 维的向量自回归系数矩阵。上式转换为

$$\boldsymbol{Y}=\boldsymbol{XA}+\boldsymbol{E}$$

式中，$\boldsymbol{Y}=(Y_{p+1},Y_{p+2},\cdots,Y_M)$，$\boldsymbol{X}=(X_1,X_2,\cdots,X_p)$，$X_i=(Y_{p+1-i},Y_{p+2-i},\cdots,Y_{M-i})^T$，$\boldsymbol{A}=(A_1,A_2,\cdots,A_p)^T$。估计 VAR($p$)模型参数的经典方法是最小二乘法，具有简化计算，降低计算成本的优点。同时该模型不受经济理论约束，从数据出发，具有简单实用的优点。

在 VAR 模型中定义了变量与滞后期变量之间的关系，但当前时期变量间的相关性没有明确定义和形式，即模型的右侧不包括当前时期的内生变量。变量间的同期影响被混杂在随机误差项中，难以具体解释。研究中，模型的随机误差项被视为一种无法观察和解释的随机扰动，而 1986 年 Bernanke 等提出的结构 VAR 模型，也称为 SVAR，在模型中添加了变量间的当期相关性。SVAR 的基本结构如下所示：

$$\boldsymbol{\psi}_0 x_t=\alpha+\boldsymbol{\psi}_1 x_{t-1}+\cdots+\boldsymbol{\psi}_1 x_{t-1}+\boldsymbol{A}\varepsilon_t$$

式中，$\{\boldsymbol{\psi}_j, j=0,1,\cdots,l\}$ 是待估矩阵，$\boldsymbol{\psi}_0$ 的对角线元素均为 1，但并不为单位矩阵，表示同期相关关系；$\varepsilon_t \sim N(0, I_n)$，互不相关，为 SVAR 的标准正交随机扰动项。当 $\boldsymbol{\psi}_0$ 可逆时，上述等式两边同乘矩阵 $\boldsymbol{\psi}_0^{-1}$，可得：

$$x_t = \boldsymbol{\psi}_0^{-1}\alpha + \boldsymbol{\psi}_0^{-1}\boldsymbol{\psi}_1 x_{t-1} + \cdots + \boldsymbol{\psi}_0^{-1}\boldsymbol{\psi}_1 x_{t-1} + \boldsymbol{\psi}_0^{-1}\mathbf{A}\varepsilon_t$$

从形式上看，上式与简化 VAR 模型结构一致，因此可以通过估计 VAR 模型获得原始 SVAR 模型的解，从而避免最小二乘估计中可能出现的偏移问题。然而，这种转化过程需要保证模型是可识别的，这意味着必须施加 $n(n-1)/2$ 个限制条件才能够估计 SVAR 模型的参数。当变量数量较多时，找到 $n(n-1)/2$ 个限制条件会变得比较困难。

通过对矩阵 $\boldsymbol{\psi}_0$ 和 $\mathbf{A}$ 施加限制，SVAR 模型可以应用脉冲响应函数和预测误差方差分解来识别和跟踪冲击响应。脉冲响应函数可以反映系统在受到冲击时的动态响应，帮助识别各变量对冲击的响应程度。预测误差方差分解可以反映变量间的影响程度，进一步评价不同冲击的重要性。需要注意的是，尽管 SVAR 是结构模型，但它只能将限制施加到矩阵 $\boldsymbol{\psi}_0$ 和 $\mathbf{A}$ 上。

2. 时间序列分析

时间序列分析是根据系统观测得到的时间序列数据，通过曲线拟合和参数估计来建立数学模型的理论和方法。它一般采用曲线拟合和参数估计方法（如非线性最小二乘法）进行。常用模型有移动平均法、指数平滑方法、季节分解以及自回归差分移动平均（Autoregresssive Integrated Moving Average，ARIMA）模型。

1）X-12-ARIMA 模型

X-12-ARIMA 模型是国际上通用的季节调整方法之一，由美国劳工统计局推出。调整过程分为“建模”“季节调整”和“诊断”三个阶段。

(1) 建模。利用 RegARIMA 方法对原始序列建模,从原始序列中剔除各种日历效应、节假日效应、离群值等的影响,并对误差序列建立季节模型,进行前向、后向预测,拓展原始序列。RegARIMA 模型形式如下:

$$(_p(L)(_P(L^S)(^d(_s^D\left(Y_t-\beta_0-\sum_{i=1}^{k}\beta_i X_{it}\right)=(_q(L)(_Q(L^s)v_t$$

式中,Y_t 是待调整时间序列;$X_{it}(i=0,1,\cdots,k)$是解释变量,包含日历效应、节假日效应、离群值等变量;$\beta_i(i=0,1,\cdots,k)$是回归系数;$(_p(L)$,$(_P(L^S)$分别表示非季节 p 阶、季节性 P 阶自回归算子;$(_q(L)$,$(_Q(L^s)$分别表示非季节 q 阶、季节性 Q 阶移动平均算子;$(^d$,$(_s^D$ 分别表示非季节 d 阶、季节性 D 阶差分算子;v_t 是白噪声序列。

(2) 季节调整。对上一阶段输出后的回归残差序列进行 X11 季节调整,将序列 Y_t 分解为趋势循环成分(C_t)、季节成分(S_t)和不规则成分(I_t)。分解模型主要有两种:加法模型和乘法模型。加法模型($Y_t=C_t+S_t+I_t$)适用于各成分相互独立的情形;乘法模型($Y_t=C_t\times S_t\times I_t$)适用于各成分有相关关系的情形,一般经济序列都采用乘法模型进行调整。

(3) 诊断。对季节调整的结果,通过一系列统计量检验,判断是否符合要求。若用 X11 方法进行季节调整,诊断检验包括 RegARIMA 残差相关性检验,11 个 M 统计量和它们组合计算得到的 2 个 Q 统计量检验,季节调整后序列和不规则成分序列的谱分析,以及平移区间检验和修正历史检验等。

X-12-ARIMA 模型在 X-11-ARIMA 模型的基础上加强了对序列的预处理,可用回归模型的方式检测多种因素对序列的影响,并检测该影响的显著性与稳定性。主要缺点是在进行季节调整时需要在原序列的两端补欠项，如果补欠项方法不当，就会造成信息损失。

2）ARIMA 模型

ARIMA 模型主要由三部分构成，分别为自回归模型（AR）、差分过程（I）和移动平均模型（MA）。ARIMA 模型是差分处理后的自回归移动平均（Autoregressive Moving Average，ARMA）模型，可以被写为 ARIMA(p,d,q)。其中，p 代表 AR（自回归）滞后阶数，d 是差分阶数，q 是 MA（移动平均）阶数。公式如下：

$$Y_{(t)}^{d}=c+\Phi_{1}Y_{(t-1)}^{d}+\Phi_{2}Y_{(t-2)}^{d}+\cdots+\Phi_{p}Y_{(t-p)}^{d}+\mu_{(t)}+\theta_{1}\varepsilon_{t-1}+\theta_{2}\varepsilon_{t-2}+\cdots+\theta_{q}\varepsilon_{t-q}$$

式中，$Y_{(t)}^{d}$ 代表 d 阶差分后的序列；c 是常数项；$\Phi_1,\Phi_2,\cdots,\Phi_p$ 是自回归项的系数；$\mu_{(t)}$ 是时间 t 下的误差项；$\theta_1,\theta_2,\cdots,\theta_q$ 是移动平均项的系数；而 $Y_{(t-1)}^{d},Y_{(t-2)}^{d},\cdots,Y_{(t-p)}^{d}$ 表示过去 p 个时间点的差分后观测值，用于自回归部分的计算；$\varepsilon_{t-1},\varepsilon_{t-2},\cdots,\varepsilon_{t-q}$ 表示过去 q 个时间点的模型误差项，用于移动平均部分的计算。

ARIMA 模型十分简单，只需要内生变量而不需要借助其他外生变量。但该模型要求时序数据是稳定的，或者通过差分化之后是稳定的，且本质上只能捕捉线性关系，而不能捕捉非线性关系。

3. 聚类分析

聚类分析是研究对样品或指标进行分类的一种多元统计方法，通过给定样本特征的相似性或距离，使不同组间样本的相似性或距离最大，而同一组内样本的相似性或者距离最小，从而达到无监督学习的目的。聚类分析方法主要有层次聚类、系统聚类、模糊聚类和 K-means 聚类等。

1）Ward 系统聚类法

常用的系统聚类方式主要有最短距离法、最长距离法、中间距离法、离差平方和法（Ward 法）、重心法、类平均法、可变类平均法等，聚类统计量主要包括绝对值距离、欧氏距离等。其中，Ward 系统聚类法是指利用离差平方和计算距离的一种聚类方法，类中各元素到类重心(即类均值)的平方欧氏距离之和称为类内离差平方和。假设类 G_K 与 G_L 聚成一个新类 G_M，则 G_K、G_L 和 G_M 的类内离差平方和分别为

$$W_k = \sum_{x_i \in G_K} (x_i - \bar{x}_K)'(x_i - \bar{x}_K)$$

$$W_L = \sum_{x_i \in G_L} (x_i - \bar{x}_L)'(x_i - \bar{x}_L)$$

$$W_M = \sum_{x_i \in G_M} (x_i - \bar{x}_M)'(x_i - \bar{x}_M)$$

当 G_K 与 G_L 合并成新类 G_M 时，$W_M > W_K + W_L$，即类内离差平方和增大。若 G_K 与 G_L 距离较近，则离差平方和增加的值应该较小。因此 G_K 与 G_L 的平方距离计算方式为

$$D_{KL}^2 = W_M - (W_K + W_L)$$

因此，离差平方和法是将方差分析的思想应用于分类中，同一类中的离差平方和小，表示样本间的相似度高；而不同类间的离差平方和大，则表示样本间的相似度低。

由于每一步聚类都需要计算类间距离，当变量较多或样本量较大时，Ward 系统聚类法运算速度较慢。

2) K-means 聚类算法

K-means 聚类算法通过迭代，将样本划分到 K 个类别中，使得每个样本与其所属类的中心或均值最近，从而得到 K 个层次化的类别。K-means 聚类算法的核心思想是迭代求解，每次迭代均需要通过现有的聚类对象，计算得到新的聚类中心。当没有对象被重新分配到不同的类别，聚类中心不再改变时，迭代循环终止，输出聚类结果。其主要步骤如下：

步骤 1：随机地从 N 个样本数据中选择 K 个对象，其中每个对象

均代表一个簇的初始均值或质心；

步骤 2：对剩余的对象，根据它到每个簇均值的欧氏距离，将其分配到距离最近的簇中；

步骤 3：使用每个聚类中的样本均值作为新的质心。

接下来，依次重复步骤 2 和步骤 3 直到簇的均值不再发生变化，聚类中心不再改变。

其中，两个 n 维向量 $\boldsymbol{x}=(x_1,x_2,\cdots,x_n)$ 和 $\boldsymbol{y}=(y_1,y_2,\cdots,y_n)$ 之间的欧氏距离 $d(x,y)$ 定义如下：

$$d(x,y)=\sqrt{\sum_{i=1}^{n}(x_i-y_i)^2}$$

K-means 聚类算法评价准则之一是误差平方和准则，误差平方和(Sum of Squares Due to Error，SSE)，其定义如下：

$$\mathrm{SSE}=\sum_{i=1}^{k}\sum_{p\in C_i}|p-m_i|^2$$

式中，k 为簇的个数；C_i 为第 i 簇；p 为某个簇中任意一点；m_i 为簇 C_i 的均值。SSE 值越小，说明数据点越接近质心，聚类效果则越好；反之，若 SSE 越大，聚类效果则越差，多个聚类被视为一个聚类的可能性就越大。因此，在聚类过程中需要将 SSE 较大的聚类再次进行划分。

K-means 聚类算法具有易于理解、收敛速度快、对数据集的规模无限制、使用方便等优点，但仍存在两点缺陷：首先，聚类数量必须事先确定，否则数量的不确定性会导致聚类结果的不确定性；其次，初始中心的选取对聚类结果影响大，不合理的初始中心将导致聚类结果不理想。

聚类分析是一种使用广泛的数据分析方法，应用领域涉及经济、社会、文化等众多领域，目前多用于客户画像、图像分割、市场细分、异常检测等场景。每种聚类算法都有其特定的适用场景和限制条件，因此在实际应用中需要根据具体情况选择合适的方法和参数。

3.5.2 云边端协同计算

随着云计算、物联网等技术的快速发展，边缘计算系统逐渐成为学术界和工业界的研究热点。边缘计算系统将云计算的能力延伸到网络的边缘，更好地满足了实时应用的需求。在这一过程中，云、边、端的协同显得尤为重要。

1）技术框架

如图 3-16 所示，云边端协同计算系统由云、边、端三部分组成。其中，云指的是云计算平台，负责提供大规模的计算和存储资源；边指的是边缘计算设备，主要负责处理本地业务，减轻云端压力；端则指的是终端设备，如手机、传感器等，负责采集数据并上传至云端。

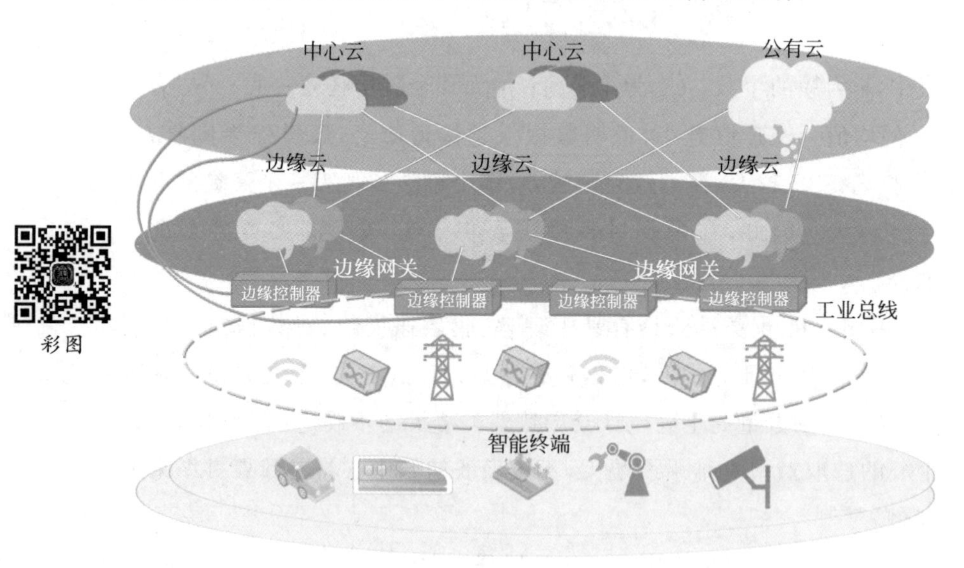

图 3-16　云边端协同计算示意图

在具体的应用场景中，云、边、端的协同主要体现在以下几方面。

数据采集和处理：终端设备采集数据后，先由边缘计算设备进行初步处理，再上传至云计算平台进行大规模处理和分析。

云计算平台：云计算平台主要负责提供大规模的计算和存储资源，对边缘计算设备上传的数据进行实时分析，并将结果返回给边缘计算设备和终端设备。

边缘计算设备：边缘计算设备一方面接收来自终端设备的数据，进行初步处理后上传至云计算平台；另一方面，接收来自云计算平台的处理结果，将其下发给终端设备。

2）技术应用

云边端的协同计算技术实现了云计算、边缘计算和终端设备的深度融合，不仅提高了系统的实时处理能力，还满足了各种行业和场景的需求。

以石油行业为例，在油气开采、运输、储存等各个关键环节，均会产生大量的生产数据。在传统模式下，需要大量的人力通过人工抄表的方式定期对数据进行收集，并且对设备进行监控检查，以预防安全事故的发生。抄表员定期将收集的数据进行上报，再由数据员对数据进行人工的录入和分析，一来人工成本非常高，二来数据分析效率低、时延大，并且不能实时掌握各关键设备的状态，无法提前预见安全事件、防范事故。而边缘计算设备的加入，则可以通过温度、湿度、压力传感器芯片以及具备联网功能的摄像头等设备，实现对油气开采关键环节关键设备的实时自动化数据的收集和安全监控，将实时采集的原始数据首先汇集至边缘计算设备中进行初步计算分析，对特定设备的健康状况进行监测并进行相关的控制。此时需要与云端交互的数据仅为经过加工分析后的高价值数据，一方面极大地节省了网络带宽资源，另一方面也为云端后续进一步进行大数据分析、数据挖掘提供了数据预加工服务，为云端规避了多种采集设备带来的多源异构数据问题，见图3-17。

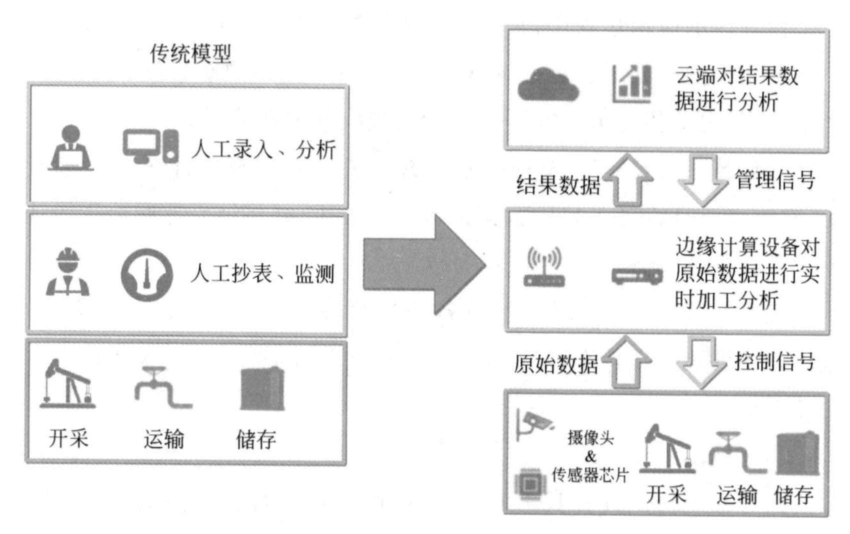

图 3-17　云边端协同技术在石油行业的应用

3.5.3　数字孪生技术

当前数字经济发展速度之快、辐射范围之广、影响程度之深前所未有，正在成为重组全球要素资源、重塑全球经济结构、改变全球竞争格局的关键力量。数字孪生技术让数据、信息、场景变得流程化、可视化、立体化，有效地促进数字经济发展。数字孪生成为当前较为热门的产业。

1）技术框架

数字孪生是将物理实体以数字化方式映射至虚拟空间，借助历史数据、实时数据以及算法模型等，模拟物理实体在现实环境中的行为特征，从而实现对物理实体的监测、诊断、预测、优化。

数字孪生在架构上包括感知层、数据层、运算层、功能层、应用层五个层次，如图 3-18 所示。

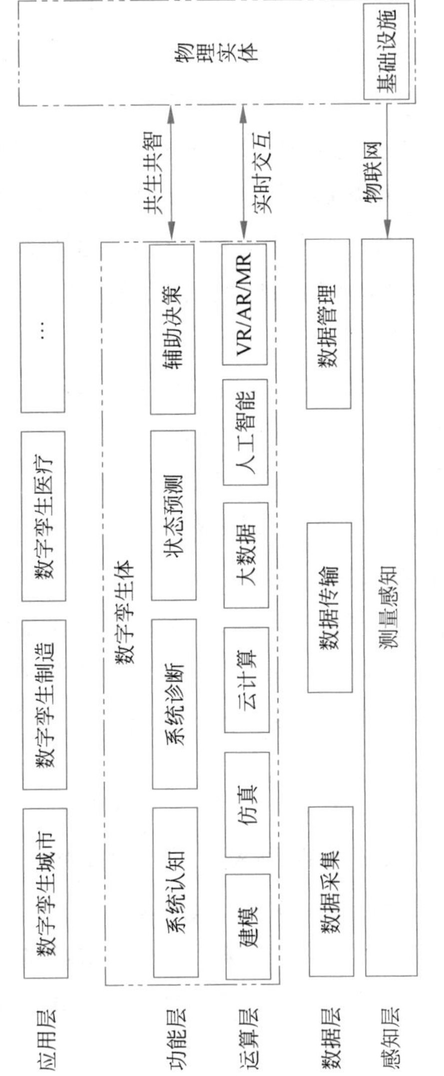

图 3-18 数字孪生体系架构

- 感知层：感知层主要包括物理实体中搭载先进物联网技术的各类新型基础设施。
- 数据层：数据层主要包括保证运算准确性的高精度的数据采集、保证交互实时性的高速率数据传输、保证存取可靠性的全生命周期数据管理。
- 运算层：运算层是数字孪生体系的核心，充分借助各项先进关键技术实现对下层数据的利用，以及对上层功能的支撑。
- 功能层：功能层是数字孪生体系的直接价值体现，实现系统认知、系统分析、故障诊断、预测推演功能，从而起到辅助决策作用。
- 应用层：应用层是面向各类场景的数字孪生体的最终价值体现，具体表现为不同行业的各种产品，能够明显推动各行各业的数字化转型，目前数字孪生已经应用到了智慧城市、智慧工业、智慧能源等多个领域，尤以数字孪生城市、数字孪生制造发展最成熟。

站在技术的角度来看，数字孪生的技术体系是非常庞大的，其感知、计算和建模过程，涵盖了感知控制、数据集成、模型构建、模型互操作、业务集成、人机交互等诸多技术领域，具体如图 3-19 所示。

2）技术应用

数字孪生技术在能源行业发电、电网、石油等各专业领域深度融合应用，催生出许多新技术、新产品、新模式、新业态，为能源企事业主体提质、降本与增效，促进能源行业数字化转型发挥了积极作用。下面以数字孪生技术在电网输电专业的应用为例进行介绍，见图 3-20。

输电线路跨越地形地貌复杂，且暴露在户外，容易受到极端天气等外部灾害影响，威胁电网安全稳定运行。在台风、暴雪、山火等灾害来临前利用数字孪生技术对输电线路进行三维建模，并结合各类力学传感器、气象传感器以及卫星遥感影像气象预报等多源感知设备能够对

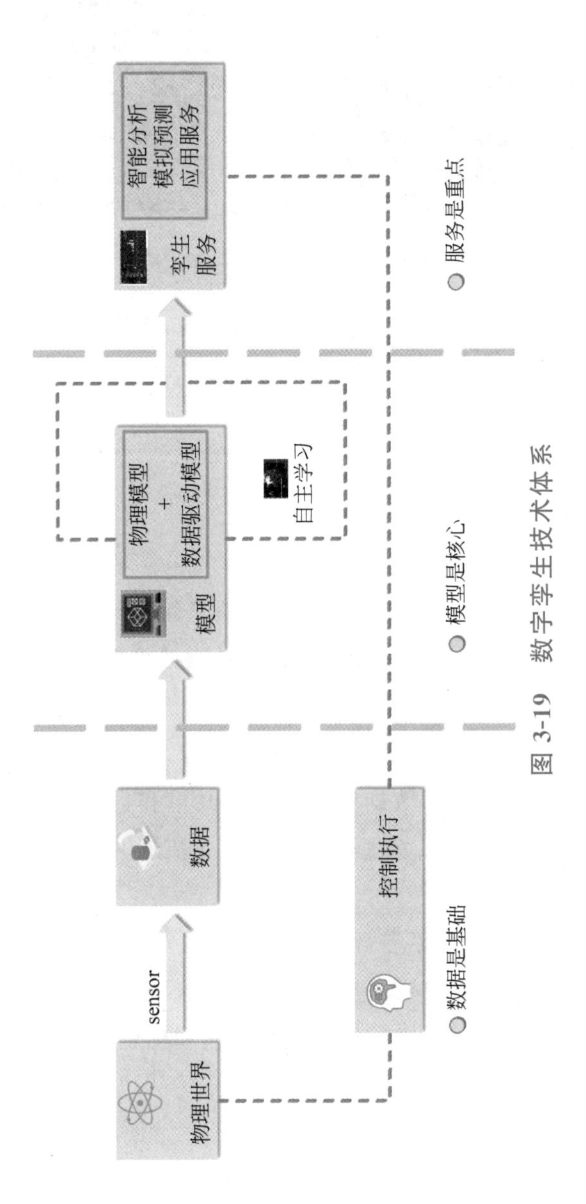

图 3-19　数字孪生技术体系

彩图

彩图

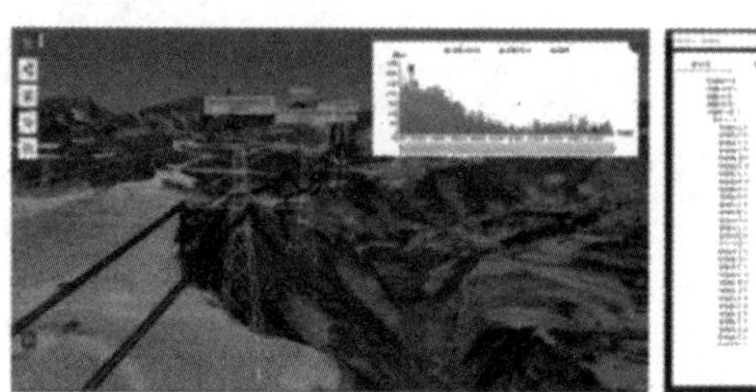

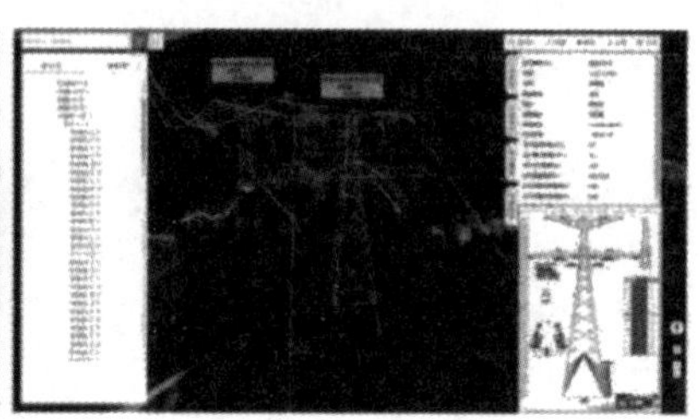

图 3-20　电网数字孪生技术应用

输电线路即时及未来的状态进行模拟和查看，实现危险点灾情分析预警，并针对性安排重点地段巡视人员开展运行维护工作，提升电网应急处置速度和能力。

3.5.4　隐私计算技术

国家高度重视数据安全及个人隐私信息保护，相继出台了《数据安全法》和《个人信息保护法》等法律法规，对数据收集存储、开发利用、安全保护等活动提出了全面严格的监管框架。相关主体也正是顾忌数据共享使用过程中的数据安全合规问题，出现了不愿共享、不敢共享数据资源的情况，严重影响了数据资源的流通共享和价值发挥。如何打破各相关主体的数据壁垒、实现数据资源高效流通共享是迫切需要解决的问题。

隐私计算被认为是平衡数据流通和数据安全最有效的技术措施，能够保障数据在流通与融合过程中的“可用不可见”，在充分保护数据和隐私安全的前提下，实现数据价值的转化和释放。

1. 技术框架

当前隐私计算技术有以下三条技术路线：多方安全计算、联邦学习、可信执行环境。

1）多方安全计算

多方安全计算（Secure Multi-Party Computation，MPC）是一种基于密码学的隐私计算技术，核心思想是通过对多个参与方输入数据进行加密和拆分，并对加密后的数据进行计算，实现在不暴露原始数据的情况下得到计算结果，技术框架如图3-21所示。多方安全计算是由一系列密码学安全计算协议组成的协议栈，常采用的技术有秘密分享、不经意传输、混淆电路、同态加密等。

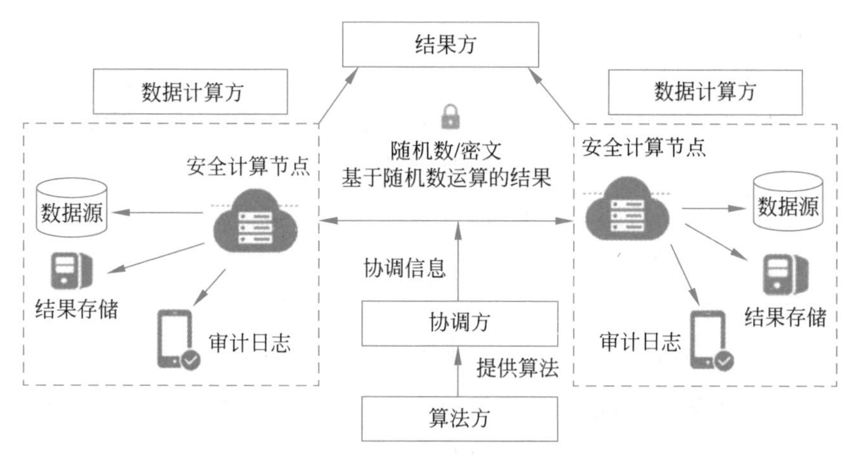

图3-21　多方安全计算技术框架

• 秘密分享

秘密分享技术思路是将数据分割成随机秘密分片，并将每个分片分发给不同的参与方分别管理，各参与方基于获得的随机秘密分片进行计算，并基于各参与方计算的结果进一步运算得到最终结果。由于秘密分片的分割是随机的，单个参与方无法用分片恢复出秘密，需要由所有参与者或满足门限数量的参与者一同协作才能恢复整体秘密消息，以此实现了对原始数据的保护。

• 不经意传输

不经意传输是一个密码学协议，在这个协议中，消息发送者从一些待发送的消息中发送一条给接收者，但事后对发送了哪一条消息仍然不知道，这个协议也叫茫然传输协议。

- 混淆电路

混淆电路是一种密码学协议，参与方能在互相不知晓对方数据的情况下计算某一能被逻辑电路表示的函数。通过对电路进行加密来掩盖电路的输入和电路的结构，以此来实现对各个参与者的隐私信息的保密，再通过电路计算来实现安全多方计算目标函数的计算。

- 同态加密

同态加密是指满足密文同态运算性质的加密算法，即数据经过同态加密之后，对密文进行某些特定的计算，得到的密文计算结果在进行对应的同态解密后的明文等同于对明文数据直接进行相同的计算，实现数据的“可算不可见”。

2）联邦学习

联邦学习（Federated Learning，FL）是典型的人工智能与隐私保护融合衍生的技术，以分布式机器学习为基础，以“数据不动模型动”为思想，在本地原始数据不出域的情况下，仅交互各参与方本地计算的中间因子，以此实现联合建模，提升模型效果。为避免交互的中间因子泄露或通过反推得到原始数据，需要结合安全多方计算、同态加密、差分隐私等密码学技术，对交互的中间因子进行加密保护，如图 3-22 所示。

根据参与计算的数据在数据方之间分布的情况不同，联邦学习分为横向联邦学习、纵向联邦学习和迁移联邦学习。

- 横向联邦学习，两个数据集的特征重叠部分较多，但样本重叠部分较少。
- 纵向联邦学习，两个数据集的样本重叠部分较多，但特征重叠部分较少。

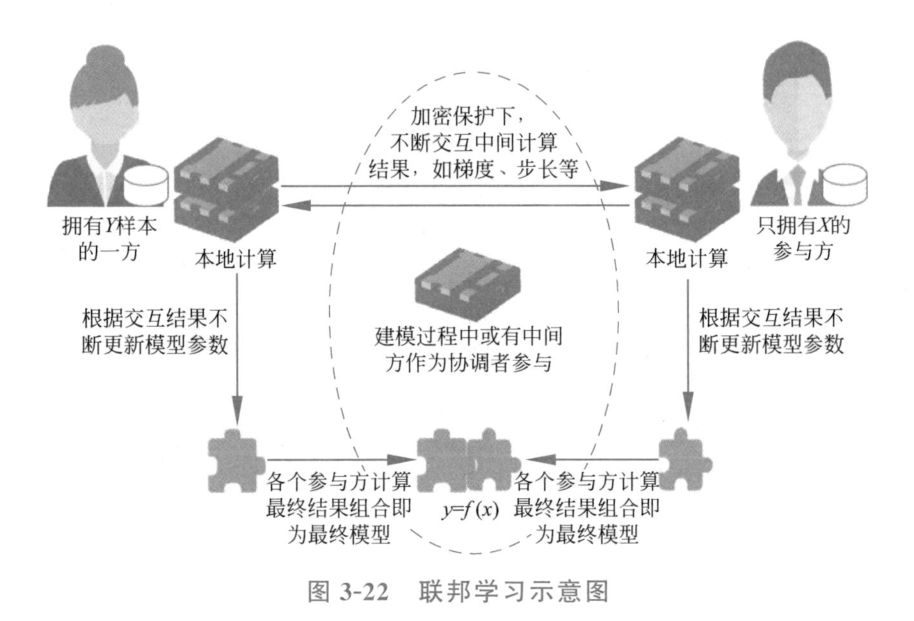

图 3-22 联邦学习示意图

- 迁移联邦学习，两个数据集的样本与特征重叠部分都比较少。

联邦学习通过对各参与方间的模型信息交换过程增加安全设计，使得构建的全局模型既能确保用户隐私和数据安全，又能充分利用多方数据，是解决数据孤岛和数据安全问题的重要框架，它强调的核心理念是“数据不动模型动，数据可用不可见”。

3）可信执行环境

可信执行环境（Trusted Execution Enviroment，TEE）是一种基于可信硬件的隐私计算技术，如图 3-23 所示，其核心思想是通过硬件隔离出一个安全而可信的机密空间，通过芯片等硬件技术协同上层软件对数据进行保护，同时保留与系统运行环境之间的算力共享。

可信计算的应用框架包括底层硬件的可信硬件，基础层的相关密码学算法，算法应用层的联合统计、联合查询、联合建模、联合预测等，如图 3-24 所示。

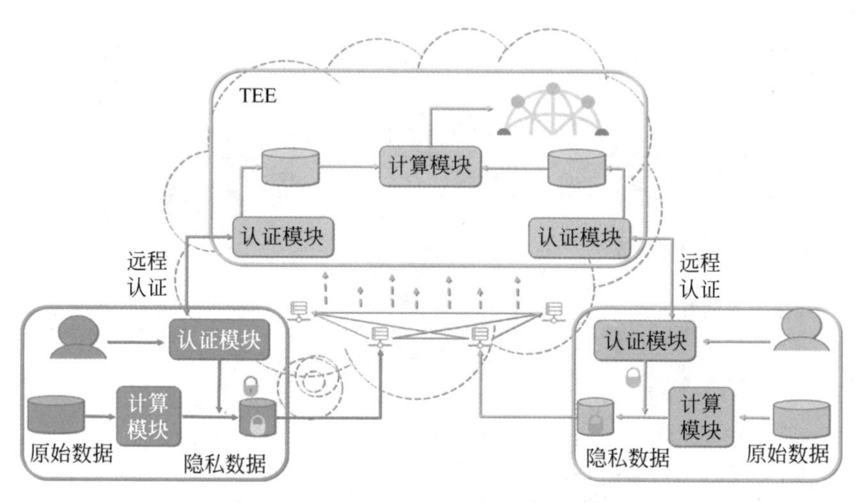

图 3-23　可信执行环境技术

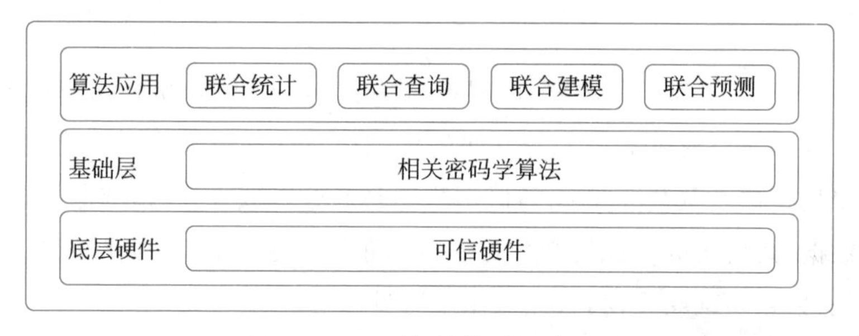

图 3-24　可信计算应用框架

4）技术比对

三种隐私计算技术从性能、通用性、安全性、技术成熟度等方面有一定的区别，TEE 的性能最高，通用性强，但开发和部署难度大，需要信任硬件厂商；MPC 的安全性最高，通用性也高，经过长期研究，已达到技术成熟阶段，但计算和通信开销大；联邦学习正处于快速增长和技术创新阶段，综合运用了 MPC、DP(Differential Privacy，差分隐私)、HE(Homomorphic Encryption，同态加密)方法，主要用于 AI 模型训练和预测。三种隐私计算技术的对比如表 3-1 所示。

表 3-1 隐私计算技术对比

对比指标	多方安全计算(MPC)	联邦学习(FL)	可信执行环境(TEE)
应用场景	多方小规模数据任意计算	多方大规模数据统计建模合作	任意多方小规模数据任意计算
中心化	无中心	支持去中心化	完全中心化
安全性	支持计算层安全性； 安全性和隐私保护基于成熟密码理论； 私有数据、中间结果不泄露	支持信息层安全性； 建模统计等任务安全性不需要额外审计保证	支持硬件层隔离； 安全性依赖特殊硬件，需要额外审计保证任务安全性
性能	相对于明文计算慢 2～3 个数量级	相对于明文计算慢 1～2 个数量级	相对于明文计算慢 0.5～1 个数量级
部署要求	软件方案； 适配任意数据中心服务器/虚拟机/容器	软件方案； 适配任意数据中心服务器/虚拟机/容器	软件方案； 必须为 Intel SGX 支持的 CPU 并安装 Intel 根证书服务器
优势	不依赖特定硬件； 无中心、强隐私、强安全； 结果可控，只让参与方获得最终结果； 计算可信，可验证计算正确	开源社区活跃； 不依赖特定硬件； 数据不出本地	计算速度快
劣势	信息安全审计复杂； 大部分底层算法如 ABY 性能较低； 无平台开源项目支持，二次开发难度大	任务设计受安全性约束，主要支持统计和建模任务	安全性需要特殊硬件支持； 数据加密出库审计流程烦琐

2. 技术应用

基于能源数据体量大、类型多等特点，联邦学习在场景实现、应用性能等方面表现较好，更适用于能源行业的应用场景，因此联邦学习在能源行业是个非常好的隐私计算技术的选择。

1）碳排放动态因子协同计算

按照自主构建的协同模型算法，如在国网、南网、蒙西电网多方之间进行基于联邦学习的因子计算，计算过程中，交互省间交换电量数据，最终协同计算出全网的电力碳排放因子。通过多轮迭代计算，模拟电力潮流携带的碳沿着电网网架线路向下级节点转移过程。每一轮计算代表碳浓度向下级节点进行一次转移，随着计算轮数的增多，转移的碳浓度越来越接近最终值，最终达到各节点电碳排放因子的准确计算，其过程如图 3-25 所示。

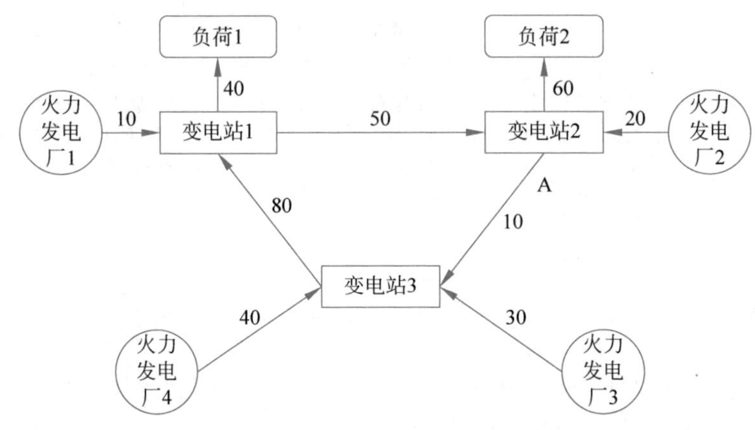

图 3-25　电力碳排放动态因子协同计算场景

2）环保场景

在环保业务场景中，将历史执法排污企业名单数据与供能公司能耗数据进行加密样本对齐，双方节点采用秘密共享技术传输模型训练信息，构建重点企业超限排污生产预测的纵向联邦学习模型，实现企业异常生产的快速定位和识别，提升污染源监管的信息化、智能化水平，提升污染源综合监测能力，其流程如图 3-26 所示。

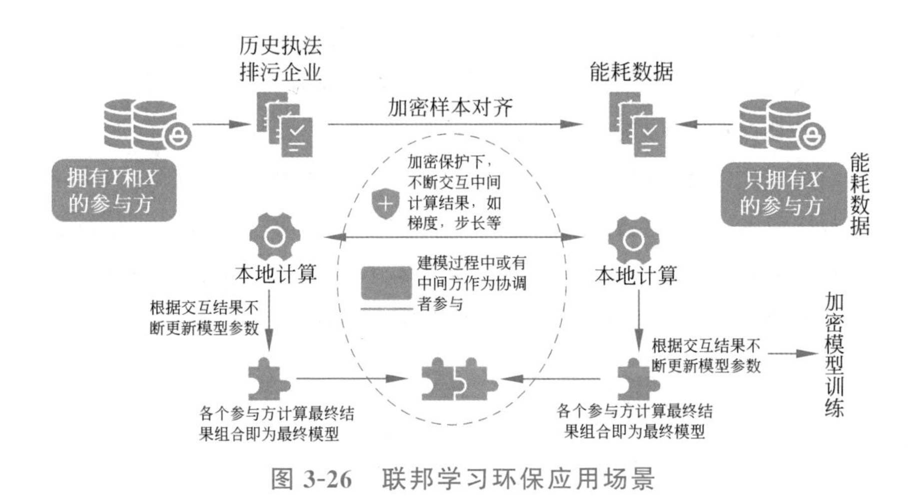

图 3-26　联邦学习环保应用场景

3.6　能源大数据安全

在互联网产业兴起的过程中，大数据技术与人工智能技术已经广泛应用在各个行业的应用场景中，取得了巨大的成功，应用价值也日益凸显，极大地改变了各个行业、大众的工作与生活模式。然而，大数据与人工智能的应用依然面临众多的问题，其中最关键的挑战则是数据全生命周期的安全防护。

近年来，全球范围内爆发多起大规模数据泄露事件，获取数据的手段较为复杂，主要包括黑客攻击、内部工作人员有意或无意泄露、第三方泄露等原因，特别是大型能源企业频繁遭受攻击，数据攻击损失呈逐年快速增长趋势，造成深远影响。能源大数据的安全是发展的重中之重，无论从数据安全保护，还是数据融通共享等方面都需要全面考虑与设计。

基于能源数据生命周期的数据安全防护技术保证了能源数据全生

命周期的安全,分为数据采集、数据存储、数据处理、数据传输、数据使用和数据销毁六个阶段。每个生命周期阶段都应当全面、综合地采用数据安全保护技术,对各个数据进行防护:数据采集阶段有标注法与反向查询法;数据存储阶段有对称加密与非对称加密;数据处理阶段有数据脱敏、匿名化技术、数据水印等;数据传输阶段有对称加密与非对称加密;数据使用阶段有联邦学习、多方安全计算、可信计算等;数据销毁阶段有可信删除与数据自毁等。

3.6.1 数据采集安全

数据采集阶段的数据质量决定了数据价值,能源数据的源头众多、种类多样,且增长速度巨快,数据采集的可信性是一个重要关注点。数据采集面临的安全威胁之一是数据被伪造或刻意制造,有可能诱导人们在分析数据时得出错误结论,影响用户的决策判断力。因此,如何对采集到的大数据进行评估、去伪存真,提高识别非法数据源的技术能力,确保数据来源安全可信,是数据采集安全面临的一个重要挑战。目前,数据溯源技术是数据采集阶段的重要安全防护手段,是对目标数据衍生前的原始数据以及演变过程的描述,根据追踪路径重现数据的历史状态和演变过程,实现数据历史档案的追溯,已成为考究数据真假和定位数据传播来源的有效途径,主要方法有标注法和反向查询法。

1)标注法

标注法是一种简单且安全有效的数据溯源方法,应用非常广泛,该方法通过记录处理相关的信息来追溯数据的历史状态,即用标注的方式来记录原始数据的一些重要信息,并让标注信息和数据一起传播,通过查看目标数据的标注来获得数据的溯源。采用标注法来进行数据溯源,相对来说实现起来比较简单且容易管理。但该方法只适用于小型系统,对于大型系统而言,很难为细颗粒度的数据提供详细的数据溯源信息，因为很可能会出现元数据比原始数据还多的情况，从而需要额外的存储空间，对存储造成很大的压力，而且效率也会很低。

2）反向查询法

反向查询法适用于颗粒度较细的数据。该方法通过逆向查询或构造逆向函数对查询操作求逆，或者说是根据转换过程反向推导，由结果追溯到原始数据。反向查询法的关键是要构造出逆向函数，逆向函数的构造结果将直接影响查询的效果和算法的性能。与标注法相比，该方法的追踪比较简单，只需要存储少量的元数据即可实现对数据的追踪溯源，而不需要存储中间处理信息、全过程的注释信息等。但该方法需要用户提供逆置函数（并不是所有的函数都具有可逆性）和相对应的验证函数，构造逆置函数具有一定的局限性。

3.6.2 数据存储安全

能源数据主要是分布式地存储在数据中台、大数据平台、各类关系型数据库中，涉及多种存储技术。而大量集中存储的有价值数据无疑容易成为某些个人或团体的攻击目标。因此，大数据存储面临的安全风险是多方面的，不仅包括来自外部黑客的攻击，还有来自内部人员的信息窃取等。

目前数据加密是保障大数据存储安全的主流方法之一。当前，主要依据国家商用密码局制定的 SSF33、SM1、SM2、SM3、SM4、SM7、SM9 等加密标准，对大数据进行加密处理后再存储，使用的加密技术包括传统加密即对称加密、基于属性的加密即非对称加密等。当然对于海量数据来说，加解密操作不可避免会带来无法忽略的额外开销，这限制了数据加密技术在大数据存储安全中的应用范围。

1）对称加密

存储对称加密是指其加密运算、解密运算使用的是同样的密钥，即信息的发送者和信息的接收者必须共同持有该密码，方可对加密的内容进行解密，对称加密原理如图 3-27 所示。

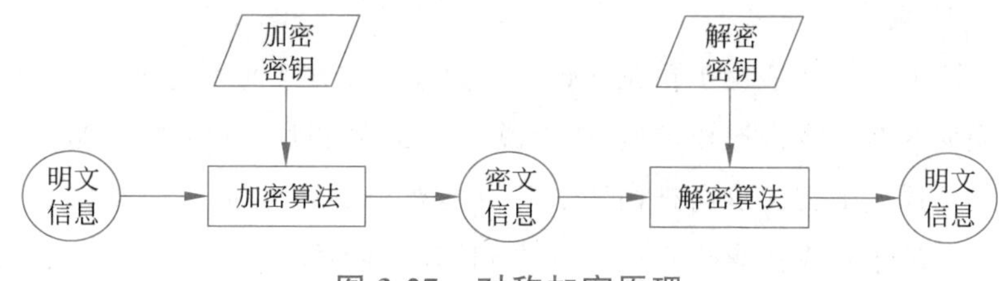

图 3-27 对称加密原理

传统加密的优势在于算法公开，计算量小，加密效率高，但其密钥存在被破解的安全风险。常见的传统加密算法包括 DES、AES 等。存储对称加密算法因其加密速度快，适用于对大量数据的加密，且处理数据后可复原的场景。例如在能源行业内网系统中存储的重要业务数据，可采用国密 SM4 算法加密存储。

2）非对称加密

存储非对称加密算法，需要同时用到公开密钥（公钥）和私有密钥（私钥），非对称加密原理如图 3-28 所示。公钥与私钥生成时成对出现，用公钥加密只能用对应的私钥解密，同理用私钥加密只能用对应的公钥解密。因其采用非对称的密钥对，安全性高、难以破解，但加解密速度相对慢、密钥长、计算量大、效率低。常见的基于属性的加密算法包括 RSA、SM2 等。

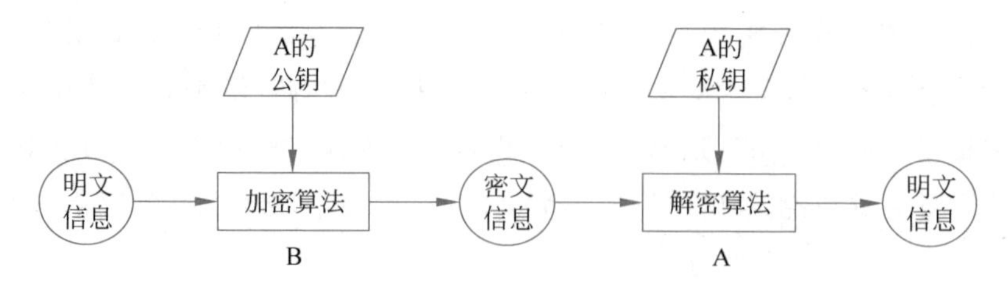

图 3-28 非对称加密原理

非对称加密因其安全性高,但解密效率不高的特点,适用于对安全防护较高且数据量不大的场景。通常在能源行业,为了保证数据存储与传输的安全性,往往会将对称加密与非对称加密配套使用,例如采用国密对称算法 SM4 进行存储加密,采用国密非对称算法 SM2 进行传输加密,这样极大增强了数据存储与传输的安全性。

3.6.3 数据处理安全

能源数据作为能源企业最重要的资源,自诞生以来就伴随着高价值与高风险。各个能源企业在向数字化转型的过程中,都在不断开展着数据处理工作,时刻面临着数据泄露、盗取、篡改等风险。必须加强数据处理安全防护,充分保障数据处理过程安全。目前数据处理的安全技术主要包括数据脱敏、匿名化技术、数据水印等。

1) 数据脱敏技术

数据脱敏是指通过对敏感的数据进行变形和加密,将处理过的数据呈现在用户面前,从而既能满足数据挖掘的需求,又能实现对敏感数据的有效保护。

数据脱敏技术可以分为两种,一种是静态脱敏,另一种是动态脱敏。静态脱敏和动态脱敏最大的区别就是在使用时是否需要与原数据源进行连接。静态脱敏是将原数据源按照脱敏规则生成一个脱敏后的数据源,使用的时候是从脱敏后的数据源获取数据,一般用于开发、测试、分析等需要完整数据的场景。动态脱敏则是在使用时直接与原数据源进行连接,然后在使用数据的中间过程中进行实时的动态脱敏操作。在生产环境中,读取同一敏感数据时,如果需要根据不同的情况对其进行不同级别的脱敏操作,则一般采用动态脱敏的方式。

在高频访问、查询、处理和计算的复杂环境中,如何保障敏感信息和隐私数据的安全性是关键性问题。对于能源行业企业信息使用和处理场景，主要以数据对外发布、数据分析等为目的，在进行能源数据交互过程中，涉及一些企业用户信息示例数据，可以采用对数据颗粒度进行管控和脱敏处理的措施，例如仅保留姓、年龄进行模糊处理（四舍五入）、电话号码屏蔽中间四位等，来保证数据的安全可靠性。

2）匿名化技术

数据匿名化是通过消除或加密将个人与存储数据联系起来的标识符，以保护私人或敏感信息的过程。常用的数据匿名化技术手段包括屏蔽、假名化、泛化、混排、加扰等。

遮蔽：将个人身份信息或敏感数据中的某些部分进行删除或替换，使其无法直接与特定个体相关联。例如，将用户的真实姓名替换为匿名编号，或将身份证号码的后几位用“ * ”替代。

加密：指使用特定的算法将个人身份信息或敏感数据进行加密处理，使其在传输或存储过程中无法被窃取和破解。常见的加密算法包括对称加密和非对称加密，可以有效保护数据的安全性。

混淆：指对个人身份信息或敏感数据进行随机化处理，使其失去直接的可辨识性。例如，对用户的地址进行打乱排序或将其与其他数据进行组合，使得攻击者难以还原出原始数据。

3）水印技术

数据水印是指从原始环境向目标环境进行敏感数据交换时，通过一定的方法向数据中植入水印标记，从而使数据具有可识别分发者、分发对象、分发时间、分发目的等因素，同时保留目标环境业务所需的数据特性或内容的数据处理过程。通过对原数据添加伪行、伪列，对原始敏感数据脱敏并植入标记等方式进行水印处理，保证分发数据正常使用的同时，实现水印数据高可用性、高透明无感、高隐蔽性不易被外部发现破解。一旦出现信息泄露的情况，第一时间从泄露的数据中提取水印标识，通过读取水印标识编码，追溯该泄露数据流转全流程，并精准定位泄露单位及责任人，实现数据泄露精准追责定责，数据水印原理如图 3-29 所示。

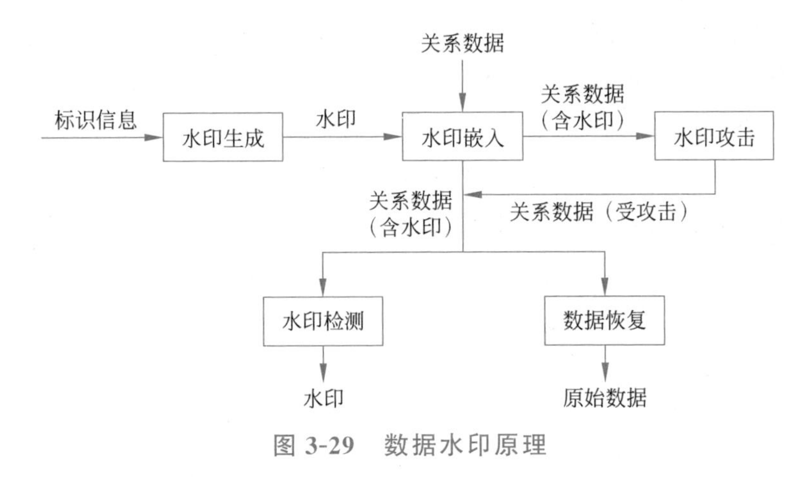

图 3-29 数据水印原理

数据水印作为在开放的网络环境下保护版权的新型技术，可以确立版权所有者、识别购买者或提供关于数字内容的其他附加信息，并将这些信息以人眼不可见的形式嵌入在数字图像、数字音频和视频序列中，用于确认所有权和进行跟踪。数据水印产品广泛适用于政府部门、企业单位，同时在银行、证券、保险等金融机构也有良好适用场景，在金融、教育、电力等级保护等领域均具有很强的政策合规性。

3.6.4 数据传输安全

数据安全事件频发的阶段主要集中在数据传输阶段，如何确保数据传输中的机密性和完整性是一个重要挑战。数据传输加密是保障数据传输安全的主要手段。数据传输加密可以帮助数据在不可信或安全性较低的网络中可靠传输，能够有效防止数据遭到窃取、泄露和篡改。常见的数据传输加密技术一般包含对称加密和非对称加密两种。

数据传输安全防护对于能源行业是重中之重，故一般能源行业采取对称与非对称加密相结合的方式提升传输的安全性。具体实现原理流程为：在应用国密算法的基础上，采取 SM2＋SM4 多种国密算法相结合的方式，实现数据的完整性及保密性传输。具体流程如图 3-30 所示：前端请求端统一对请求数据进行加密处理，服务器端安全过滤器对请求数据进行安全认证，并对认证通过的数据进行解密，将解密的数据进行处理并做加密，并传回给前端进行展示。

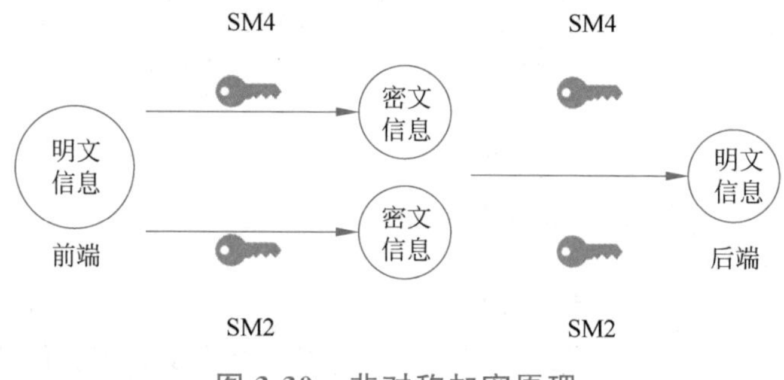

图 3-30　非对称加密原理

3.6.5　数据使用安全

为了挖掘数据的更多价值，通常会将数据共享给外部组织机构或第三方合作伙伴，然而数据在共享的过程中可能会面临巨大的安全风险。一方面数据本身可能具有敏感性，很多企业可能会将敏感数据共享给本应无权获得的企业；另一方面，在数据共享的过程中，数据有可能会被篡改或伪造，所以为了保护数据共享后的完整性、保密性和可用性，开展数据共享安全管理是十分必要的。

隐私计算技术是保障数据共享安全的有效技术手段，其目标在于实现数据可用性和隐私性之间的良好平衡。目前隐私计算技术主要包括联邦学习、多方安全计算、可信计算等，可以在数据“可用不可见”的情况下，充分保护数据和隐私安全，实现数据价值的转化和释放。

3.6.6 数据销毁安全

大数据的安全销毁或删除是近年来大数据安全的一个重要研究热点。用户对 Web 服务的依赖性越来越大,如果存储在云端或云平台的数据删除不彻底,极有可能使其敏感数据被违规恢复,从而导致用户数据或隐私信息面临泄露的风险。传统的数据物理删除的方法是采用物理介质全覆盖的方式,然而针对云计算环境下的数据删除问题,这一手段并不可信。在云环境下,用户失去了对数据的物理存储介质的控制权,无法保证数据存储的副本同时也被删除,导致传统删除方法无法满足大数据安全的要求。因此,如何确保数据被删除,即保证数据可信删除,是一个重要挑战。

数据安全销毁的目标是确保已删除的数据将来不会再被恢复,以避免将来可能存在的隐私泄露问题,具体包括数据可信删除和数据自毁两方面的技术。

1）可信删除

现有数据可信删除机制都是基于密码学的,其基本思想是“加密数据,销毁密钥”,用户在将数据外包之前对数据进行加密,当需要删除数据时将数据密钥销毁,从而保证数据无法再被恢复。因此现有数据可信删除方案中,可信删除问题等价于密钥管理问题。但是,基于密码学的可信删除机制并没有“真正”地删除数据,即使密钥被可信地销毁,拥有强大计算能力的攻击者仍然可以通过暴力破解来恢复数据。

基于密钥的数据销毁方式不能销毁数据本身,它销毁的是加密数据的密钥,进而达到数据不可访问的目的。将数据销毁问题转移至密钥销毁问题,这种方案起初是为了提升数据销毁的性能。在云计算时代,基于密钥销毁的数据不可用销毁方式也恰恰解决了数据销毁无法被确认的问题。基于这种销毁方式,组织机构可以将密钥存储在本地,当需要进行数据销毁操作时，首先对被销毁的数据使用密钥进行加密，然后进行数据销毁操作，最后再将本地存储的密钥进行销毁。这样，即使无法确认网络存储中的数据是否已被真正销毁，也会由于销毁前已经进行过数据加密操作，攻击者即使进行数据恢复，或者以其他途径得到了数据，也无法解密使用。同时，本地存储的密钥也会在数据销毁结束后被销毁，从而进一步确保了网络数据销毁的安全性。

2）数据自毁

数据自毁是一种数据自动毁灭机制，可以保证数据只有在规定的时间间隔内且与密文关联的属性满足密钥的访问结构时，才可以读取数据，在用户指定的时间过期之后，敏感数据将被安全地自毁。

对于密钥分散管理的数据进行安全删除时，需要在网络节点中设置密钥固定时间，达到固定时间之后即启动自动销毁密钥。这种方法不同于密钥的集中管理，销毁的密钥是不可恢复的，并且这种方法是系统设定好程序之后自行操作销毁的，不需要人工干预。但这种方法也有缺点，虽然销毁了密钥，但是云服务器中仍然存有密钥的备份，不法分子会通过不正当的手段攻击系统，得到密钥并窃取机密文件。

为了应对此种不法行为，一般的做法是将安全的数据和密钥以及自毁系统一起发送，超时就会自毁数据和密钥，避免不法分子通过不正当的方式解锁密钥和数据；还可以采用只传输一部分数据密钥和自毁系统的方式，即使不法分子得到了信息也是不完整的，从而保障了数据的安全。

第4章

CHAPTER 4

能源大数据中心建设

能源大数据中心作为构建全国统一数据大市场与助力国家“双碳”战略目标实现的关键基础设施，也是推动构建能源互联网新发展格局的重要基础平台。通过数据汇聚能力、分析应用能力、技术支撑能力、智慧运营能力建设，推动能源、信息、大数据等领域新技术深度融合，破解我国能源数据资源分散化、分割化和碎片化难题，激发能源数据流通潜力与价值倍增效应，发挥能源数据服务“双碳”管理、服务政府治理、驱动能源体系变革、推动能源数字生态发展的价值作用。本章主要介绍能源大数据中心建设框架，首先介绍能源大数据中心建设总体思路及架构设计，然后从技术平台、运营模式、安全管理、标准体系、生态体系五方面对建设框架进行详细介绍，为能源大数据中心建设提供框架性建议。

4.1 能源大数据中心建设核心理念

近年来，我国大数据产业保持高速增长态势，大数据发展环境不断优化。自从2014年“大数据”写入政府工作报告以来,我国从中央到地方的大数据政策体系逐步建立完善,目前已全面进入落地实施阶段。2015年,国务院发布《促进大数据发展行动纲要》,对政务数据共享开放、产业发展和安全保障做出总体部署。党的十九届四中全会提出将数据和劳动、资本、土地等作为同等生产要素参与市场分配。2020年4月,数据作为一种新型生产要素写入《中共中央、国务院关于构建更加完善的要素市场化配置体制机制的意见》。2020年9月,国务院国资委颁布了《关于加快推进国有企业数字化转型工作的通知》,部署加快推进国有企业数字化、网络化、智能化发展。2022年12月,《中共中央国务院关于构建数据基础制度更好发挥数据要素作用的意见》(以下简称“数据二十条”)对外发布,从数据产权、流通交易、收益分配、安全治理等方面构建数据基础制度,提出20条政策举措。党中央一系列决策部署为大数据产业发展提供了积极的政策支持与宽松的发展环境,推动数据作为一种新型生产要素不断创造出巨大的社会经济效益。

同时,我国力争2030年前实现碳达峰,2060年前实现碳中和,因此需要广泛而深刻的经济社会系统性变革,而能源绿色低碳发展是其中的关键。能源行业是推进能源绿色低碳发展的主战场、主阵地,能源行业转型升级是实现“双碳”目标的重要路径和必然选择。当前适逢新一轮科技革命和产业变革浪潮,产业数字化已成趋势。通过数字化转型助推能源行业绿色低碳发展,是“双碳”目标下能源行业转型升级面临的新任务和迫切要求。

随着信息技术对各行各业的影响越来越广,信息通信与能源生产、输运、消费及运营管理逐步深度融合。能源行业面临着新的发展模式,为实现“碳达峰碳中和”目标,实现绿色可持续性发展,未来物联网将贯穿能源生产、输运、消费及管理等多环节,涉及能源基础设施的互联、能源形式的互换、能源分配方式的互济、能源生产与消费商业模式的互利等,快速发展的数字化技术正在推动能源互联网应用新发展格局的构建。

能源大数据涵盖电力、煤炭、油气等多个细分领域，贯穿能源生产、加工、消费等整个业务环节，完整映射国民经济全过程、全环节的运行状态，具有数据规模大、数据流转快、数据类型多和数据价值高的特点。亟待进一步释放能源大数据的要素流通价值，提升相关政府部门、能源企业及社会公众的业务决策力、洞察发现力和流程优化力，全面优化能源大数据对社会与其他产业发展的基础支撑功能。

构建全国统一数据大市场、“数据二十条”的发布、“双碳”战略目标等宏观政策措施的提出体现了能源大数据中心建设的客观必要性与战略价值，信息技术变革、能源大数据的特征与行业发展趋势预示了建设能源大数据中心的行业重要性、发展潜力与重要意义。本节将主要阐述能源大数据中心建设的总体目标、基本原则及总体思路。

4.1.1 能源大数据中心建设总体目标

能源大数据中心建设的总体目标是构建多层级的能源大数据中心，打造创新、协同、高效、开放的数字生态，服务政府、社会、公众、行业，见图 4-1。

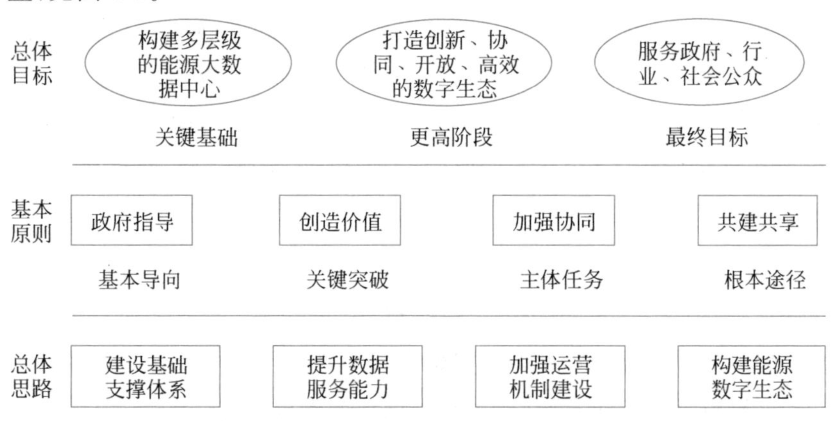

图 4-1 能源大数据中心建设的总体目标、基本原则及总体思路

“构建多层级的能源大数据中心”是关键基础，是指以能源大数据中心建设为抓手，推动各级能源大数据中心等数据基础设施统一运营，建设面向能源行业的统一数据服务体系，打破跨专业、跨领域、跨层级的数据壁垒，推进企业级数据互联互通，充分发挥能源数据在政府治理中的作用。

“打造创新、协同、开放、高效的数字生态”是更高阶段，是指以更加开放的姿态服务社会发展的具体体现。以各级能源大数据中心为基础，推动政府、各类企业共同参与，打造彼此高度开放共享、互利共赢的数字生态，促进技术、应用和商业模式创新不断涌现，实现数据驱动发展，促进能源数据价值发挥。

“服务政府、行业、社会公众”是最终目标，通过汇聚全国能源数据资源，构建经济发展、城市规划、能源保供等政府治理现代化场景，全面支撑政府科学决策；促进各种能源主体协调互补，带动能源生产、消费、体制变革和能源结构调整，支撑我国能源行业革命与国家“双碳”目标实现；以服务改善民生为导向，为社会公众提供数据辅助服务。

4.1.2 能源大数据中心建设基本原则

围绕构建多层级能源大数据中心的建设愿景，在建设各级能源大数据中心的过程中，应以“政企联合、创造价值、加强协同、共建共享”为基本原则。

政企联合是建设好能源大数据中心的基本导向。加强政府指导，发挥政企资源协调优势，推动能源大数据中心建设。

创造价值是建设好能源大数据中心的核心关键。打造具有影响力的数据决策支撑产品，持续向用户提供数据支持和数据服务。

加强协同是建设好能源大数据中心的内在要求。通过体系搭建、制度建设、机制创新，实现各级能源大数据中心“有机衔接”，促进多层级能源大数据中心协同发展。

共建共享是建设好能源大数据中心的根本途径。推动数据与业务“深度开放”，软件与人才“精准赋能”，产品与模式“协同创新”，规则与业态“公平公允”，各参与方在技术、业务等方面取长补短，实现共创、互惠、共赢局面。

4.1.3　能源大数据中心建设总体思路

推动能源大数据中心建设的总体思路为：构建基础支撑体系、构建数据服务能力、构建服务运营机制、构建能源数字生态。

构建基础支撑体系：从建设基础资源池、梳理能源数据清单、构建统一服务能力平台三方面建设数据基础设施，通过成立实体运营主体和能源数字智库联盟夯实运营基础支撑，整合现有基础资源，打造开放安全的基础平台，为能源大数据中心建设提供有力支撑。

构建数据服务能力：建立数据采集汇聚机制标准、数据权责机制标准、利益分配机制标准，推进多方数据汇聚、数据质量核查和常态监测，形成“权责明晰、分工合理、协同高效”的数据管理体系，推动数据治理和质量持续提升。构建数据资源共享目录，完善产业链上下游数据交换共享机制，实现能源数据可视可查可用。坚守数据安全防护底线，构建能源数据安全防护和隐私保护体系。

构建服务运营机制：结合能源大数据中心功能定位与发展路径，健全运营领导机制与基础运营制度，支撑各级能源大数据中心协同发展。从业务运营、会员管理、利益分享、合规管理四方面健全平台型运营组织制度，增强能源大数据中心的平台服务能力，强化对大众创新的引领带动。

构建能源数字生态：以资源聚合、生态治理、联合创新水平为重点，推动打造涵盖政府、行业企业、社会大众、数据开发与运营商的能源数字生态，助力生态伙伴实现升级转型、模式再造及价值创造，打破行业业务和技术壁垒，为社会经济发展增添新动能。

4.2 能源大数据中心建设框架

4.2.1 能源大数据中心服务对象分析

围绕能源领域核心业务，面向政府、社会、企业、生态客户等服务对象，通过能源数据汇聚、配置与共享，推动能源数据业务全链条创新，积极打造政府科学决策服务者、能源行业企业转型升级驱动者、社会低碳绿色发展践行者和能源数字生态建设先行者，见图 4-2。

服务政府科学决策：整合能源、政务等多源数据及应用，在宏观经济预测、生态环保监测、突发应急事件预测等方面提供精准的数据分析服务，推动政府决策科学化、社会治理现代化、公共服务高效化。

服务社会低碳绿色发展：推进能源、工业、建筑、交通等重点行业和碳排放、碳减排、碳中和、碳交易等数据的接入和应用，为用户提供能耗分析、碳排放监测、碳足迹测算与评价等服务，引导及改善用户用能行为，助力全社会低碳绿色生活方式的推广。

服务能源行业企业转型升级：推动能源政务数据、能源企业数据的数据融合与应用，为能源主管部门及能源企业提供能源行业政策监管、能源安全与经济运行、重点用能企业能耗监测等服务，推动能源管理与监管能力提升，全面提升能源行业企业数字化、智能化发展。

建设能源数字生态：面向生态客户开展产学研相关研究及应用，为能源数据商业模式创新、数据服务交易提供基础平台与商业场景，推动能源数据在数字生态跨领域的价值创造。

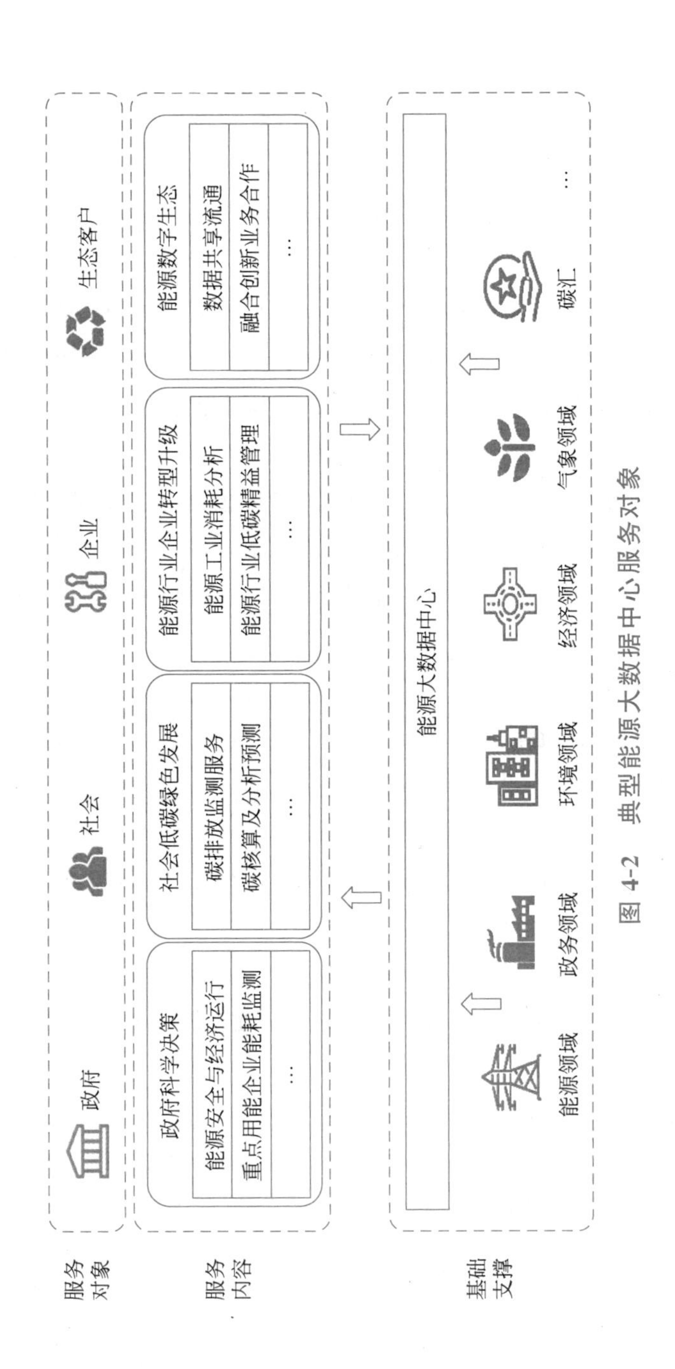

图 4-2 典型能源大数据中心服务对象

4.2.2 能源大数据中心总体架构

能源大数据中心总体架构遵循国家、政府的制度要求和标准规范，以能源大数据平台为基础，以服务政府、社会、企业等为导向，推动煤、电、油、气、政务等多方数据汇聚和共享交换，构建多视角、跨界融合的能源数字服务产品，联合政府、社会机构、能源行业企业等构建能源大数据生态，实现数据、平台、应用、服务的一体化建设与应用。典型的能源大数据中心总体架构设计如图 4-3 所示。

能源大数据平台，通过开展数据管理、数据应用管理和门户展示，构建规范统一的数据汇聚、协同、共享能力，对接外部客户业务需求，构建跨区域、跨层级、跨行业能源大数据应用体系，挖掘能源数据价值。

运营管理体系，通过开展常态化服务、用户运营、推广策略、成效评估等方面工作，沉淀能源大数据业务和技术能力，壮大专业运营团队，提高平台使用体验和生命力。

技术标准体系，通过规范指导能源大数据中心建设运营的重要基础，包括数据资源、处理技术、数据管理、数据安全、应用服务、平台工具等方面内容。

安全合规体系建设，通过推进能源大数据互联互通、开放共享的保障，在遵循国家、行业法律规范的基础上，构建横跨多法人主体网络、贯通数据“采-传-存-用-毁”全生命周期的能源大数据安全防护体系，确保能源大数据中心数据可信共享和安全合规。

生态体系，通过推进业务创新、技术创新打造能源大数据智库，赋能合作伙伴数字化转型升级、经营管理提升与优质客户服务。

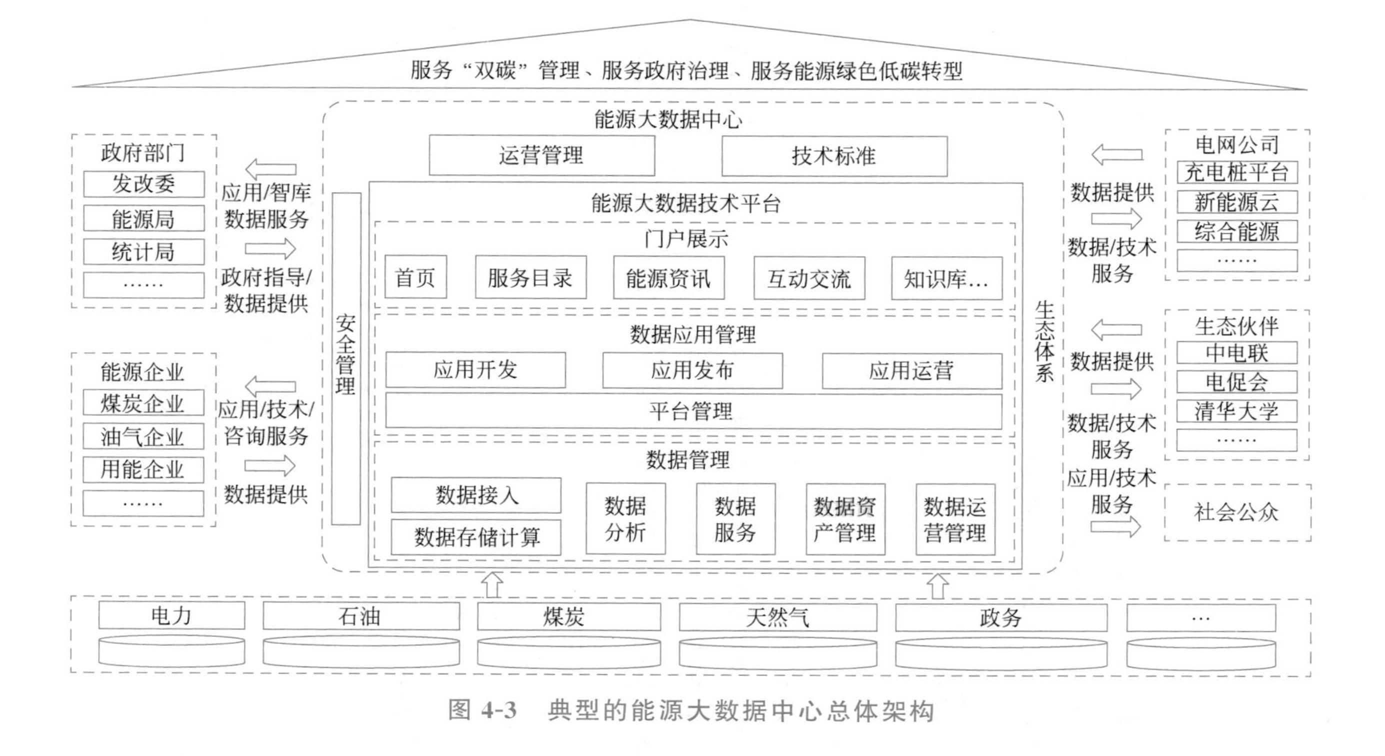

图 4-3　典型的能源大数据中心总体架构

4.3 能源大数据中心建设关键内容

在能源大数据中心建设过程中,需要重点关注能源大数据中心技术平台、能源大数据中心运营管理、能源大数据中心安全管理、能源大数据中心标准体系和能源大数据中心生态体系等五方面建设关键内容。

4.3.1 能源大数据中心技术平台

能源大数据中心技术平台基于统一的数据接入平台、统一的数据域、统一的数据体系实现数据融合共享,连接能源生产、传输、消费全产业链条,实现电、水、煤、气、热、油等多种能源数据汇聚。提供面向应用的统一数据服务,为能源数据接入、处理、管理、应用等提供支撑。

1. 技术平台建设

1) 能源数据管理

(1) 构建数据接入基本服务能力。能源大数据中心的数据主要来源于能源行业的业务系统、终端设备和外部第三方服务提供商系统,通过数据复制、数据抽取、数据交换等接入方式实现数据接入。

(2) 构建存储计算能力。对已接入的各类数据按照模型转换或业务处理等规则进行加工计算和落地存储。数据存储包括结构化数据存储和非结构化数据存储,其中结构化数据主要存储在分布式关系数据库、分布式列式数据库、分布式数据仓库、分析型数据库等;非结构化数据主要存储在分布式文件系统或对象存储;数据计算方式主要包括批量计算、流计算、内存计算等。

(3) 构建数据分析能力。包括报表分析、自助式分析、模型分析以及算法管理。报表分析提供数据解析、趋势分析、风险识别等能力，用户可根据平台提供的可视化工具及主流算法，实现数据关联分析、研判分析、挖掘分析等。模型分析提供模型评估、特征分析、模型优化、模型监控、模型部署等能力。算法管理提供算法设计、构建、测试、部署、优化等全过程管理。

(4) 构建数据服务能力。包括数据共享服务目录、数据服务管理、数据血缘管理。数据共享服务目录提供数据服务展示、数据预览、在线调用等能力；数据服务管理支持 SOAP、Restful 等多种协议的数据服务接口进行统一注册、管理和调度；数据血缘管理提供数据解析、数据追踪、数据血缘拓扑展示等能力，保障数据的可追溯性与可靠性。

(5) 构建数据资产管理能力。包括数据资产目录、数据模型管理、数据质量管理和数据标签管理。数据资产目录提供数据发现、整合能力，通过数据关联整合，挖掘数据价值；数据模型管理提供数据标准化、数据集成以及数据生命周期管理；数据质量管理提供数据清洗、数据实时监控预警等能力，确保数据的可靠性、一致性和完整性；数据标签管理提供数据特征提取、数据标签定义、数据标签应用，提高数据处理效率与准确性。

(6) 构建数据运营管理能力。包括链路监测、监控告警、任务调度、安全管理、数据开发。链路监测提供对数据从源端业务系统到业务应用的数据流转全链路监测；监控告警提供数据流转链路追踪，日志监控、性能剖析及告警处理；任务调度提供数据服务调用、调度任务、数据计算任务等运行状态；安全管理提供身份认证、操作鉴权、数据访问权限控制、日志审计等数据安全管理能力；数据开发提供可视化的集成开发环境，满足数仓建模、数据查询、算法开发等快速开发需求。

2) 数据应用管理

能源大数据平台业务运营支撑包括平台管理、数据应用开发、数据应用发布、数据应用运营等能力，以下分别详细介绍。

(1) 平台管理。平台管理包括基础支撑、服务治理、公共服务、基础框架等，支撑平台安全平稳运行。

基础支撑能力包括提供用户管理、角色管理、日志管理、系统管理等功能，满足系统的建设需要，保障平台稳定运行。

服务治理能力包括提供服务注册与发现、服务调度、服务熔断、服务监控等功能，支撑应用开发服务与应用微服务发布部署，为支撑平台和数据应用提供统一的服务治理框架。

公共服务能力提供共享服务单元，包括模型服务、工作流、任务调度、操作审计等功能。在应用开发、运行阶段可通过对应的通用工具套件和公共服务进行服务支撑。

基础框架提供应用开发、运行时通用的基础功能组件，包括通用工具、异常处理、安全控制等基础组件。

(2) 数据应用开发。数据应用开发包括数据加工、算法模型构建、数据可视化等，支撑应用敏捷构建。

数据加工方面，提供高性能数据处理引擎，快速实现数据抽取、转换和加载(Extract-Transform-Load，ETL)等操作，显著提升数据处理速度与效率。同时提供数据清洗、数据整合、数据聚合等功能，以满足数据分析需要。

算法模型构建方面，提供直观、易用的拖拉式界面，内置主流的数据挖掘、机器学习等算法，同时提供多项模型评估指标，通过模型评估表现获取最优模型，支撑数据趋势分析与算法主题分析。

数据可视化方面，提供丰富的可视化图表类型和工具，如折线图、柱状图、饼图等，支撑个性化报表设计、报表作业流程化配置及编排等，平台采用模块化设计，可根据需求进行功能拓展与集成，满足不同场景数据梳理需求。

(3) 数据应用发布。基于平台实现应用登记、应用授权以及应用的上下线控制，具体包括：应用登记、应用配置、合规性审核、应用发布四个过程。

应用登记提供数据应用的登记注册功能，实现应用统一纳管。包括登记应用名称、应用对象、发布单位、应用介绍，以及应用分类、应用访问地址等信息。

应用配置提供应用分类维护、授权管理、基本信息完善、上架下架操作等功能，实现在线应用配置维护。

合规性审核提供应用合规性审核功能，实现应用的安全上架。包括是否符合国家政策、是否涉及数据敏感要求、数据安全约束等。

应用发布提供应用服务目录管理、应用服务授权、应用目录发布等功能，支持用户通过应用服务目录快速申请应用。

（4）数据应用运营。应用运营提供应用分类管理、应用需求管理、应用推广活动、用户培训管理、应用宣传管理等功能。用户运营方面，包括用户画像管理、用户积分管理等功能；管理运营方面，包括用户行为分析、运营监控分析、产品热度分析、用户卖点分析、运营成效分析、流量分析等功能。

3）门户展示

统一门户包括服务目录、能源资讯、互动交流、个人工作台和自定义门户等功能，面向能源大数据中心内外部用户提供服务入口，也是能源大数据中心宣传展示窗口。

门户首页提供平台概览、热门应用、公开数据服务、统计分析、快捷入口等功能，支撑打造对外服务和宣传窗口，为用户提供门户首页功能，包含 Banner 展示、热门数据服务推送（数据、应用、交易）、热门行业智库、运营分析、互动交流、快速入口等，支持用户快速浏览和定位相关内容。

服务目录提供应用目录、数据分析服务目录、交易商城、数据资源目录等功能，支持应用的快速定位和便捷使用，包含场景应用、分析报告、指标指数等类型，是平台与用户的连接纽带。

能源资讯提供政策新闻、标准规范、知识智库等功能，助力业务知识科普和传播。

互动交流提供需求提报、创新社区、常见问题等功能，充分吸收用户意见，提高平台人机交互友好度。

其他部分包括提供注册登录、全局检索、个人工作台、自定义门户等功能，满足用户个性化功能诉求。

2. 面临挑战

在能源大数据中心数据汇聚融合共享方面，主要存在三方面挑战：多方数据汇聚难、多方数据融合难、多方数据流通难。

1）多方数据汇聚难

企业数据共享意愿低，数据获取成本较高。能源数据涉及多类法人主体，企业间存在“不能给、不敢给、不愿给”的忧虑，跨主体、跨行业的数据共享机制也不成熟，数据获得难度大、沟通成本较高，难以在短时间内产生“聚合效益”。

2）多方数据融合难

技术标准缺乏共识，数据管理缺乏规范。能源行业各主体间，业务差异大，数字化水平也参差不齐，各主体针对自身行业特点进行定制化开发，架构不统一、数据模型标准不统一，数据结构存在较大差异，对于数据融合存在一定的难度。

3）多方数据流通难

随着《网络安全法》《数据安全法》《个人信息保护法》等法律法规相继出台，煤、油、气、热等能源行业对于对外提供生产经营数据普遍存在顾虑，数据获取将越来越难。跨域数据共享设施未建立，数据本身也存在数据多源、产权模糊、标准缺乏等问题，导致分析结果的可信力无法有效保障，意味着从本质上无法与用户建立常态化的工作联系纽带，也限制了能源数据的价值发挥和影响力提升。

3. 解决思路

1）加快推进能源数据统一数据模型建设

协同电、煤、油、气、水等能源企业与公共事业单位，编制发布能源行业统一数据模型，提高能源数据的质量、可信度和互操作性，促进能源数据的规范化、标准化和智能化，为能源行业的创新发展提供数据支撑。

通过对数据进行分类和特征量提取，建立能源大数据统一数据模型，实现对各类型能源数据规范定义，满足数据从源端进入能源大数据中心后的解析及使用需求。为了实现这一目标，需要面向多元能源数据，研究差异化数据模型及自适应映射模型，构建电、煤、油、气等能源系统数据模式之间的映射，实现统一全局数据建模，为后续物理存储优化提供支持；面向典型能源场景，基于领域模型库和算法库，形成典型能源产品的数据潜在价值评估模型，并提取能源产品数据特征，形成能源数据统一元数据模型。

2）探索公共数据资源目录构建和开放机制

通过权威行业协会，梳理和发布能源行业公共数据资源目录，在安全合规保障前提下，构建分级分类标准，探索公共数据共享开放机制构建和试点应用。

通过公共数据资源目录的构建和开放，提高能源行业的数据透明度和公信力，促进能源行业的数据协同和创新，为能源行业的转型升级提供数据支持。为了实现这一目标，需要加强能源行业的合作和沟通，充分发挥行业协会的作用，统一和发布能源行业公共数据资源目录，包括能源数据的名称、类型、来源、范围、格式、质量等信息；建立分级分类标准，根据能源数据的敏感性、重要性、价值等因素，确定能源数据的共享开放程度和条件；探索公共数据共享开放机制的构建和试点应用，包括能源数据的申请、审核、授权、交付、使用、反馈等环节，确保能源数据的安全合规和有效利用。

3）加强数据共享流通新技术的研究应用

推动数联网、知识图谱、联邦学习等融合共享技术研究，加强汇聚治理、关联识别、安全流通技术保障，促进跨域、跨源、跨结构的能源数据交互共享和融合应用。

通过数据汇聚融合新技术的研究应用，提高能源数据的质量、效率和价值，促进能源数据的智能化、精准化和个性化，为能源行业的智慧化和绿色化提供数据支持。为了实现这一目标，需要利用数据标准与特征识别实现跨域数据的分析与对齐，对数据中的错误数据和垃圾数据进行清理，实现能源数据质量治理和融合；基于联邦学习技术开展跨域数据整合与建模，满足各方数据安全与数据价值保护需求；基于图计算开展能源大数据融合应用，构建能源数据资产知识图谱地图，形成能源数据资源目录，支撑数据多方的互操作和融合应用。

4.3.2 能源大数据中心运营管理

能源大数据中心以高效协同的运营架构体系为主要抓手，打造具有影响力的能源数据产品，通过强化运营能力设计为能源大数据中心发挥作用奠定基础。

1. 运营体系建设

1）能源大数据中心建设运营典型模式

从国内外案例情况来看，现有的能源大数据中心建设运营模式主要有国家主导的国家级/行业级、地方政府主导的区域级、股权多元化企业主导的企业级、大型国有企业主导的企业级四类，如表 4-1 所示。

表 4-1 大数据中心建设运营典型模式总结

类型	主导方	运营模式	资金来源	数据来源	项目管理	运营机构
国家级/行业级	国家主导	不以营利为目的，服务政府决策与国家战略	政府出资居多	自有数据和法定范围内的数据合作	政府主导	政府主管部委下属机构
区域级	地方政府主导	部分考虑营利，以区域能源数据互联共享为主，实现产业化、区域集群发展	政府和能源企业共同出资	以自有数据为主，结合外部合作企业数据	政府主导企业配合	企业自建或与外部企业、机构合作共建
企业级	股权多元化企业主导	以营利为目的，数据平台服务，实现数据价值变现	合资企业各方出资	以政府监管数据和龙头企业自有数据为主，共同形成全行业数据资源	政府指导企业主导	主管部门牵头，国资企业或国家级研究机构承建
企业级	大型国有企业主导	部分考虑营利，打造企业生态圈，实现企业持续发展	以企业自筹为主	以自有数据为主，结合外部合作企业数据	企业主导	企业自建或与外部企业、机构合作共建

（1）国家主导。由国家主导建设的行业级大数据中心，如美国能源大数据中心、新加坡金融大数据中心、国家健康医疗大数据中心等。这类大数据中心不以营利为目的，运用“政、产、学、研、用”多种生态合作模式，在符合法律框架和标准体系下采集、汇聚行业内数据资源，实现行业内数据资源整合、开放与共享，促成行业做大做强，以及促进新兴产业发展。

（2）地方政府主导。由地方政府采用行政化手段推进建设的区域级省级能源大数据中心，例如重庆能源大数据中心、天津能源大数据中心等。主要通过政府数据开放、企业数据共享和个人动态数据提取，实现区域内数据互联共享，汇聚大量数据资产，培育与带动一系列大数据核心产业的集聚。

(3) 股权多元化企业主导。该类型常见于省内多元能源企业联合共建能源大数据中心，典型代表如湖南省能源大数据中心、各地建立的能源大数据交易平台等。这类能源大数据中心以营利为目的，通过撮合交易等平台服务来获取一定收益，促成数据资产价值变现，服务相关企业或研究机构等。

(4) 大型国有企业主导。由行业龙头或者居领导地位的企业为主导的细分领域能源大数据中心，典型代表有国家电投大数据中心、中石化大数据中心等。这类能源大数据中心不局限于营利，主要是为了促进行业生态发展。在能源、金融、电商等数据基础条件好的领域，由行业龙头或领军企业组织相关生态企业和机构，开展生态内数据资源共享，培育企业发展的新业态、新模式，带动相关产业集群式发展。

2) 能源大数据中心运营体系建设

结合能源大数据中心功能定位与发展路径，构建能源大数据中心运营领导机制与基础运营制度，支撑各级能源大数据中心协同发展，包括建立运营组织体系、明确运营活动内容、建立运营配套制度三方面。

(1) 建立运营组织体系。结合能源大数据中心建设运营典型模式，以及能源大数据中心组织体系建设实际需求，因地制宜建立定位清晰、职责衔接的职责体系，明确政府主管部门、建设主导方、承建方和各参与方之间等的职责界面。灵活借鉴“独立实体化”或“柔性网络化”两种基础模式，建立运转高效的运营组织体系，明确能源大数据中心运营主体，采取独立法人实体、委托内部团队或联合外部单位等方式运营，常态化开展能源大数据中心业务运营和系统运维。

(2) 明确运营活动内容。聚焦能源数字业务发展与要求，能源大数据中心面向服务对象提供数据、产品、平台、技术等公益性服务或数据增值服务，建立运营架构，规范运营流程，主要开展数据运营、产品运营、平台运营、用户运营等内容。数据运营是指基于能源大数据发展和服务对象业务的数据需求，开展数据汇集、数据标准化、数据质量管理、数据共享应用、数据安全防护等工作，推进能源数据融合与创新应用。产品运营是指围绕建立产品运营全过程管理机制，开展产品研发、功能验收、成果交付、产品迭代、经验推广等工作，提供高质量产品运营服务。平台运营是指合理利用政府部门、合作伙伴、服务对象资源，制定用户开发、产品发布等运营方案，提供常态化技术支持与培训，确保平台稳定运营与品牌价值提升。用户运营是指围绕政府、企业与社会大众重点需求及最新趋势，开展客户管理、用户引流、市场推广、活动策划、业务孵化等工作，以扩大产品市场覆盖范围与市场渗透水平。

(3) 建立运营配套制度。建立能源数据合规管理制度，以数据汇集、共享与交易为基础环节，严格遵循国家法律法规、监管要求和技术标准，明确企业数据共享的原则和方式，严守数据合规红线。建立资源聚合共享机制，通过强化资源对外共享、建立资源引流机制及提供共享服务支撑，实现资金、数据、技术、人才等资源要素的有效聚集，通过业务合作、交叉销售等手段，与生态伙伴共享产品、技术、客户等资源。建立并执行准入准出制度，结合业务体系与分工流程，明确生态伙伴的主体功能并适时优化，建立并执行严格的准入准出制度与流程，确保生态价值最大化。建立激励约束机制，构建数据可信、互信的数据共享运营机制，制定积分升级、分级奖励等激励机制，以及失信惩罚、末位淘汰等约束机制。建立风险防控机制，针对内外部资金管理风险点，数据处理、数据开发与应用过程、数据安全管理等环节建立风险防控机制。

2. 面临挑战

能源大数据具有价值高、质量好、覆盖面全的特征，综合利用价值很大。建立高效的运营架构体系，有助于发挥数据资产价值。随着企业对数据需求的不断增长，以及企业对数据的依赖性不断增强，人们可以越来越清楚地评估数据资产的商业价值。在高效运营数据产品，服务核心价值方面，主要存在四方面挑战。

1）相关政策法规尚不明确

能源数字服务涉及企业能源消费、碳排放等商业隐私数据，数据对外披露范围、数据颗粒度等要求，相关政策法规尚不明确。能源数字服务对外开放尚无全国性的相关法规文件。法定秩序范围内个人信息保护尚无专门立法，相关法律条文分散在《民法总则》《网络安全法》《个人信息安全标准》等多部法规中，且能源行业、电力行业内对于相关数据的开放共享标准不甚明确，对数据共享开放的具体标准和流程也尚不完善。目前仅浙江、深圳部分地方政府明确了相关要求。

2）数据来源多样化

不同的部门、机构、企业对能源数字服务的需求不一致，导致能源数字服务的目标、内容、范围、频率等存在差异，数据存在需求多源、“数出多孔”等现象，难以形成统一的需求标准和规范。能源数字服务涉及多种数据来源、数据类型、数据格式、数据质量等，导致能源数字服务的数据采集、数据处理、数据分析等存在难度，难以形成完整的数据体系和流程。一定程度上造成工作重复、多方分析结果存在差异，影响了数据发布的权威性。

3）市场化机制不完备

随着数据要素在政府管理和企业运营中不断深化应用，能源数字服务需求逐步向跨行业、跨区域、高频数据的融合应用集中，但由于数据共享流通受限，有针对性的数字产品品类不足，用户获得感不强。能源大数据产品以公益性服务为主，缺少市场的激励和价值的引导，市场机制发挥的作用有限，用户主动参与意识薄弱，数据产品变现能力较弱，无法产生规模效应。

4）绿色低碳服务待强化

绿色低碳探索业务成果亟待转化。国内低碳相关研究相对薄弱，对实时获取遥感卫星、测碳无人机和地面检测站的“空天地”一体碳数据的互证校验体系尚未建立，“碳排放因子”关键方法学研究需加强。需加强国内外的合作和交流，借鉴国际先进的经验和技术，建立“空天地”一体数据互证校验体系，实现能源碳排放的全面监测、精准评估和科学管理，推动“碳排放因子”关键方法学的研究和应用，提高能源碳排放的核算准确性和可信度，为能源行业的绿色低碳转型提供数据支撑和技术保障。

3. 解决思路

1）推动相关法规建设

应在政府指导下，推动制定能源数据统计标准和共享流通方面的法律法规、管理办法及相关细则，应明确能源相关数据的定义、分类、标准、质量、来源、范围、格式、频率等，规范能源相关数据的采集、存储、处理、分析、发布、共享等流程，确定能源相关数据的责任主体、职责范围、工作标准、监督机制等制度，保障能源相关数据的安全合规和有效利用，促进能源相关数据的透明度和公信力，为能源行业的发展和社会的监督提供数据支撑和法律保障。

2）推动跨界合作多源数据融合应用

聚集能耗“双控”和碳排放“双控”服务，满足政府和企业对能源数据的多样化、个性化和精准化需求，提升能源数据的应用水平和效益，促进能源数据的跨界融合和创新发展，助力社会企业智慧用能等需求。结合国家数据要素市场建设，依托能源大数据中心开展能源领域数据要素市场试点建设。

建立用户需求分析机制，及时掌握用户对能源数据的需求变化和趋势，提供定制化、差异化和优质化的能源数据产品和服务。探索能源数据汇聚、成果发布服务平台的业务模式和收益模式，激发各方在能源数据服务中的参与积极性和创新活力，实现能源数据的价值化、市场化和社会化服务，提高能源数据服务的竞争力和影响力。

3）夯实能源数据产品服务基础

围绕不同产品类型的客群基础和业务特点，加快推进能源数据行业共性产品整合，优化资源配置，适应用户对能源数据产品服务的多层次、多维度和多场景需求，丰富能源数据产品服务的类型、形式和内容，提升能源数据产品服务的覆盖面、适应性和灵活性，完善能源数据产品服务结构。

建立能源数据产品服务的质量标准和评价指标，及时掌握能源数据产品的客户使用情况并进行相应产品迭代和功能升级，全面提升能源数据产品服务的质量水平和用户满意度。建立能源数据产品服务的安全保障和风险评估体系，对存量及新增产品的使用安全情况进行全过程监控，确保能源数据产品服务的安全稳定和合法合规。

4）完善能源数据产品流通机制

结合能源数据资源所有权、加工使用权和产品经营权的权属分置场景及能源大数据中心的业务特点，落实“数据二十条”相关要求，加强数据“三权”理论研究，积极推动能源数据资源产权制度建设，优先开展数据标识、确权等相关工作，探索实现能源数据资源归集、权属确认，为企业优质数据资源逐步投入要素流通领域提供保障。

围绕能源数据资源的安全保密、合法合规和公平竞争等问题，积极参与能源数据交易市场建设，推动能源数据资源监管机制建设，开展能源数据资源的监测、评估等工作，推动企业优质数据资源规范运营。针对能源数据资源的价值认知、利益分配和创新动力等发展问题，积极推动数据资产入表等前瞻性工作开展，推动能源数据资源激励机制建设，实现能源数据资源的评价、奖励和支持，使企业优质数据资源持续增值。

4.3.3　能源大数据中心安全管理

能源数据的安全合规利用是能源大数据中心健康发展的基石。开展能源大数据中心安全防护体系设计，构建数据全生命周期的防护措施，是能源大数据中心安全、稳定运行的重要保障。

1. 安全管理建设

1）能源大数据中心安全防护设计

遵循“依法合规、开放可信、实战对抗、联动防御”的安全策略，构建能源大数据中心网络及数据安全防护框架，从安全通信网络、安全区域边界、安全计算环境、安全管理和基础环境安全等方面构建网络安全防护体系，重点加强安全区域边界、安全计算环境（终端安全、数据安全）安全防护。系统安全防护框架体系及整体布防结构如图 4-4 所示。

2）数据全生命周期安全

（1）数据接入安全。数据接入过程中，为保障采集数据的安全可靠，需对数据进行分级分类、数据源鉴别和数据校验，详见表 4-2。

表 4-2　数据接入安全防护能力及措施

防护控制点	防护要求	实现方式
数据分级分类	进行数据分级分类工作并通过自动化工具完成数据分级分类、数据标签等工作	利用数据分类分级工具对采集数据进行分类和分级定义
数据源鉴别	通过明确数据源、验证数据源、监控数据源、记录数据源活动等手段保证数据安全	利用建立数据源库、配置访问控制等进行防护
数据校验	采用必要的技术手段对数据进行校验。确保数据采集的合规性、正当性和一致性，防止数据被篡改	通过应用数据校验对数据类型等支持正确性校验，通过数据传输通道加密保证数据的一致性和防篡改

安全通信网络

网络安全架构

设备冗余

传输通道加密

……

安全区域边界

安全接入

边界隔离

入侵防范

安全审计

安全计算环境

业务安全：数据流分析、重点环节防护、数据存储安全、数据传输保护

数据安全：分类分级、传输加密、数据脱敏、接口认证、动态权限、隐私保护、安全加密、安全审计

应用安全：身份鉴别、访问控制、安全审计、接口认证、剩余信息保护、个人信息保护、安全漏洞、会话管理

终端安全：身份认证、安全加固、安全审计、安全监测

主机安全：服务器安全、操作系统安全、数据库安全

基础环境安全

机房环境安全、云平台安全、数据中台安全、技术中台安全、……

安全管理

管理机构

管理制度

管理人员

工作机制

安全建设管理

安全运维管理

安全运行管理

……

图 4-4　能源大数据中心安全防护架构图

（2）数据传输安全。能源大数据中心通过传输数据加密、链路加密和数据防泄露措施确保数据传输安全，详见表 4-3。

表 4-3 数据传输安全防护能力及措施

防护控制点	防护要求	实现方式
传输数据加密	传输的数据需采用适当的加密保护措施。使用的密码体系、加密算法应满足国标相关要求	通过对传输数据加密实现数据加密传输
链路加密	需保证传输通道、传输节点和传输数据安全。数据采集、发布过程应采用加密传输链路	通过 TLS 通道加密的方式进行数据抽取和加载
数据防泄露	传输过程中要防止数据泄露，保证数据安全	利用数据防泄露（Data Leakage Prevention，DLP）实现敏感数据泄露发现

（3）数据存储安全。能源大数据中心通过数据媒体访问控制保障存储媒体安全；通过数据加密、数据防泄露保障数据内容安全；通过平台内的快照、备份和高可用机制保障数据备份恢复，详见表 4-4。

表 4-4 数据存储安全防护能力及措施

防护控制点	防护要求	实现方式
存储媒体安全	数据存储媒体访问及使用需要提供有效的安全保障技术和管理手段。对可疑的数据访问、请求、操作进行审计	通过数据库审计对数据的非查询操作记录审计日志，对 SQL 语句进行审计
数据加密	能源大数据中心的数据存储过程中应对数据进行加密	通过数据库加密对数据库存储数据进行加密
数据备份恢复	能源大数据中心的数据应实现数据备份，并能在数据损坏后进行恢复	通过数据备份系统实现数据可靠性保障

（4）数据处理安全。在数据处理过程中，易出现敏感数据泄露、非法访问、越权使用、无法追踪定责等安全问题，因此采用数据权限管理、数据脱敏、数据使用安全等措施进行数据处理安全管控，详见表 4-5。

表 4-5　数据处理安全防护能力及措施

防护控制点	防护要求	实现方式
数据权限管理	将接入的数据进行标签化管理，对数据进行权限控制管理，并且建立相应强度或粒度的访问控制机制，限定用户可访问的数据范围	通过数据库访问系统提供统一认证和权限控制，提供文件、数据库、表、列等多级别的细粒度权限控制
数据脱敏	具备对数据的静态脱敏和动态脱敏能力。具备多种脱敏技术。能够根据特定的数据使用场景配置动态脱敏方案，同时对数据脱敏处理过程进行相应的操作记录	从能源大数据中心向外发送数据时，通过静态脱敏对敏感数据进行脱敏，数据加载目标端可以为文件服务器、数据库或容器，针对敏感数据提供多样性脱敏算法，包括唯一仿真、随机，浮动、平均、区间、公用账号替换、截取、拼接、掩码、子串保留、子串替换、切片等算法，并支持用户通过提供的接口编写自己的脱敏算法。 未经授权的用户进行敏感数据访问时，通过动态脱敏实现对敏感信息内容执行动态脱敏处理
数据使用安全	具备完整的数据库、存储设备等日志、数据访问或调用的日志，以及用户的敏感操作等行为日志的分析审计能力，并且能对用户的违规行为快速作出警告提示。对于不同用户的计算资源可以进行管控，通过统一的租户账户体系获得相关权限及控制信息	通过数据库审计监视数据库活动，防止未授权的数据库访问、SQL 注入、权限或角色升级、对敏感数据的非法访问等

(5) 数据交互安全。能源大数据中心涉及的数据交互安全防护控制包括数据共享安全防护和数据接口安全防护，详见表 4-6。

表 4-6 数据交互安全防护要求及措施

防护控制点	防护要求	实现方式
数据共享安全	能源大数据中心进行数据共享操作前须进行必要的身份确认、权限校验、数据脱敏及数字水印。 通过安全通道或共享交换区域完成数据共享。对于共享的数据及共享过程应进行监控审计。对于共享的数据,在能力范围内进行追踪溯源的处理	通过数据水印系统对共享数据加上水印标识,可以实现根据标识对数据的源头进行回溯。 通过隐私计算实现数据共享过程中的数据可用不可见,以保障数据安全性。 通过数据库审计对数据共享过程进行审计。 通过数据脱敏对敏感数据出域进行管控
数据接口安全	数据接口具备对不安全数据参数进行限制或过滤能力,具备异常处理能力。 具备对数据接口访问的审计能力及相应可配置的数据服务接口。跨安全域的数据接口调用采用安全通道、加密传输、时间戳等安全措施	通过 API 网关统一对外提供数据访问接口,以管控数据接口访问。 通过 API 安全监测系统,对 API 访问过程进行安全检测

(6) 数据销毁安全。建立硬销毁和软销毁的数据销毁方法,需采用经国家认定的数据销毁工具对待销毁的数据内容进行擦除销毁或物理销毁。

3) 能源大数据中心与业务应用的交互安全

(1) 用户认证体系防护。能源大数据中心与对外应用的直接数据交互,建议采用相关数据交换安全组件。通过来源 IP、账号权限体系和密钥体系进行对外应用访问授权,将业务对接口的调用规则进行限制,加强互联网交换数据的审查工作和数据使用过程的安全审计。

(2) 网络安全边界防护。在平台各防护边界需部署最小化网络安全防护,如防火墙、隔离装置等安全技防措施。平台对外接口应具备网络攻击发现和防护能力,特别是针对数据和信息的爬虫类攻击和拒绝服务类攻击。端口调用的过程中应包括流量控制、身份认证、API 监控、日志记录等基本功能。

（3）数据访问接口防护。在能源大数据中心应用以及数据库之前部署 API 网关，将数据库访问及应用数据开放封装为 API 接口，统一通过 API 网关进行访问，避免应用直连数据库、非法访问数据。

（4）数据防泄露防护。能源大数据中心对外交互数据需严格遵循数据的加密、脱敏、水印、审计策略，实现外发数据的追踪溯源，防止数据泄露。

2. 面临的挑战

能源大数据中心以数据为防护核心，以“防范风险、保障合规、支撑生态”为建设目标，依据相关安全防护要求，参考大数据安全能力成熟度模型，分别从“技术、管理、可信、服务”四方面开展能源大数据应用中心安全防护体系建设。在数据安全合规使用方面，存在以下三个挑战。

1）安全法律体系日臻完善，数据安全监管持续加强

国家出台的《数据安全法》《个人信息保护法》等法律法规，从宏观层面加强了数据的合法使用，但在省级以下政府尚未出台执行细则，尤其是未规定涉密能源数据的管理权属，数据使用权限模糊。

2）数据要素价值逐步凸显，数据泄露风险日益加剧

数据作为数字经济时代下重要生产要素，在实现价值创造的同时，以获取数据为目的的内外部攻击呈现递增趋势，能源数据的法人主体多样，数据分散，数据传输、汇聚、存储及使用环节多，数据合规管理难度随之加大，数据泄露风险日益增加，对个人隐私、企业利益、国家安全可能造成严重影响。

3）业务场景复杂多样，安全管控难度日渐增加

数字化转型背景下，能源大数据应用场景和数据需求复杂，数据共享融通加快、数据环境更加开放、数据流动更加频繁、交互对象更加复

杂，数据共享中面临数据隐私保护、数据权威可信等挑战，传统和新型安全风险交织，数据安全防护难度加大。

3. 解决思路

1）制定能源行业数据安全管理规范

推动不同层级能源数据安全管理规范制定，包括制定数据安全管理制度、演练应急预案、数据安全风险评估等。规范能源数据处理活动，加强数据安全管理，保障数据安全，促进数据开发利用，从而保护个人、组织的合法权益，维护国家安全和发展。

根据数据的分类分级、重要性、敏感性等因素，采取相应的安全防护措施，防范和化解数据安全风险，及时应对和处置数据安全事件；鼓励和支持数据开发利用和创新应用，推动数据资源共享流通，提升数据价值，促进能源行业数字化转型和低碳发展。

2）建立能源大数据安全合规体系

围绕能源大数据安全需求，在传统网络安全技防的基础上，构建横跨多法人主体网络、贯通数据“采—传—存—用—毁”全生命周期的能源大数据安全防护体系，重点从数据分级分类、脱敏、加密、水印、敏感数据识别等方面加强数据防泄露、安全共享和监测预警能力建设。

结合数据安全生命周期特点及数据安全需求，针对数据采集、数据传输、数据存储、数据使用（处理、交换、销毁）等生命周期进行数据安全防护。明确能源大数据中心涉及的涉密数据、企业重要数据的范围，采取安全技术措施保障数据全生命周期安全。

3）深化隐私计算等安全可信技术的研究应用

强化多方安全计算、联邦学习、可信计算等隐私计算技术应用，重点开展隐私计算多方生态融合、计算效率性能提升、隐私计算区块链多元技术融合等方向研究，实现数据“可用不可见”，支撑数据对外安全共享和价值输出。

4.3.4 能源大数据中心标准体系

结合能源大数据中心的建设需求，充分吸纳参考能源行业现有标准和国家大数据标准，建立能源大数据中心标准体系，推动标准立项和实施，健全数据标准规范，为能源大数据中心的规划、建设、验收、运营等工作提供依据。在能源大数据中心试点开展示范应用，推广能源大数据中心技术、运营、建设等标准，促进能源数据汇聚和共享，降低能源数据使用门槛，挖掘提升能源数据价值，推动能源行业数字化转型，服务国家大数据战略和“双碳”目标。

1. 标准体系建设

根据第 2 章中“科学性、全面性、前瞻性、扩展性”的标准体系构建原则及构建方法，梳理已有数据标准、能源大数据中心专业类别划分及其相互关系，对能源大数据中心涉及的标准进行整体规划和布局，构建能源大数据中心标准体系。

能源大数据中心标准体系由 7 个类别组成，分别为：基础、数据资源、处理技术、数据管理、数据安全、应用服务和平台工具，能源大数据中心标准体系结构如图 4-5 所示。

1）基础

基础类标准为标准体系内其他类标准的编制提供基础要求，是能源大数据中心领域的基础标准，主要针对总则、术语和总体架构等内容进行规定。

2）数据资源

数据资源类标准主要针对能源大数据中心相关数据要素进行规范，包括数据模型、数据目录、元数据、主数据、指标数据、开放共享、交易数据等内容。

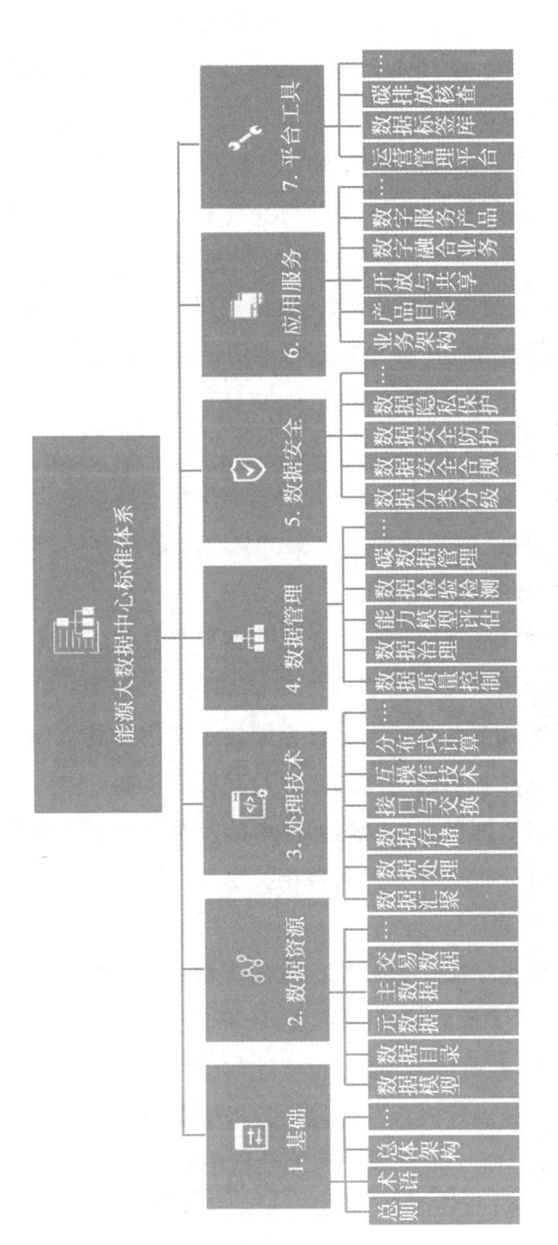

图 4-5　能源大数据中心标准体系框架

数据模型标准规范能源大数据中心信息模型(Common Information Model,CIM)数据的构成、内容与结构、入库更新与共享应用;数据目录标准规范能源大数据中心数据资源的分类原则、结构组成、描述方式等;元数据标准规范元数据注册系统、元数据模型框架、数据元素、数据分类与编码、数据标识等;主数据标准规范能源大数据中心主数据名称、分类、编码、主要提供机构、应用范围及对象、数据主要结构、各字段类文库型及含义、数据使用的方法、输入输出关系、新旧数据标准对照关系等;交易数据标准规范能源大数据中心交易数据描述、交易方式、交易流程、交易技术、交易平台要求等。

3)处理技术

处理技术类标准主要针对大数据通用技术及能源大数据领域的新型技术进行规范,包括数据汇聚、数据处理、数据存储、接口与交换、互操作技术、分布式计算等内容。

数据汇聚标准规范能源大数据数据采集和接入技术要求;数据处理标准规范能源大数据数据预处理、数据抽取、转换、加载、流计算等;数据存储标准规范各类能源数据存储技术应用及其存储方式等;互操作技术标准规范各系统之间的互联与互操作机制;接口与交换标准规范不同系统间数据接入、传输、共享所涉及接口以及交换要求;分布式计算标准规范分布式计算及平台相关要求。

4)数据管理

数据管理类标准作为数据标准的支撑体系,贯穿于数据生命周期的各个阶段,是实现数据高效采集、分析、应用、服务的重要支撑,包括数据质量控制、数据治理、能力模型评估、数据检验检测等内容。

数据质量控制标准规范能源大数据生命周期数据质量控制模型技术要求;数据治理标准规范能源大数据中心数据治理及治理评价的要求;能力模型评估标准规范能源大数据能力模型与评估方法;数据检验检测标准规范能源大数据生命周期数据检验检测、数据质量评估体系模型等；碳数据管理标准规范能源碳资产管理相关要求。

5）数据安全

数据安全类标准贯穿于整个数据生命周期的各个阶段，主要针对应用安全、数据安全、服务安全、平台和技术安全的方法指导、监测评估和要求进行规范，包括数据分类分级、数据安全合规、数据安全防护、数据隐私保护等内容。

数据分类分级标准规范能源大数据中心数据安全管理过程中，数据分类分级原则、分类方法、分级方法等关键问题；数据安全合规标准规范了能源大数据全生命周期各环节安全合规管控及技术要求；数据安全防护标准规范能源大数据中心各数据活动安全防护技术措施；数据隐私保护标准规范能源大数据中心隐私和敏感数据的定义，以及收集、使用和存储敏感信息的管理要求。

6）应用服务

应用服务主要基于跨行业跨领域数据应用分析、价值挖掘，面向政府、企业、社会第三方等服务对象，提供数据产品和数据服务。应用服务类标准主要针对能源大数据中心为各行业各领域提供的应用服务进行规范，包括业务架构、产品目录、碳业务服务等内容。

业务架构标准主要针对能源流、能源产品、能源指标及典型能源信息产品要求等内容进行规范；产品目录标准规范能源大数据中心应用服务产品的分类体系、数据服务目录框架和编码体系等；开放共享标准规范能源大数据中心开放共享数据集、开放共享基本要求、开放共享评价指标等；数字融合业务标准规范基于能源大数据中心开展的数据元件加工、数据交易等业务；数字服务产品标准规范能源领域及其密切相关领域的数据产品研发要求；碳业务服务标准主要规定碳排放量化评估、碳排放报告、碳排放核算、碳排放核查和辅助核查工具等业务。

7）平台工具

平台工具类标准主要针对能源大数据中心相关平台及工具产品进

行规范，包括运营管理平台、数据标签库、碳排放核查等内容。

运营管理平台标准规范能源大数据中心相关服务平台的总体架构、功能要求和技术要求，适用于系统级和工具级产品；数据标签库规范标签规划设计、标签开发、标签应用与评估、标签共享管理、标签安全管理过程；碳排放核查标准规范基于能源数据进行碳排放核查的体系架构、技术要求、基本功能、业务扩展功能、监测规范要求等内容。

2. 面临的挑战

能源大数据标准体系及碳数据体系构建将以市场应用需求为导向，指导系列标准的申报、立项、编制和应用，提升能源大数据标准对于能源大数据产业发展的支撑作用，保障各级能源大数据中心规范高效的建设和运营。在推进能源数据标准建设过程中，主要面临四方面挑战。

1）数据标准不统一

能源大数据中心涉及水、电、煤、气、油等多个行业，不同行业数据标准不统一，目前尚未有全面、统一的数据标准，缺乏统一、规范和权威指引；亟待结合能源大数据中心业务及平台建设需求，开展能源大数据标准顶层设计，构建能源大数据标准体系框架。

2）发布时间滞后

目前国家碳排放量化方法主要采用政府间气候变化专门委员会(Intergovernmental Panel on Climate Change，IPCC)的测算标准体系，依靠年度能源统计数据核查衡量全社会碳排放量，存在发布时间滞后、部分统计数据误差大等问题，不利于相关政策的及时调整与修正。

3）缺乏统一标准

各种能源消耗碳的排放因子更新慢、更新周期长、缺乏统一标准，不能全面量化技术进步、区域差异、规模效应对碳排放变化趋势的影响，不利于碳排放的精准核算。

4）因子计算不准确

目前电网碳排放因子采用的是区域平均因子，无法体现不同时间、不同地区碳排放因子的变化。并且，在绿电交易背景下，区域平均电网碳排放因子计算方法未考虑绿电交易的因素，导致因子计算不准确，不能准确反映绿电降碳的效果，难以促进绿电市场发展。

3. 解决思路

为达到能源大数据标准体系高效建设，需整体推进、循序渐进，加强对大数据特点与应用规律的研究，保证体系化研究推进的科学性、合理性和前瞻性。

1）分阶段建设能源大数据标准体系

通过制订计划，明确长远目标和标准层级，制订行之有效的推进计划与路线图，有计划、有步骤、分层次建成能源大数据标准体系，建设分为三个阶段。

(1) 第一阶段：夯实基础。启动能源大数据的基础类标准编制，重点开展能源大数据标准总则、术语和技术架构等标准的研制，统一各方对于数据标准、业务术语的认知，明确各类型数据敏感程度。

(2) 第二阶段：全面建设。开展能源大数据的数据标准类和管理标准类编制工作，指导能源大数据中心的数据接入，提升数据的规范性，有效保证数据质量。开展元数据、指标数据、主数据等标准的申报，以团体标准和行业标准为重点，推动立项标准的正式发布。

(3) 第三阶段：持续深化。重点开展能源大数据生命周期管理、数据加密脱敏管理、数据元等标准的建设，加强相关标准在能源大数据中心以及相关产业上下游之间的落实。推动数据模型在能源大数据中心落地实施，促进数据的共享和应用。开展国家标准和国际标准的申请和研制，扩大标准影响力。

2）研究碳排放因子标准体系

（1）推进能源统计数据高效、准确的采集。从加强源头企业能源统计数据审核、扩充核算基础数据来源、强化企业统计人员能力培训等方面，提升能源统计数据的及时性和真实性，为碳排放核算提供具有高时效性、准确性的基础数据。

（2）推进碳流跟踪技术研究和电网碳排放因子完善。发挥能源数据高频、准确的特征，加强电网发、输、变、配、用各阶段多源数据融合，开展碳排放从发电侧到消费侧的碳流跟踪技术研究，实现电网碳排放因子由平均静态因子向实时动态因子转变，支撑电力碳排放的动态监控和绿电交易。

（3）推动实时电网碳排放因子的认定与多方合作。建立高频、实时电网碳排放因子的可追溯、核查机制，推进因子的多方互信认定，推动与政府、企业的合作，支撑绿电交易、国家核证自愿减排量（Chinese Certified Emission Reduction，CCER）等低碳政策实施。

4.3.5 能源大数据中心生态体系

1. 生态体系建设

1）能源大数据中心生态圈

能源大数据中心将成为未来能源体系能源数据资源的聚合器，通过对能源数据汇聚整合、挖掘分析，促进政府决策科学化、社会治理精准化、公共服务高效化，把握能源经济活动的脉搏。通过打造平台连接产业链上下游企业，汇聚与协同商业伙伴，发挥各参与主体核心优势，逐步构建以用户为核心的能源生态圈，将能源生产、能源储存、能源管理及能源消费各环节有机衔接，使能源流、信息流、价值流“三流合一”，形成能源数据生态圈闭环，推进生态圈自驱动自成长。

2）能源大数据商业模式

大数据技术催生了匹配新技术特征的商业模式再升级，与传统能源系统的深度融合，从服务用户（促进用户节能增效、提高资产利用效率、提升系统运行效益）、数据增值（提供“生数据”、提供“熟数据”、提供数据驱动的创新服务）、技术驱动（能量转换技术、能源存储技术）、行业革新（能源零售竞争、能源系统运营、能源交易运营），多方面促进能源大数据商业模式的演进。

典型的能源大数据商业模式包括产品型商业模式、数据应用型商业模式、解决方案型商业模式等几个大类。

（1）产品型商业模式。主要通过销售能源大数据相关非定制化的工具产品形成商业模式。例如，在大数据处理各个环节的大数据平台、可视化工具、数据分析挖掘工具、数据治理工具等，都是该类型商业模式的应用案例。由于能源大数据在数据权属、数据安全等方面的特殊要求，以及在数据时效性、多维性等方面的特殊性质，相关大数据产品在产品专业性等方面可进行强化，形成市场竞争力。

（2）数据应用型商业模式。通过对能源数据的不同层次的加工处理，以分析报告、业务咨询等形式对外进行销售，而非原始能源数据或相关工具。该类商业模式门槛低，先发优势强，通过对能源领域的长期深耕，形成强大的竞争力。一是能源咨询服务，例如德勤、罗兰贝格、埃森哲等咨询公司，借助于大数据分析提供更加高质量的能源行业咨询报告；二是能源数据交易，通过数据资产的交易获取相应的佣金，如2021年11月上海数据交易所成立并于当日挂牌能源、金融、通信等20个产品；三是数据获取服务，为相应的用户提供针对性的能源数据产品服务，例如国家电网有限公司大数据中心推出的小微企业景气指数、税电指数、电碳监测等一系列基于能源大数据的融合数据获取服务；四是数据应用服务，采集、处理、分析公司运行相应的能源数据和相关数据，指导企业、园区开展管理策略、运行策略的专门优化。

（3）解决方案型商业模式。基于技术和业务的融合，针对能源行业提供“一站式”大数据解决方案。该类商业模式更依托于对能源行业的专业认知和深刻理解，需要找准技术和业务的创新融合方向。能源大数据应用和问题解决，在不同公司、不同业务上差异巨大。该商业模式通过聚焦某一领域、某类公司，打造出最优解决方案，进而占领相关市场。以华为控股的某能源大数据服务公司为例，它以数字技术与电力电子技术的优势结合，向客户提供综合智慧能源解决方案，通过“双碳”咨询服务、源网荷储一体化应用和能源云，助力打造了深圳国际低碳城会展中心近零能耗场馆示范项目。

随着数据要素市场的不断发展，能源大数据的商业模式配合市场机制的变化，正在持续不断地发生形态、能力上的突破。为准确认识能源大数据商业模式，亟须开展多方位分析。从产业链视角来看，根据商业模式的具体内容，可分为能源生产、资产投资、能量交易和增值服务4方面，覆盖从能源生产到消费再到增值服务全流程。从面对对象来看，不同商业模式广泛覆盖了居民用户、工业园区、商业楼宇、农业用户等不同类型用户和中间商的需要。从适用范围来看，能源大数据商业模式按照其设计规模，可分为园区级、地市级、省网级和全国级。

此外，为了支撑能源大数据各类商业模式的健康发展，需要构建合理而灵活的市场体系，设计相应的配套机制，获取足够的政策保障。能源大数据是多种能源形式在数据层面的相互耦合与对外输出。在价值创造上，一是要积极开展自身的标准化建设与价值挖掘，二是要有序促进除能源市场以外的其他各种市场——如数据要素市场、碳交易市场的互联互动。商业模式的成熟化，既需要来自市场的多重检验，也需要相关政策的规范引导。政府部门通过支持有潜力的商业模式，鼓励来自商业主体的自发改进与创新，从而促进社会经济高质量、现代化发展。

2. 面临挑战

能源大数据中心生态体系建设的关键要素包括技术支持、产业协同、政策法规、人才培养等多方面。在促进能源生态圈发展，做好碳市场服务支撑方面，主要存在三个挑战。

1）能源大数据生态体系建设亟须健全的技术支持

数字化技术支撑是能源大数据生态体系建设的基石。这涉及数据采集、存储、处理、分析等多个环节的技术创新。在不断涌现的新技术中，人工智能、物联网、区块链等技术的应用将进一步推动能源大数据中心的发展。同时，商业模式需要配套数据隐私政策和保障措施，数据的安全性和隐私保护等技术问题也需要得到解决。

2）能源大数据生态体系建设缺乏业务协同支持

业务协同是推动能源大数据生态体系形成的关键因素。目前能源大数据相关企业、政府机构、研究机构等参与主体的技术化基础不同、业务差异较大，在推动能源大数据生态体系建设方面缺乏紧密的业务关联和驱动要求，亟待以能源数据要素为驱动，能源产供销业务体系为纽带，围绕数据业务形成紧密的合作关系，推动生态体系建设，共同促进能源数据要素流通。

3）能源大数据生态体系建设需要人才队伍培养

能源大数据生态体系建设需要具备跨学科的综合技能，包括数据科学、人工智能、能源工程等领域的专业知识，相关专业人才一直处于短缺状态，亟待通过建立专业的培训计划和合作项目，吸引和培养更多的数据科学家、工程师、业务和技术专家，提高整个行业的创新能力和竞争力。

3. 解决思路

1）加强能源大数据中心数字化基础设施建设

加强数字化基础设施建设，投资高效、安全、可扩展的数字化基础设施，包括云计算、大数据存储与处理能力的提升，以支持能源大数据中心的规模化和复杂性。推动新技术应用，鼓励采用前沿技术，如人工智能、物联网、区块链等，以提高数据分析和应用的智能水平，为能源生态体系建设提供更精准、可靠的支持。建设数字孪生平台，模拟和优化能源生产、传输、消费等全生命周期，帮助实现对能源大数据的全生命周期管理应用。

2）推动能源行业产业链协同发展提升生态体系协同效应

促进产业合作，建立跨行业、跨部门的合作机制，鼓励能源大数据中心与能源生产、储存、管理、消费等环节的企业建立合作关系，形成良好的产业链协同。培育生态合作伙伴，鼓励能源大数据中心与企业、创新科技公司建立战略合作伙伴关系，共同推动数字化创新和生态系统建设。

3）鼓励创新和投资并加强人才培养和合作

政府和行业应当鼓励创新，支持能源大数据中心生态体系内的新技术、新业务模式的发展。设立创新基金、提供优惠政策，吸引更多投资者参与，推动生态体系不断演进和升级，以适应快速变化的能源和科技环境。建立产学研用一体的人才培养机制，通过与大学、科研机构和企业的合作，培养具备交叉学科知识和实践经验的专业人才。推动企业与高校、科研机构的紧密合作，共同开展能源大数据领域的研究和创新项目，促进人才流动和知识共享。

第5章

CHAPTER 5

基于能源大数据的碳核算应用与分析方法

我国碳排放总量绝大部分来自能源活动和工业生产过程排放，能源活动碳排放约占我国碳排放的86.5%，能源数据与能源活动具有物理相关性，并且与碳排放核算密切相关，基于能源数据能准确计算能源生产、传输、消费等各个环节碳排放量，而碳排放核算又是“双碳”管理和分析应用的重要基础。本章主要介绍国内外碳排放核算体系以及碳排放核算方法，然后聚焦基于能源大数据的直接与间接碳排放核算方法。

5.1 国内外碳排放核算体系

5.1.1 国际碳排放核算体系

政府间气候变化专门委员会(Intergovernmental Panel on Climate Change，IPCC)是牵头评估气候变化的国际组织，它是由联合国环境规划署(United Nations Enviroment Programme,UNEP)和世界气象组织(World Meteorological Organization,WMO)于1988年建立的,旨在向世界提供当前气候变化及其潜在环境和社会经济影响的科学观点。20世纪90年代末,大多数国家的温室气体排放量只能粗略估计,不能准确测量,因此需要一个普遍认同、适用的测量方法,《IPCC国家温室气体清单指南》应运而生。该指南是IPCC为各国建立国家温室气体清单和减排履约提供的最新方法和规则,是迄今为止接受度最高、应用范围最广的国家层面温室气体排放清单指南。核算范围主要包括能源、工业过程和产品使用、农业林业和其他土地利用、废弃物以及其他5大分类、20个二级排放分类,在数据收集、方法学选择、不确定性、质量保证等方面进行了系统性指导,为《联合国气候变化框架公约》缔约国履行国际义务,依据本国国情开展清单编制提供了依据。《IPCC国家温室气体清单指南》根据核算方法的复杂程度与数据的可获取程度,将方法学分为3个层级,准确性和精度逐层提高。

欧盟、美国是国际上较早开展应对气候变化工作的地区或组织,在碳排放监测核算上积累了丰富的经验,欧洲环境署(European Environment Agency,EEA)及美国环境保护署(U. S. Environmental Protection Agency,EPA)已基于IPCC核算体系发布了符合自身情况的欧洲温室气体清单指南和美国温室气体清单指南。

EPA作为美国国家温室气体清单编制的领导组织,统筹建设了包含政府部门、学术机构、行业协会和环保组织等在内的合作团队。EPA编制的美国国家温室气体清单被认为“所提供的准确和完整的数据,能够在适当情况下向美国国内和国际气候变化政策提供执行依据和文本,并且通过参与联合国气候变化框架公约(United Nations Framework Convention on Climate Change,UNFCCC)和IPCC进程以及通过自身清单编制能力建设来国际化地改进温室气体清单”。美国国家温室气体清单在IPCC体系基础上形成6大分类(农业单独分类)、25个二级排放分类,主要使用结合AP-42《空气污染物排放系数汇编》的排放因子法,编制过程有成熟标准的组织模式、系数开发管理模式、数据质量管理模式和不确定管理模式。同时编制工作还得到先进的大气监测技术的支持,并建成了IPCC认可的统一碳排放数据库。清单披露周期为每年一次,数据滞后一年半左右。

EEA是欧盟下属机构,是提供有关环境的可靠独立信息,参与制定、采用、实施和评估环境政策的重要部门。欧盟于1990年通过并建立EEA的法规,1993年年底生效的EMEP/EEA排放清单指南(以前称为EMEPCORINAIR排放清单指南)为估算人为和自然排放源的排放提供了指导(IPCC只提供人为源排放评估方法),之后转换为气候公约秘书处所要求温室气体的IPCC格式。该指南将排放源整体分为自然源和人为源,在IPCC体系的基础上将农业单独分类,并纳入火山、林火等,形成6大分类、24个二级排放分类,成员国按国情基于IPCC选择方法,以排放因子法为主,该指南在数据收集方法、方法学选择、不确定性等方面进行了系统指导。清单每年更新一次,数据滞后一年半左右。

欧美现有碳排放核算体系较为完善,对于中国碳排放统计核算有一定参考借鉴意义,但并不完全适用。一是因为欧洲已结束了能源为主的高耗能高排放的重工业发展排放时代,取而代之的是以汽油为主的交通运输航空业碳排放,而中国正处于工业化升级转型阶段,煤炭燃烧产生碳排放在一段时间内仍占比很大;二是碳核算的具体过程虽然是客观的测量与计算,但其测量范围的划定及具体标准的制定,仍存在巨大的空间差异性,也带来了不确定性;三是中国各区域发展不一,碳排放差异明显,中国企业生产装备工艺更新改造、产能更新换代对实际碳排放总量的影响较大。中国为履行好《联合国气候变化框架公约》的国际义务,需要基于IPCC指南标准,借鉴发达国家的先进经验,结合自身国情编制适配性的方法体系。

5.1.2 中国碳排放核算体系

我国碳排放核算体系也遵循 IPCC 清单指南的整体框架，主要遵循《1996 年指南》、部分参考《2006 年指南》，结合国情制定了区域及行业的温室气体排放核算方法与指南。在区域层面，我国于 2011 年发布了《省级温室气体清单编制指南（试行）》，采用排放因子法，给出了能源活动、工业生产过程、农业、土地利用变化和林业、废弃物处理五大领域的温室气体排放核算方法。当前，31 个一级行政区均已完成 2005 年、2010 年、2012 年和 2014 年省级温室气体清单编制。在行业及企业层面，国家发展改革委组织制定了适用于全国范围的企业碳排放核算技术规范和指南，2013—2015 年先后发布 24 个行业的企业温室气体排放核算方法与报告指南（试行），涵盖发电、电网、钢铁、化工、电解铝、镁冶炼等重点行业。按照《巴黎协定》要求，发展中国家可以两年发布一次温室气体排放信息。我国于 2004 年首次发布 1994 年排放信息，后续又接连发布了 2005 年、2010 年、2012 年和 2014 年的国家温室气体排放信息。

开展省级温室气体清单编制既是提高国家温室气体清单质量的重要环节，也是编制省级应对气候变化规划或低碳发展规划的客观需要。我国编写《省级温室气体清单编制指南（试行）》，旨在加强省级清单编制的科学性、规范性和可操作性，为编制方法科学、数据透明、格式一致的省级温室气体清单提供有益指导。指南从能源活动、工业生产过程、农业、土地利用变化和林业、废弃物处理、不确定性、质量保证和质量控制七方面进行了指导说明。

1. 能源活动

能源生产和消费活动是我国温室气体的重要排放源。《省级温室气体清单编制指南(试行)》总体上遵循《IPCC 国家温室气体清单指南》的基本方法,指南第 1 章“能源活动”,一是针对化石燃料燃烧活动排放源、生物质燃料燃烧排放源、煤炭开采和矿后活动逃逸排放源以及石油和天然气系统逃逸排放源进行了界定;二是根据清单编制方法、活动水平数据及其来源和排放因子数据及其确定方法等三方面对化石燃料燃烧活动、煤炭开采和矿后活动逃逸排放以及石油和天然气系统逃逸排放进行了系统说明;三是详细规范了能源部门清单报告格式;四是对电力调入调出二氧化碳间接碳排放量核算方法进行了规范统一。

2. 工业生产过程

工业生产过程温室气体排放指的是工业生产中除能源活动温室气体排放之外的其他化学反应过程或物理变化过程的温室气体排放。《省级温室气体清单编制指南(试行)》第 2 章“工业生产过程”,一是根据清单编制方法、活动水平数据及其来源和排放因子数据等三方面对水泥、石灰、钢铁以及电石生产过程中二氧化碳排放,己二酸和硝酸生产过程中氧化亚氮排放,一氯二氟甲烷(HCFC-22)生产过程中三氟甲烷(HFC-23)排放以及铝、镁、电力设备、半导体、氢氟烃等五个工业生产过程中其他温室气体排放进行了系统说明,其他生产过程或其他温室气体暂不报告;二是详细规范了工业生产过程清单报告格式。

3. 农业

省级农业温室气体清单包括四部分:一是稻田甲烷排放;二是农用地氧化亚氮排放;三是动物肠道发酵甲烷排放;四是动物粪便管理甲烷和氧化亚氮排放。数据获得的途径优先次序:统计部门数据、行业部门数据、文献发表数据、专家咨询数据。《省级温室气体清单编制指南(试行)》第3章“农业”,一是针对稻田甲烷排放,从清单编制方法、排放因子确定方法、活动水平数据及相关参数以及排放量计算结果四方面进行系统说明;二是针对省级农用地氧化亚氮排放量,从清单编制方法、活动水平数据及来源、排放因子的确定方法以及排放量估算结果四方面进行系统说明;三是针对动物肠道发酵甲烷排放,从排放源界定、清单编制方法、活动水平数据及来源、排放因子确定方法及需要的数据以及排放量计算结果五方面进行系统说明;四是针对动物粪便管理甲烷和氧化亚氮排放,从甲烷排放、氧化亚氮排放以及温室气体排放量估算结果三方面进行系统说明;五是详细规范了农业部门温室气体清单报告格式。

4. 土地利用变化和林业

土地利用变化和林业温室气体清单,既包括温室气体的排放,也包括温室气体的吸收。在清单编制年份里,如果森林采伐或毁林的生物量损失超过森林生长的生物量增加,则表现为碳排放源,反之则表现为碳吸收汇。《省级温室气体清单编制指南(试行)》第4章“土地利用变化和林业”,一是对我国土地利用进行分类和定义;二是对省级土地利用变化和林业温室气体清单内容与范围进行了系统说明;三是针对森林和其他木质生物质生物量碳储量变化和森林转化温室气体排放,从清单编制方法、活动水平数据与确定方法以及排放因子与确定方法三方面进行系统说明;四是详细规范了土地利用变化和林业清单报告格式。

5. 废弃物处理

城市固体废弃物和生活污水及工业废水处理过程中,可以排放甲烷、二氧化碳和氧化亚氮气体,是温室气体的重要来源。《省级温室气体清单编制指南(试行)》第5章“废弃物处理”,一是对废弃物处理温室气体排放源进行界定；二是针对固体废弃物处理，从填埋处理甲烷排放和焚烧处理二氧化碳排放两方面进行系统说明；三是针对废水处理，从生活污水处理甲烷排放、工业废水处理甲烷排放以及废水处理氧化亚氮排放三方面进行系统说明；四是详细规范了废弃物处理清单报告格式。

6. 不确定性

不确定性分析是一个完整温室气体清单的基本组成之一。应确定清单中单个变量的不确定性；将单个变量的不确定性合并为清单的总不确定性，进一步识别清单不确定性的主要来源，以帮助确定清单数据收集和清单质量改进的优先顺序。同时还要认识到统计方面也可能会存在不确定性。《省级温室气体清单编制指南（试行）》第6章“不确定性”，一是对不确定性产生的原因和降低不确定性的方法进行系统说明；二是对量化和合并不确定性的方法进行系统说明。

7. 质量保证和质量控制

质量控制是一个常规技术活动，用于评估和保证温室气体清单质量，由清单编制人员执行。质量保证是一套规划好的评审规则系统，由未直接涉及清单编制过程的人员进行。在执行质量控制程序后，最好由独立的第三方对完成的清单进行评审。质量保证/质量控制过程和不确定性分析彼此间提供了有价值的反馈信息。清单估算和数据来源作为影响不确定水平和清单质量的关键部分，本身也是清单改进的工作重点。《省级温室气体清单编制指南（试行）》第7章“质量保证和质量控制”，一是对质量控制程序中一般质量控制程序和特定类别质量控制程序以及质量保证程序进行解释说明；二是对验证、归档、存档和报告四项工作进行规范指导。

值得注意的是，根据我国递交的国家温室气体清单显示，我国目前农业活动产生的二氧化碳暂不记录，土地利用变化和林业为碳汇过程，废弃物处理产生的二氧化碳小于全社会碳排放的1%。

目前，我国也基于IPCC清单指南发布了发电、电网、钢铁、化工、电解铝、镁冶炼、平板玻璃生产、水泥生产、陶瓷生产、民航、石油和天然气生产、石油化工、独立焦化、煤炭生产、造纸和纸制品生产企业、其他有色金属冶炼和压延加工业、电子设备制造、机械设备制造、矿山、食品、烟草及酒、饮料和精制茶、公共建筑运营、陆上交通运输、氟化工，以及工业其他行业等24个行业、企业温室气体排放核算方法与报告指南(试行)。

相关指南从适用范围、引用文件和参考文献、术语和定义、核算边界、核算方法、质量保证和文件存档以及报告内容和格式规范七方面对各行业温室气体排放进行了指导说明。对行业、企业碳排放核算有着非常重要的意义，具体排放源和核算方法与区域碳排放核算较为类似，针对不同行业的生产过程碳排放核算会根据企业实际的生产工艺进行细化，在此不再赘述。

5.2 碳排放核算方法

总体来看，国内外碳排放核算标准涉及的通用碳排放核算方法可分为三类，一类是实测法，通过测量仪器直接针对二氧化碳的浓度、流量等进行实时监测，包括宏观层面的卫星监测和微观层面的烟气排放连续监测；另一类是计算法，基于排放活动数据或物质平衡关系，间接计算出二氧化碳排放量，分为物料平衡法和排放因子法两种方法；另外随着大数据技术不断发展，依托机器学习等技术，挖掘碳排放与其他解释变量的关联关系从而构建回归分析方程的方法也逐渐兴起，本书称为大数据计算法。

5.2.1 卫星监测法

卫星监测法是依赖卫星监测技术，通过大气二氧化碳浓度观测溯源碳排放的方法，主要应用在宏观大气二氧化碳浓度监测领域，如图 5-1 所示。

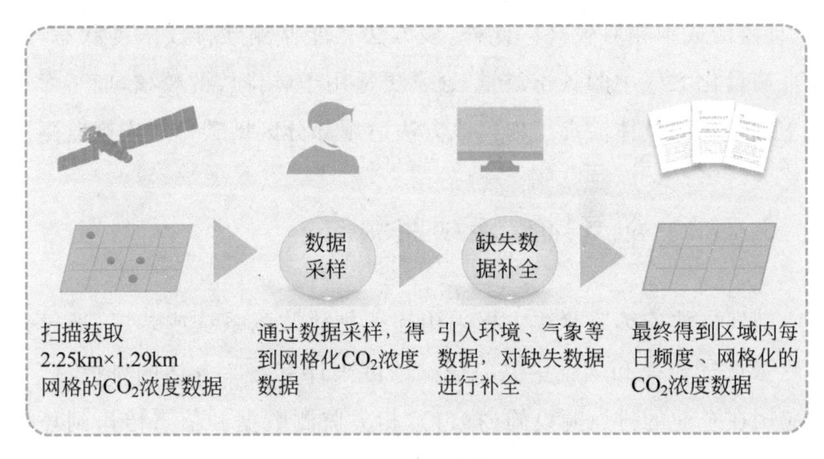

图 5-1　卫星监测法

卫星监测技术主要是运用了温室气体的太阳光反射，其遥感观测是基于光谱吸收特征，采用傅里叶变换红外光谱仪从干涉强度信号中提取光源辐射的发射光谱或物质的吸收光谱。卫星通过观测温室气体羽流吸收部分反射光谱的方式，完成对温室气体的监测工作。关键仪器为广角法布里-珀罗标准具，它由间隔几微米的 2 块反射板制成干涉仪。当光通过这个干涉仪时，不同波长的光会在不同的位置产生干涉，形成干涉图案。当太阳光穿过含温室气体的大气层时，红外光谱中某些波段的光波会被吸收，然后呈现出其特征光谱。卫星监测法的优点为：视野广阔，可以覆盖全球或大范围的区域，获取的信息量多，适合宏观温室气体的监测；瞬时成像，实时传输，快速处理，可以迅速获取信息和实时动态监测；受地面影响小，可以探测一些人力难以到达或受干扰的区域；可以使用多种波段或多种传感器，获取不同类型或不同层次的信息。

卫星监测法的缺点为：其空间分辨率较低，可能限制了对小范围或点源碳排放的精细监测；观测存在周期性，对瞬时变化或短期波动不够敏感；气象条件、地表反射和高碳排放负荷区域可能导致观测困难，且监测成本相对较高。此外，该方法只能监测碳排放浓度状态，难以直接量化大气中的碳排放量，通常更适用于碳排放的校核，而不太适用于碳排放的具体治理工作。该方法适用部分区域碳排放宏观监测。

5.2.2 烟气排放连续监测法

烟气排放连续监测法主要采用连续排放监测系统或装置，通过直接测量烟气流速和烟气中二氧化碳浓度来计算温室气体的排放量，主要应用在企业的排放源设施（排口），相关监测数据和信息传送到环保主管部门，以确保排放企业排放物浓度和排放总量达标，如图 5-2 所示。

彩图

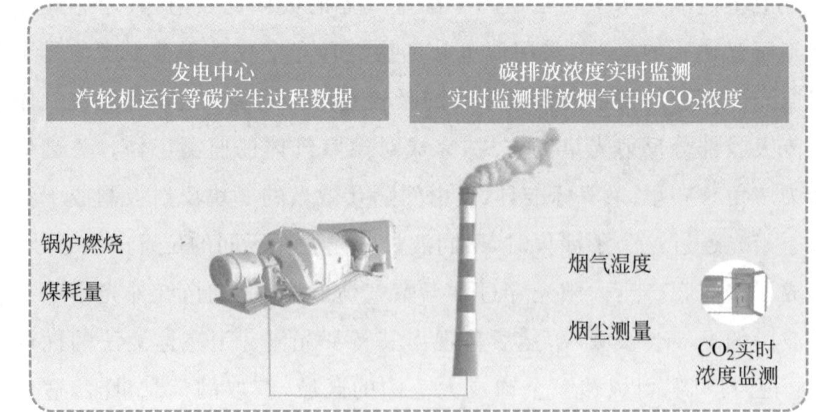

图 5-2 烟气排放连续监测法

针对气态污染物，监测系统共涉及3种方法，即直接测量法、稀释取样法和直接抽取法。直接抽取法，也称完全抽取法，适用范围广，一般来讲，只要气体分析仪本身的量程覆盖所测气体的测量范围，就可以采用直接抽取法。稀释取样法，即抽取少量烟气经过滤后，使用无污染的干燥空气，按照一定比例（如1∶100）稀释，使烟气达到常规空气状态下不结露，再用普通环境空气监测仪分析。直接测量法又称现场连续监测法，不抽取烟气，对烟气的污染物进行直接测量，在烟道两侧分别安装发射装置和接收装置，发射装置发出一束红外线或紫外线穿过烟道到达接收装置，利用烟道作为样品气室吸收特征光谱进行测量。该方法的优点是计量结果准确性高，且对仪器要求低；计量结果实时性强，且可使用多组分同时测量。

烟气排放连续监测法存在一定的局限性，主要是该系统或装置体积大，构成复杂，设备投资高，且不便于实现实验室的校准；工作环境恶劣，工作气体多为高尘、高温、高湿、易腐蚀，维修成本较高。且根据监控系统流程，任一环节发生故障均会导致测量数据异常，会使估算结果存在较大误差。该方法通常设计用于监测特定工业点源的碳排放，在宏观层面上难以涵盖广阔的区域。该方法适用于火力发电、化工等工业领域碳排放监测。

5.2.3　物料平衡法

物料平衡法是以物质守恒和转化定律为基础，对其化学反应过程进行物料平衡计算的方法，即输入的物料质量必定等于输出的物料质量。该方法既可以用于整个生产过程，也可以用于局部生产过程。物料平衡法可以系统地、全面地计算和研究碳排放，其计算方法为取一定时期内燃料的碳平均含量和灰烬中的碳平均含量，根据差值计算碳排放量。该方法一般程序为先通过质量基准、物料组合和未知量等来制作生产流程图，之后列出独立方程并校验方程数量与未知量是否一致，最后解方程组求出未知量。该方法主要应用于企业碳排放核算，其优点是微观层面计算更加准确，可以有效针对生产过程碳排放进行系统、全面地分析。

该方法的缺点主要体现在应用范围有限，难以应用于宏观层面的碳排放核算，计算结果受限于收集数据的设备，准确性难以保障。碳排放核算时计算过程复杂，数据要求高，数据需求多，工作量大，需要投入的人力成本高，需要详细了解工业生产过程数据以及生产工艺等情况。且针对具体环节和工艺的能源消耗和含碳量数据测量困难，测量成本高，限制了物料平衡法的使用。该方法适用于数据基础较好的企业，具体公式见式(5-1)

$$E=\sum_{i\in N}(Q_i\times C_i)-\sum_{j\in M}(Q_j\times C_j)\times\frac{44}{12} \tag{5-1}$$

式中，N 为能源种类集合；M 为燃烧输出产品和燃烧剩余物集合；Q_i 为第 i 种能源的消耗量；C_i 为第 i 种能源的含碳量；Q_j 为第 j 种输出产品和燃烧剩余物的产生量；C_j 第 j 种输出产品和燃烧剩余物的含碳量；44/12 是 C 转换成 CO_2 的转换系数(即 CO_2/C 的相对原子质量)。

5.2.4 排放因子法

排放因子法是 IPCC 提出的一种碳排放核算方法。原理是依照《IPCC 国家温室气体清单》，针对每一种排放源的活动数据与排放因子，以活动数据和排放因子的乘积作为碳排放量。主要应用在国家、区域、行业等不同维度对象碳排放核算。排放因子数值可以通过 IPCC、EPA、EEA 等权威机构获得。排放因子法的一般程序为先确定目标的系统流程，之后通过调研、分析和整理资料来收集目标活动水平数据，然后基于前两步工作进行清单数据分析，再根据清单分析结果标定碳排放因子数据，最后对碳排放因子核算结果进行质量控制。针对能源活动、工业生产过程等每种排放源将活动水平数据乘以排放因子得到碳排放量，如图5-3所示。该方法的优点在于原理简单易于理解、应用范围广、成本低、有成熟的官方数据作为计算输入。

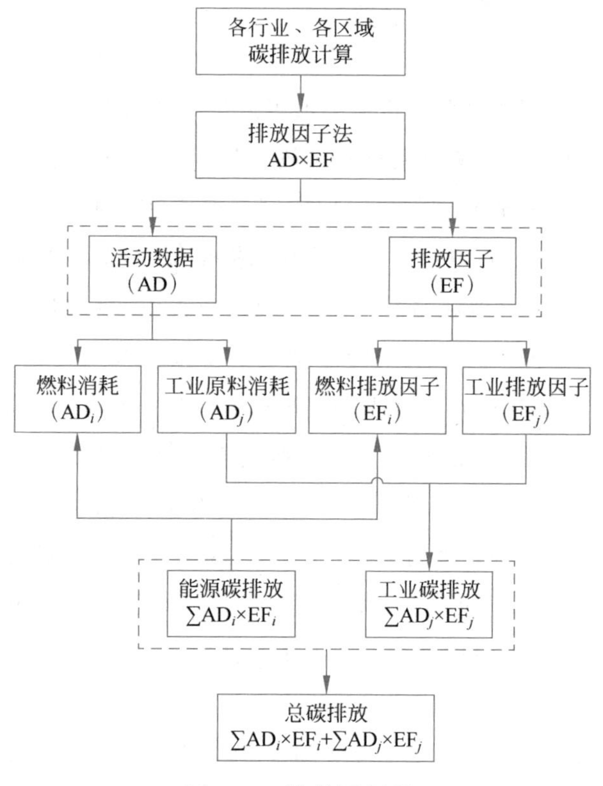

图5-3　排放因子法

该方法存在一定的局限性，主要体现在依赖大量统计数据，导致其时效性和分辨率不高，且受其他因素影响导致不确定性较大。计算时活动水平数据获取的准确度和精度会影响碳排放核算的精度。且由于能源类型、燃烧设备、燃烧技术、制作工艺等差异，采用缺省值或区域平均水平排放因子可能导致碳排放核算结果与实际情况存在偏差。因此该方法适用于排放源较为稳定的宏观及中观层面碳排放计算。

5.2.5 大数据计算法

大数据计算法是基于机器学习等人工智能方法或计量经济学等统计方法，通过算法模型构建碳排放与其他变量的关联关系，利用分析模型计算碳排放数据。目前比较主流的方法是 DMSP/OLS(美国国防气象卫星计划/卫星运行的线性扫描系统)夜间灯光数据分析法和 NPP/VIIRS(对地观测卫星/红外辐射成像仪)夜间灯光数据分析法。郭忻怡等基于国家温室气体排放清单指南提出的核算方法，利用 DMSP/OLS 夜间灯光数据和美国国家极轨卫星数据，构建了碳排放空间回归模型，对原煤、原油、天然气等 9 种能源消费的碳排放量进行了测算。张永年等基于 DMSP/OLS 夜间灯光数据，通过 Theil-Sen Median 趋势分析法与 Mann-Kendall 检验法构建了碳排放拟合模型，对我国 14 年间能源碳排放量进行了预估分析。许燕燕等基于我国 DMSP/OLS 夜间灯光数据和能源统计数据，对成渝地区碳排放进行了研究。以 DMSP/OLS 夜间灯光数据分析碳排放时空动态为例。先对夜晚灯光数据和碳排放数据进行多重检验，之后输入面板数据模型得到碳排放估计值，再通过碳排放统计数据与估计值进行验证，最后得到碳排放的时空动态。瞿植等基于 DMSP-OLS 与 NPP-VIIRS 夜间灯光数据，通过构建转换模型，将能源消费碳排放量分配到像元尺度，并进行时空变化分析。对比普通最小二乘法(Ordinary

Least Squares，OLS）模型、地理加权回归（Geographically Weighted Regression，GWR）模型计算能源消费碳排放对景观生态指数、遥感生态指数（Risk Screening Enviromental Indicators，RSEI），以及代表性的生态系统服务功能的影响，以探测能源消费碳排放的生态效应。关伟等对东北三省碳排放的演变趋势进行了动态分析，基于DMSP/OLS夜间灯光数据，构建东北三省的碳排放模型，从栅格级、市级及县级模拟分析1994—2013年碳排放的时空演变特征，其详细流程见图5-4。该方法，优势在于可以让各种数据相互之间建立数学关联，之后可以根据其他维度数据与目标数据的映射关系，用质量更高、时效性更好的数据来替换原本的输入数据，且数据规模越大，数据集越复杂，分析效果越好。

但大数据计算法也存在局限性，通常大数据计算法输入的特征数据没有物理层面的实际含义，导致结果的可解释性较差。除此之外，相关模型在训练过程中需要足够的样本空间容量，如果训练数据量不足，模型可能无法捕捉到数据的变化趋势，从而影响它在新数据上的泛化能力和准确性。此外，模型可能无法捕捉到数据中的潜在结构或特征，从而影响它对问题的全面理解和分析能力。该方法多应用于宏观和中观层面的碳排放核算。

将上述五种主流碳排放核算方法从优势、局限性和适用尺度三方面进行了归纳总结，详情见表5-1。其中卫星监测法、烟气排放连续监测法和物料平衡法适用于企业和产品的微观层面核算，对分地区、分行业的宏观层面核算并不适用。排放因子法虽适用于分地区、分行业碳排放核算，但容易受到其他因素影响导致不确定性较大。而大数据计算法不仅适用于分地区、分行业碳排放核算，还可以多维度、高频次地进行分析，且更容易和统计学相关算法模型结合，可以更好地推广应用。

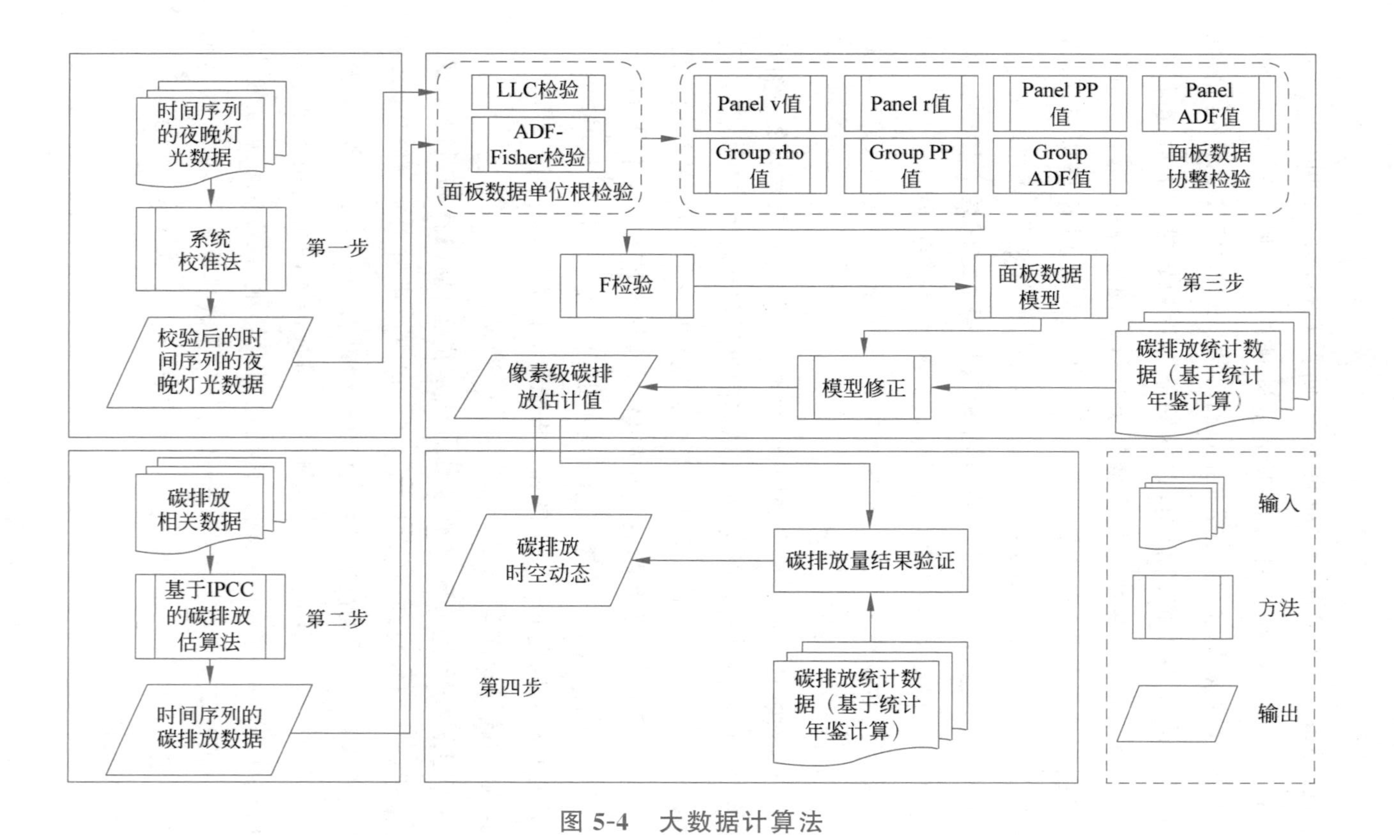
时间序列的夜晚灯光数据
系统校准法
第一步
校验后的时间序列的夜晚灯光数据
碳排放相关数据
基于IPCC的碳排放估算法
第二步
时间序列的碳排放数据
LLC检验
ADF-Fisher检验
面板数据单位根检验
Panel v值
Panel r值
Panel PP值
Panel ADF值
Group rho值
Group PP值
Group ADF值
面板数据协整检验
F检验
面板数据模型
第三步
碳排放统计数据（基于统计年鉴计算）
像素级碳排放估计值
模型修正
碳排放时空动态
碳排放量结果验证
第四步
碳排放统计数据（基于统计年鉴计算）
输入
方法
输出

图 5-4　大数据计算法

表 5-1 碳排放核算方法比较

方 法	优 势	局 限 性	适用尺度
卫星监测法	监测范围广；实时传输；受地面影响小；获得信息较多	空间分辨率较低、观测存在周期性、监测成本相对较高、不太适用于碳排放的具体治理工作	宏观
烟气排放连续监测法	计量结果准确性高；对仪器要求低；计量结果实时性强；可使用多组分同时测量	设备投资高、不便于实现实验室的校准、维修成本较高、估算结果存在较大误差、难以涵盖广阔的区域	微观
物料平衡法	微观层面计算更加准确；可以有效针对生产过程碳排放进行系统、全面的分析	难以应用于宏观碳排放核算，受限于收集数据的设备；计算过程复杂，数据要求高，人力成本大，测量成本高	中观、微观
碳排放因子法	原理简单易于理解、应用范围广、成本低；有成熟的官方数据做支撑	依赖大量的统计数据；受其他因素影响导致不确定性较大，且时效性和分辨率不高	宏观、中观、微观
大数据计算法	数据是实时数据，质量高且统计口径一致；可以进行多维度、高频次的分析	结果的可解释性较差；需要足够的样本空间容量，否则容易影响泛化能力和准确性	宏观、中观

5.3 基于能源大数据的直接碳排放核算方法

能源数据是碳排放核算核心的活动水平数据，但目前全量能源数据采集获取的时效性还存在不足，快速准确的碳排放核算需要具有更高时效性、分辨率、准确性的数据进行支撑。电力数据作为一种能源数据，和煤、油、气等其他数据关联性强，且电力行业良好的信息化基础，保证了电力数据在时效性、准确性等方面具有显著优势。因此构建电力数据与能源消费、产品产量的回归分析模型，实现能源活动和工业生产过程等活动水平月度数据的快速计算，并与碳排放因子结合计算碳排放量，是一条结合大数据计算法和排放因子法切实可行的技术路线。

5.3.1 理论框架

将大数据分析技术与机器算法模型相结合来计算碳排放具有充分的研究基础和良好的应用前景。本章在 IPCC 碳核算指南的基础上，结合机器学习算法，建立基于能源大数据的碳排放核算方法学体系，并对电力数据及其他碳排放相关数据进行数据清洗、数据填补、数据平滑降噪等预处理工作。随后分解碳排放关键驱动因素，加以训练构建回归分析模型，并与国内外权威数据库进行对比验证，不断调优参数、更新模型，如图 5-5 所示。

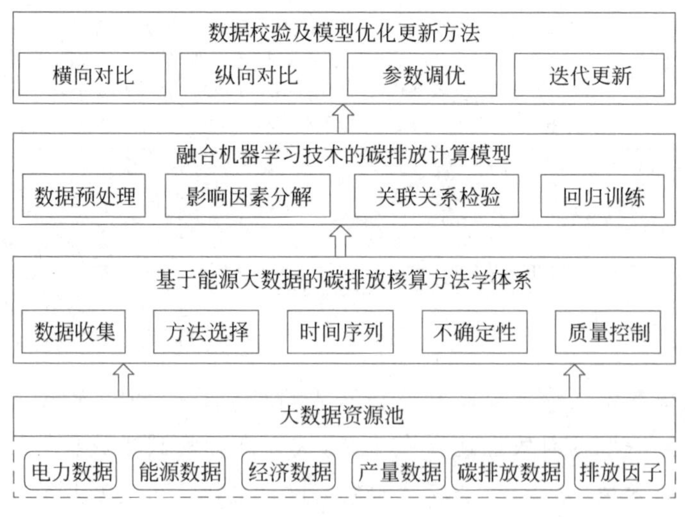

图 5-5 基于能源大数据的碳排放核算理论框架

5.3.2 方法体系

由于能源大数据碳排放核算方法采用充分结合大数据计算法及排放因子法的技术路线，因此在开展计算时需要遵循碳排放核算指南及有关标准，本章介绍的能源大数据碳排放核算方法在IPCC碳排放核算体系基础上进行了继承和扩充，并引入机器学习、大数据分析等技术，在方法选择和时间序列上进行了创新，形成了能源大数据碳排放核算方法学。

1. 数据收集

IPCC碳排放核算方法学中数据收集步骤主要运用数据库系统理论，使用数据库采集、系统日志采集等方法收集现有数据、生成新数据和调整数据库清单。IPCC碳排放核算方法学的数据来源包括：国家统计机构、部门专家及利益相关组织、其他国际国内专家、IPCC排放因子数据库、出版统计资料的国际组织（如联合国、欧盟统计局或国际能源署、经济合作与发展组织、国际货币基金组织）、环境类著作、期刊和报告中的科技论文、《联合国气候变化框架公约》缔约国提交的国家清单报告等。

能源大数据碳排放核算方法学的数据收集在IPCC碳排放核算方法学原有理论和方法的基础上进行了扩充，主要引入了基于网络理论的Web数据挖掘法。Web数据挖掘是一项结合了数据处理、信息处理、可视化、数理统计等领域的综合技术，可以对Web数据资源中未知且有潜在应用价值的信息进行提取。能源大数据碳排放核算方法学应用Web数据挖掘技术收集外部公开数据集。

2. 方法选择

IPCC方法学主要分三类：排放清单、剩余源和吸收源。排放清单是指用于收集和记录温室气体排放信息的工具。能源大数据碳排放核算方法学选择的方法是在IPCC碳排放核算方法学原有理论和方法的基础上进行了创新,具体包括运用机器学习理论、统计学、计量经济学、大数据分析等理论的基于传统拟合回归的线性回归(Linear Regression,LR)模型、基于时间序列的自回归分布滞后(Auto-Regressive Distributed Lagged,ARDL)模型、基于深度学习的人工神经网络(Artificial Neural Network,ANN)模型、基于机器学习的梯度提升迭代决策树(Gradient Boosting Decision Tree,GBDT)模型。能源大数据碳排放核算方法学应用这些方法对能源活动和工业产品产量进行测算。

1）LR模型

LR模型是利用数理统计中的回归分析,来确定两种或两种以上变量间相互依赖的定量关系的一种统计分析方法。若两个或者多个变量之间存在“线性关系”,则可以通过历史数据,厘清变量之间的联系,建立一个有效的模型,通过一个或多个自变量来预测因变量结果,其数学表达式可描述为

$$y=\beta_0+\beta_1 x_1+\beta_2 x_2+\cdots+\beta_p x_p+\varepsilon \tag{5-2}$$

式中,p为样本个数；x_i是第i个样本；β为系数；y为因变量；ε为随机误差项。

2）ARDL模型

ARDL模型是一种较新的协整检验模型,更加适用于小样本集的模型训练,可解释性强。ARDL模型使用因变量的滞后项和自变量的当期及滞后项进行构建,直接估计出变量间的长期效应和短期的平衡关系,其数学表达可描述为

$$y_t=c_0+c_1 t+\sum_{i=1}^{p}\phi_i y_{t-1}+\sum_{i=1}^{q}\beta'_i X_{t-i}+u_t \tag{5-3}$$

式中,$p\geqslant 1,q\geqslant 0,X_{t-i}$为自变量；$y_t$与$y_{t-1}$为因变量；$u_t$为误差项；$\beta'_i$为对应自变量的系数；$\phi_i$表示对应因变量滞后项的系数；$t$表

示因变量 y_t 取值的时间。该模型包含了自回归和分布滞后两种模型，因此同时考虑了序列相关性和动态影响。

3）ANN 模型

深度学习是一种通过简单模型的逐层堆叠获取高层非线性特征的深度神经网络方法，它的基本特点是试图模仿人类大脑神经元之间传递和处理信息的模式。目前应用比较广泛的人工神经网络方法有反向传播(Back Propagation，BP)神经网络、Hopfield 神经网络、Kohonen 神经网络等。ANN 模型是对人类神经活动的一种模拟，其结构由多个人工神经元相互连接生成，包含 3 部分：输入、激活函数与输出。其中，输入一般为一个 n 维的向量，输出可表示为

$$\boldsymbol{N}_{\text{out}} = f(w\boldsymbol{N}_{\text{in}} + b) \tag{5-4}$$

式中，$\boldsymbol{N}_{\text{in}}$ 表示人工神经元的输入；w 与 b 分别为人工神经元的连接权重与偏置；f 为该神经元的激活函数，当该人工神经元接收外来输入，经处理大于阈值后会进行响应并输出。

4）GBDT 模型

GBDT 模型是通过采用加法模型(即基函数的线性组合)，以及不断减小训练过程产生的残差来达到将数据分类或者回归的方法。GBDT 模型可对多个弱分类器进行不断迭代，形成一个强分类器。GBDT 模型的基础为决策树，通过计算负梯度值不断地对模型进行迭代，形成多个决策树的级联，使残差变化不断减小，从而提升模型的计算速度与准确率。GBDT 模型通过梯度提升方法实现多个决策树的集成，从而解决过拟合的问题，有效提高了训练速度。GBDT 模型可以表示为决策树的加法模型，即映射 $F(x)$若干分类器组成，其表达式如下：

$$F(x,P) = \sum_{m=0}^{M} \beta_m h(x,a_m) \tag{5-5}$$

式中，P 为回归数的参数，其表达式为 $F(x,P) = \{\beta_m, a_m\}_0^M$；$x$ 为输入样本；a_m 为第 m 棵树的参数；β_m 为第 m 棵树的权重；函数 $h(x, a_m)$表示具有参数 a_m 和 x 的决策树；M 表示决策树的数量。

3. 时间序列

能源大数据碳排放核算方法学的时间序列在 IPCC 碳排放核算方法学原有理论和方法的基础上进行了创新，具体包括运用机器学习理论、统计学、计量经济学、大数据分析等理论的差分整合移动平均自回归模型（Autoregressive Integrated Moving Average Model，ARIMA 模型）、季节性差分自回归滑动平均（Seasonal Autoregressive Integrated Moving Average，SARIMA）模型、遗传算法（Genetic Algorithm，GA）、蚁群优化（Ant Colony Optimization，ACO）算法、粒子群优化（Particle Swarm Optimization，PSO）算法、二次规划（Quadratic Programming，QP）算法等方法。能源大数据碳排放核算方法学应用 ARIMA 模型、SARIMA 模型等时间序列预测算法对时序数据进行填补，应用 QP 算法、GA 算法、ACO 算法、PSO 算法等对年度数据进行月度拆分。

1）ARIMA 模型

ARIMA 模型又称整合移动平均自回归模型（移动也可称作滑动），是时间序列预测分析方法之一。ARIMA(p,d,q)中，AR 是“自回归”，p 为自回归项数，MA 为“滑动平均”，q 为滑动平均项数，d 为使之成为平稳序列所做的差分次数（阶数）。ARIMA(p,d,q)模型是 ARMA(p,q)模型的扩展。ARIMA(p,d,q)模型可以表示为

$$\Phi(B)(1-B)^d y_t=\theta(B)\varepsilon_t \tag{5-6}$$

式中，B 是延迟算子（Lag Operator）。

2）SARIMA 模型

SARIMA 模型是基于 ARIMA 模型的扩展，也是时间序列预测分析方法之一。SARIMA 模型在 ARIMA(p,d,q)模型基础上又增加了 3 个超参数(P,D,Q)，以及一个额外的季节性周期参数 s。SARIMA(p,d,q)(P,D,Q,s)总共 7 个参数，可以分成 2 类，3 个非季节参数(p,d,q)和 4 个季节参数(P,D,Q,s)。SARIMA 模型的一般形式为

$$\phi(B)\Phi(B^S)(1-B)^d(1-B^S)^D y_t=c+\theta(B)\Theta(B) \tag{5-7}$$

式中，S 和 D 分别表示季节周期的长度和季节差分的阶数；B^S 表示季节后移算子。

3）GA 算法

GA 算法是一种通过模拟自然进化过程搜索最优解的方法，将染色体的一些性质如“选择、交叉、变异”用在了求解过程中，其原理可概述为：概率性保留当前解，或者对当前解进行交叉和变异处理，更新为新的解，然后用一个评价函数（适应度）评价解的好坏，进而确定这些解在下一代解中出现的概率，往复迭代，直到满足终止条件。

4）ACO 算法

ACO 算法是一种用来寻找优化路径的概率型算法。其灵感来源于蚂蚁在寻找食物过程中发现路径的行为。基本思路为：用蚂蚁的行走路径表示待优化问题的可行解，整个蚂蚁群体的所有路径构成待优化问题的解空间。路径较短的蚂蚁释放的信息素量较多，随着时间的推进，较短路径上累积的信息素浓度逐渐增高，选择该路径的蚂蚁个数也越来越多。最终，整个蚂蚁群体会在正反馈的作用下集中到最佳的路径上，此时对应的便是待优化问题的最优解。

5）PSO 算法

PSO 算法是一种进化计算技术，源于对鸟群捕食的行为研究。该算法最初是受到飞鸟集群活动的规律性启发，进而利用群体智能建立的一个简化模型。PSO 算法在对动物集群活动行为观察基础上，利用群体中的个体对信息的共享使整个群体的运动在问题求解空间中产生从无序到有序的演化过程，从而获得最优解。PSO 算法的基本思想是通过群体中个体之间的协作和信息共享来寻找最优解。

6）QP 算法

QP 算法的对象是现代控制理论中以状态空间形式给出的线性系统，而目标函数为对象状态和控制输入的二次型函数，其数学表达式可通常描述为

$$y_{m,r} = \underset{y_{t,r}}{\operatorname{argmin}}\{(x_{m,r} - y_{m,r})^{\mathrm{T}}\mathbf{A}(x_{t,r} - y_{m,r})\} \tag{5-8}$$

式中，$x_{t,r}$ 以及 $x_{m,r}$ 为待优化变量；$y_{t,r}$ 以及 $y_{m,r}$ 为因变量；$\mathbf{A}$ 为约束矩阵。

4. 不确定性

IPCC 碳排放核算方法学在不确定性过程中运用概率论和统计学等理论，使用误差传播、蒙特卡洛模拟等方法，为估算报告与年排放、清除量、排放和清除随时间变化的趋势有关的不确定性提供指导。

1）误差传播

误差传播用来估算整个清单中和关注年份与基年趋势中单个类别的不确定性。其通过使用误差传播公式来计算源类别的不确定性，具体分为两类，一是由于今年和关注年份的某一特定源类别和气体的排放增加引起的不确定性；二是由于关注年份的某一特定源类别和气体排放增加引起的不确定性。通过源类别不确定性的简单合并从而估算出一年中总体的不确定性以及趋势的不确定性。

2）蒙特卡洛模拟

蒙特卡洛模拟适用于详细的分类不确定性估算，尤其是不确定性大、分布非正态的情况。蒙特卡洛模拟的主要理论基础是概率统计理论，主要手段是随机抽样、统计试验。它的基本思想是：为了求解问题，首先建立一个概率模型或随机过程，使它的参数或数字特征等于问题的解，然后通过对模型或过程的观察或抽样试验来计算这些参数或数字特征，最后给出所求解的近似值，解的精确度用估计值的标准误差来表示。

能源大数据碳排放核算方法学的不确定性估算继承了 IPCC 碳排放核算方法学原有理论和方法。

5. 质量控制

IPCC 碳排放核算方法学在时间序列步骤中运用统计学和管理学等理论，使用质量保证（Quality Assurance，QA）/质量控制（Quality Control，QC）、验证活动等方法提高国家温室气体清单的透明性、一致性、可比较性及准确性。

QA/QC与验证活动应该是清单编制过程中的重要组成部分。QA/QC与验证的结果可能会引起对清单或类别不确定性估算的重新评估，以及排放或清除估算的后续改进。例如，QA/QC的结果可能会指出应该成为改进工作重点的某个类别估算方法学中的特定变量。

QC是一个常规技术活动系统，用于在编制清单时评估和保持质量。它由清单编制人员执行。QC系统旨在：

(1) 提供定期和一致检验来确保数据的内在一致性、正确性和完整性；

(2) 确认和解决误差及疏漏问题；

(3) 将清单材料归档并存档，记录所有QC活动。

QC活动包括一般方法，如对数据采集和计算进行准确性检验，对排放和清除计算、测量、估算不确定性、信息存档和报告等使用业已批准的标准化规则。QC活动还包括对类别、活动平均数据、排放因子、其他估算参数及方法的技术评审。

QA是一套规划好的评审规则系统，由未直接涉足清单编制/制定过程的人员进行评审。评审确认可测量目标已实现，确保清单代表了在目前科学知识水平和数据获取情况下排放和清除的最佳估算，而且支持QC计划的有效性。

能源大数据碳排放核算方法学的QC在IPCC碳排放核算方法学原有理论和方法的基础上进行了扩充，具体包括运用偏差分析理论的智能偏差分析等方法。

5.3.3 技术路线

基于能源大数据碳排放核算方法学，结合电力大数据，本章探索构建了能源大数据碳排放核算模型，包括两大步骤：一是以电算能(产量)，将历史电量、GDP等数据与能源活动、工业产量数据进行训练，构建分析模型，通过当月电力等数据计算出当月能源活动和工业产量数据；二是以能（产量）算碳，将能源活动和工业产量数据乘以相关碳排放因子得到当月碳排放量，如图 5-6 所示。

1. 以电算能（产量）

以电算能（产量）是模型的主要部分，包括两个步骤。步骤一，回归分析计算，使用电力等数据回归分析计算能源活动及工业生产过程产量数据；步骤二，频度转换，将年度数据拆分到月度，如图 5-7 所示。

1）步骤一：回归分析

回归分析计算，主要是利用输入和输出量之间的关联关系，选用基于时间序列的 ARDL 模型进行计算、预测未来趋势，是整体模型的核心。是将历史电量、GDP 等数据与能源活动、工业产量数据进行训练，构建回归分析计算模型。

2）步骤二：频度转换

由步骤一计算出来的能源活动和工业生产过程产量数据是年度数据，需要通过步骤二将年度的低频数据转换为月度的高频数据。通过二次规划算法，将能源活动、工业生产过程产量与用电量数据之间的抽象距离作为目标函数，求取每月的能源活动和工业生产过程产量数据，使目标函数取最小值（即抽象距离最短），如图 5-8 所示，以能源消耗数据为例，通过二次规划算法，实现年度能源消耗数据拆分为月度能源消耗数据，其变化趋势和月度电量的变化趋势相吻合。

2. 以能（产量）算碳

以能（产量）算碳是将以电算能（产量）输出的能源消费和产品产量数据，乘以对应的碳排放因子得到碳排放量。碳排放因子包括《省级温室气体清单编制指南（试行）》《企业温室气体排放核算方法与报告指南（试行）》等定义的通用因子，见图 5-9。

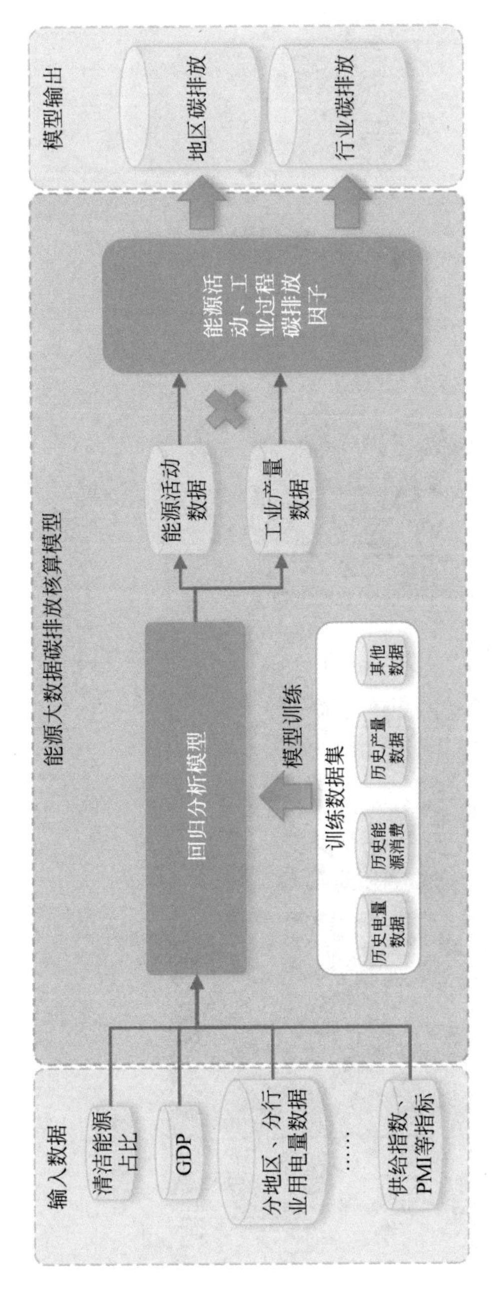

图 5-6 “能源大数据碳排放核算模型”技术路线

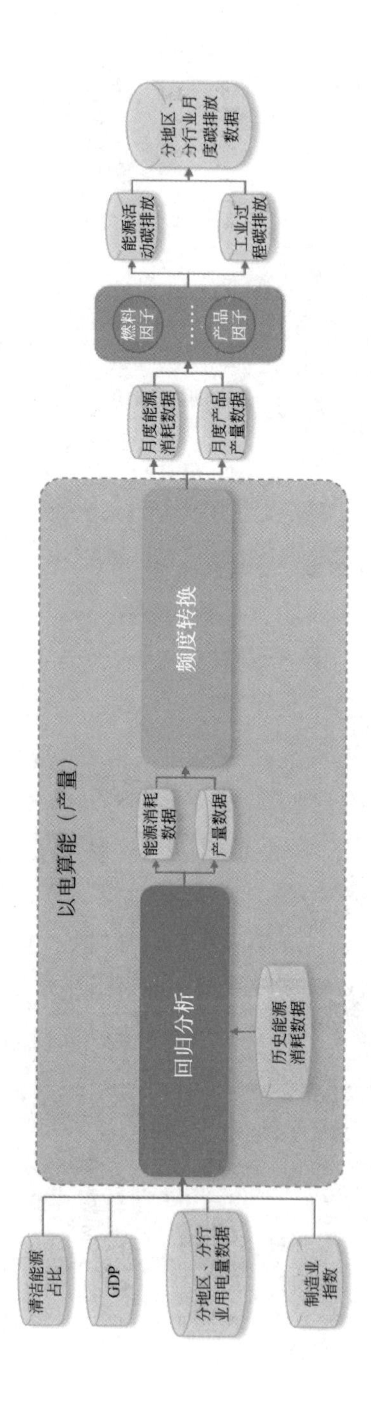

图 5-7　以电算能（产量）架构

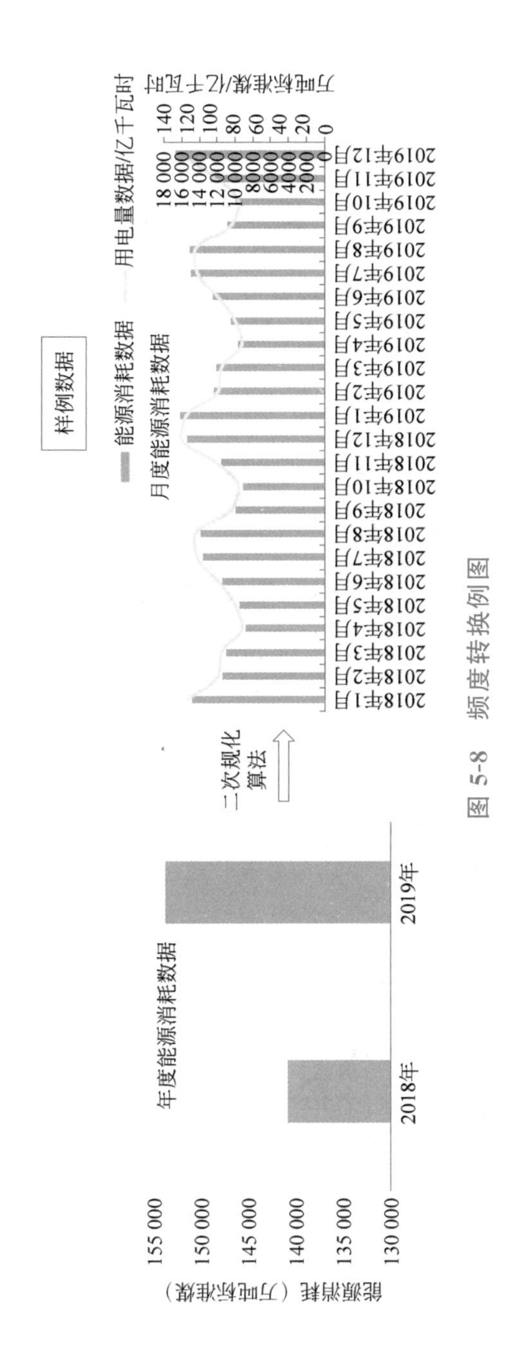
能源消耗（万吨标准煤）
155 000
150 000
145 000
140 000
135 000
130 000
年度能源消耗数据
2018年
2019年
二次规化算法
样例数据
能源消耗数据
用电量数据/亿千瓦时
月度能源消耗数据
万吨标准煤/亿千瓦时
18 000
16 000
14 000
12 000
10 000
8000
6000
4000
2000
0
140
120
100
80
60
40
20
0
2018年1月
2018年2月
2018年3月
2018年4月
2018年5月
2018年6月
2018年7月
2018年8月
2018年9月
2018年10月
2018年11月
2018年12月
2019年1月
2019年2月
2019年3月
2019年4月
2019年5月
2019年6月
2019年7月
2019年8月
2019年9月
2019年10月
2019年11月
2019年12月

图 5-8 频度转换例图

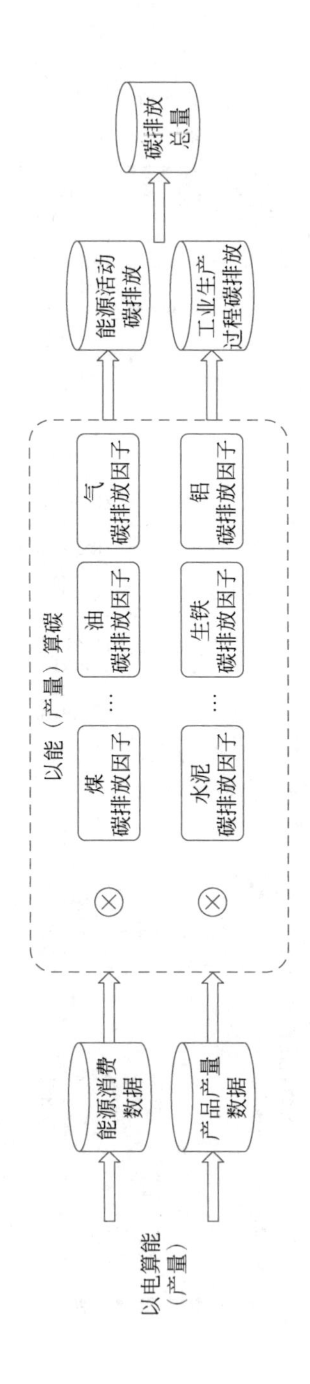

图 5-9　以能（产量）算碳架构

5.4 基于能源大数据的间接碳排放核算方法

根据国际通用做法，电力碳排放核算需要获得电力碳排放因子。目前各国碳排放因子的选取主要参考《IPCC 国家温室气体清单指南》，对于全国电力碳排放因子，我国迄今共发布过三次，其中在 2017 年国家发展改革委首次公布全国电网碳排放因子，随后生态环境部分别于 2022 年和 2023 年更新了全国电网平均碳排放因子值。对于区域电网碳排放因子，目前处于长时间的停滞状态，国家发展改革委于 2013 年和 2014 年分别发布了 2010 年区域碳排放因子和 2013 年及 2014 年区域碳排放因子，在此之后已有近 10 年未更新。区域电力碳排放因子的更新缺乏时效性，导致已有电力碳排放因子计算结果不够精细，在计算空间维度方面，分时分区的计算颗粒度不够，地理尺度上计算覆盖区域大、计算缺乏时效性，未考虑可再生能源发电类型和数量在不同区域的发展差异；在计算时间维度方面，计算时长一年内只有一个时段，未考虑可再生能源发电的时变特性等问题。当前针对碳排放强度的应用方式单一，难以直观反映电力碳排放强度的时空演化特征。

为了实现电力碳排放准确计量，急需开展电碳关联分析，研究能反映绿色属性的电力碳排放因子计算方法，提升电力碳排放因子的时空分辨率，获得动态电力碳排放因子。

本节提出动态电力碳排因子计算方法，从电碳耦合的理论框架进行介绍，对电网节点和分区域动态电力碳排放因子计算原理进行详细说明，并给出应用领域。

5.4.1 理论框架

电力碳排放因子计算方法针对两类主体，一类是节点，另一类是区域。通常电力碳排放因子也可以称为电力碳强度，对节点与区域又分别衍生出发电侧、用电侧等不同角度的电力碳强度计算方法，最终聚合并等效为节点电力碳强度的碳量平衡计算方程与区域电力碳强度计算方法。对于区域电力碳强度计算方法，本书提出了考虑特高压绿电输送的区域电力碳强度计算方法，以及区域电网与省间分层联合的电力碳强度计算方法，如图 5-10 所示。

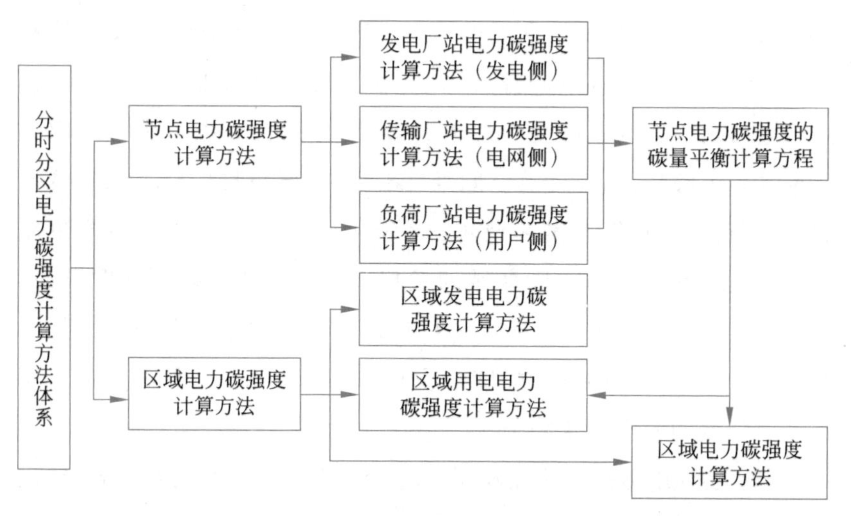

图 5-10 动态电力碳排放因子计算理论框架

5.4.2 节点电力碳强度计算方法

变电站作为电能生产、传输与消费的基本单元，也是电力碳强度计算的基本单元。变电站可分为发电厂站、传输厂站和负荷厂站，各类型节点碳强度计算方式也有所不同。

1. 发电厂站节点

定义变电站电力碳强度(Substation Carbon Intensity of Electricity, SCIE),用来表示在该厂站消耗单位电量时,在发电侧所对应产生的碳排放量,其量纲为 $kgCO_2/(kW \cdot h)$,或者吨 $CO_2/(MW \cdot h)$。

对于发电厂站 k,其 SCIE 等于发电厂的发电碳强度,对于一个连接多台发电机组的发电厂站,其碳排放量和电力碳强度分别为

$$F_{k,t} = \sum_{k \in G_k} G_{k,t} \cdot e_k \tag{5-9}$$

$$\text{SCIE}_{k,t} = \frac{\sum_{k \in G_k} G_{k,t} \cdot e_k}{\sum_{k \in G_k} G_{k,t}} \tag{5-10}$$

式中,$F_{k,t}$ 为发电厂站 k 在时段 t 的总碳排放量;$G_{k,t}$ 为发电机组 k 扣除厂站用电后,在时段 t 的总发电量;e_k 为发电机组 k 的碳排放因子。

2. 传输厂站节点碳输入量与电力碳强度

线路作为变电站之间传输电能的载体,在传输电能的同时,也传输对应的碳量。定义线路(i,j)的始端和终端有功潮流、线损分别用 $P_{i,j}$,$P_{j,i}$,ΔL_{ij} 表示,变电站 i 的电力碳强度用 SCIE_i 表示,则有如下的线路碳量平衡方程:

$$P_{i,j,t} \cdot \text{SCIE}_{i,t} = -P_{(j,i),t} \cdot \text{SCIE}_{i,t} + \Delta L_{(i,j),t} \cdot \text{SCIE}_{i,t} \tag{5-11}$$

式中,$P_{i,j,t} \cdot \text{SCIE}_{i,t}$ 为从变电站 i 在线路(i,j)的始端流入的碳量;$P_{(j,i),t} \cdot \text{SCIE}_{i,t}$ 为从变电站 i 在线路(i,j)的终端流入变电站 j 的碳量;$\Delta L_{(i,j),t} \cdot \text{SCIE}_{i,t}$ 为与线路(i,j)的线损所对应的碳量。

对于传输厂站 k，其输入的总碳量等于与其相连的输入线路碳量之和，其 SCIE 等于其总输入碳量除以其总输入有功功率，或者总输出有功功率：

$$F_{k,t}=\sum_{i\in B_{\mathrm{I}k}}(-P_{(k,i),t})\cdot \mathrm{SCIE}_{i,t} \tag{5-12}$$

$$\mathrm{SCIE}_{k,t}=\frac{\sum\limits_{i\in B_{\mathrm{I}k}}(-P_{(k,i),t})\cdot \mathrm{SCIE}_{i,t}}{\sum\limits_{i\in B_{\mathrm{I}k}}P_{(k,i),t}}=\frac{\sum\limits_{i\in B_{\mathrm{I}k}}(-P_{(k,i),t})\cdot \mathrm{SCIE}_{i,t}}{\sum\limits_{j\in B_{\mathrm{O}k}}P_{(k,j),t}} \tag{5-13}$$

式中，$B_{\mathrm{I}k}$，$B_{\mathrm{O}k}$ 分别为传输厂 k 输入和输出线路的集合。

3. 负荷厂站碳输入量与电力碳强度

对于负荷厂站 k，其输入的总碳量等于与其相连的输入线路碳量之和，其 SCIE 等于其总输入碳量除以其总输入有功功率，或者总线路输出有功功率与总负荷之和：

$$F_{k,t}=\sum_{i\in B_{\mathrm{I}k}}(-P_{(k,i),t})\cdot \mathrm{SCIE}_{i,t} \tag{5-14}$$

$$\mathrm{SCIE}_{k,t}=\frac{\sum\limits_{i\in B_{\mathrm{I}k}}(-P_{(k,i),t})\cdot \mathrm{SCIE}_{i,t}}{\sum\limits_{i\in B_{\mathrm{I}k}}P_{(k,i),t}}=\frac{\sum\limits_{i\in B_{\mathrm{I}k}}(-P_{(k,i),t})\cdot \mathrm{SCIE}_{i,t}}{\sum\limits_{j\in B_{\mathrm{O}k}}P_{(k,j),t}+L_{k,t}} \tag{5-15}$$

式中，$B_{\mathrm{I}k}$，$B_{\mathrm{O}k}$ 分别为负荷厂 k 输入和输出线路的集合；$L_{k,t}$ 为负荷厂 k 的总负荷。

对于拥有分布式发电量 $G_{k,t}$ 的负荷厂站，有负荷内部平衡法和厂站总体平衡法两种处理方式。

负荷内部平衡法：其总输入碳量保持不变，将分布式电源发电量从总负荷中扣除，这种情况下，分布式电源只影响拥有分布式发电的那部分负荷的碳强度，其总输入碳量和碳强度计算公式不变，把式(5-15)中的 $L_{k,t}$ 的计算公式改为：$L_{k,t}=L'_{k,t}-G_{k,t}$，这种情况适合于低碳园区。

厂站总体平衡法：将分布式发电电量及其碳量计入厂站总输入碳量，据此计算厂站电量碳强度：

$$F_{k,t}=\sum_{i\in B_{\mathrm{I}k}}(-P_{(k,i),t})\cdot \mathrm{SCIE}_{i,t}+G_{k,t}\cdot e_k \tag{5-16}$$

$$\begin{aligned}\mathrm{SCIE}_{k,t}&=\frac{F_{k,t}}{\sum_{i\in B_{\mathrm{I}k}}(-P_{(k,i),t})+G_{k,t}}\\&=\frac{F_{k,t}}{\sum_{j\in B_{\mathrm{O}k}}P_{(k,j),t}+L_{k,t}}\end{aligned} \tag{5-17}$$

4. 基于厂站节点电力碳强度的碳量平衡方程

深入探索以上变电站节点碳强度计算方法，可得到通用变电站节点碳量平衡方程。

对于任何类型的变电站 k，其输出电量与输入电量一定是平衡的：

$$\sum_{i\in B_{\mathrm{I}k}}(-P_{(k,i),t})+G_{k,t}=\sum_{j\in B_{\mathrm{O}k}}P_{(k,j),t}+L_{k,t} \tag{5-18}$$

相应地，其输出碳量和输入碳量也一定是平衡的，考虑到式(5-17)，产生两种碳量平衡方程：

$$\sum_{i\in B_{\mathrm{I}k}}(-P_{(k,i),t})\cdot \mathrm{SCIE}_{i,t}+G_{k,t}\cdot e_k$$

$$=\left(\sum_{j\in B_{Ok}} P_{(k,j),t}+L_{k,t}\right)\cdot \mathrm{SCIE}_{k,t} \tag{5-19}$$

$$\sum_{i\in B_{Ik}} (-P_{(k,i),t})\cdot \mathrm{SCIE}_{i,t}+G_{k,t}\cdot e_k$$

$$=\left(\sum_{j\in B_{Ik}} (-P_{(k,i),t})+G_{k,t}\right)\cdot \mathrm{SCIE}_{k,t} \tag{5-20}$$

对于一个具有 S 个变电站的系统，SCIE 的计算公式可以用一个 S 维的矩阵方程表示，定义：

$$\begin{cases}\boldsymbol{H}_t=\mathrm{diag}\left(\sum_{j\in B_{Ok}} P_{(k,j),t}+L_{k,t}\right)-\boldsymbol{P}_t \\ \boldsymbol{F}_t=[G_{1,t}\cdot e_1,\cdots,G_{s,t}\cdot e_s,\cdots,G_{S,t}\cdot e_S]^{\mathrm{T}}\end{cases} \tag{5-21}$$

$\boldsymbol{P}_t$ 是由 $-P_{(k,i),t}$ 构成的、对角线元素为 0 的 $S\times S$ 的电能输入下三角稀疏矩阵，$\mathbf{SCIE}_t$ 为 S 维用电侧电力碳强度向量，则式(5-18)可写成矩阵方程式(5-22)，则方程式(5-19)可写成矩阵方程式(5-24)：

$$\boldsymbol{H}_t\cdot \mathbf{SCIE}_t=\boldsymbol{F}_t \tag{5-22}$$

同理，对应于方程式(5-21)，定义：

$$\begin{cases}\boldsymbol{H}'_t=\mathrm{diag}\left(\sum_{i\in B_{Ik}} (-P_{(k,i),t})+G_{k,t}\right)-\boldsymbol{P}_t \\ \boldsymbol{F}_t=[G_{1,t}\cdot e_1,\cdots,G_{s,t}\cdot e_s,\cdots,G_{S,t}\cdot e_S]^{\mathrm{T}}\end{cases} \tag{5-23}$$

$$\boldsymbol{H}'_t\cdot \mathbf{SCIE}_t=\boldsymbol{F}_t \tag{5-24}$$

对于方程式(5-21)和式(5-23)，其左端矩阵中的值由线路上的潮流、发电机组发电量或者负荷厂站的负荷量确定，因而进行 SCIE 计算的先决条件是已知电网的状态估计或潮流计算结果。

在计算出 SCIE 后，可以计算出对应不同空间区域的区域用电侧电力碳强度(Carbon Intensity of Electricity Sector，CIES)：

$$\mathrm{CIES}_{a,t}=\frac{\sum_{s\in A_s} L_{s,t}\cdot \mathrm{SCIE}_{s,t}}{\sum_{s\in A_s} L_{s,t}} \tag{5-25}$$

通过以上公式也可以计算出各个电网区域的电能交换量,以及交换碳量。

5.4.3 区域电力碳强度计算方法

1. 区域发电侧

区域发电侧电力碳强度与其燃料类型和发电效率有关,煤电机组最高,天然气机组次之,风、光、水等可再生能源发电效率较小,一般取0,核电机组为低碳机组。可见,区域发电侧电力碳强度只取决于区域内的发电量,以及随之产生的碳排放量。区域内,可再生能源发电和低碳发电比例越大,区域的电力碳强度越低。

$$\mathrm{CIEG}_{a,t}=\frac{\sum_{k\in G_a}G_{k,t}\cdot e_k}{\sum_{k\in G_a}G_{k,t}} \tag{5-26}$$

式中,$\mathrm{CIEG}_{a,t}$ 为区域 a 在时段 t 的发电电力碳排放强度; G_a 为区域 a 内所有发电机的集合; $G_{k,t}$ 为发电机 k 在时段 t 的发电量; e_k 为发电机 k 的碳排放因子。

2. 区域用电侧

对于电能纯输出地区,其发电侧电力碳强度与用电侧电力碳强度相同。对于电能输入区域,其用电侧电力碳强度需要考虑邻近电网输入的电量,即与邻近区域电网之间的电力交易,以及随之带来的碳排放量,因而邻近电网的用电侧电力碳强度会影响区域的用电侧电力碳强度。

$$\mathrm{CIEC}_{a,t}=\frac{\sum_{k\in G_a}G_{k,t}\cdot e_k+\sum_{n\in N_a}I_{n,a,t}\mathrm{CIEC}_{n,t}}{\sum_{k\in G_a}G_{k,t}+\sum_{n\in N_a}I_{n,a,t}} \tag{5-27}$$

式中，$I_{n,a,t}$ 为在时段 t 从邻近区域 n 输入区域 a 的电量；N_a 是区域 a 输入电能的区域集合；$\mathrm{CIEC}_{n,t}$ 为邻近区域 n 的用电电力碳强度。

3. 电网区域电能平衡方程

电网区域电能平衡方程用来描述电网中各个区域之间的电能平衡关系，通常包含了发电量、传输损耗、区域间电能交换几部分，用于确保电网中电能供需平衡，保证电力系统的稳定运行。随着可再生能源和分布式发电的增加，电网区域电能平衡的管理和优化将变得更加复杂，同时也为提高能源效率和减少温室气体排放提供了新的机遇。

$$\begin{aligned}&\sum_{k\in G_a} G_{k,t} + \sum_{n\in N_a} I_{n,a,t}\\ &= \sum_{l\in L_a} D_{l,t} + \mathrm{NL}_{a,t} + \sum_{m\in M_a} O_{a,m,t}\end{aligned} \tag{5-28}$$

式中，$I_{n,a,t}$ 为在时段 t 从邻近区域 n 输入区域 a 的电量；N_a 是区域 a 输入电能的区域集合；L_a 是区域 a 负荷的集合；$D_{l,t}$ 是负荷 l 在时段 t 的用电量；$\mathrm{NL}_{a,t}$ 是区域 a 在时段 t 的网损；M_a 是从区域 a 输出电能的区域集合；$O_{a,m,t}$ 是在时段 t 从区域 a 输出到区域 m 的电能。

4. 区域碳排放量输入输出平衡方程

电网区域碳排放量输入输出方程表征的是区域内输入电能所产生的碳排放与输出及网损电能所产生的碳排放的平衡关系。电力碳强度作为方程中的关键部分，用于衡量发电过程中的环境负荷，与区域能源结构、能源效率、技术水平等息息相关。一般地，可以通过加大可再生能源的发电比例降低区域电力碳强度，从而使区域碳排放量维持在一个较低的水平。

$$\begin{aligned}&\mathrm{CIEC}_{a,t}\Big(\sum_{l\in L_a} D_{l,t} + \mathrm{NL}_{a,t} + \sum_{m\in M_a} O_{a,m,t}\Big)\\ &= \sum_{k\in G_a} G_{k,t}\cdot e_k + \sum_{n\in N_a} I_{n,a,t}\cdot \mathrm{CIEC}_{n,t}\end{aligned} \tag{5-29}$$

式中，$CIEC_{n,t}$ 为区域 n 的输入侧电力碳强度。

5. 考虑特高压绿电输送的区域电力碳排放因子计算方法

特高压作为跨区域大容量传输线路，其中可再生能源输送比例较高，目前电网区域电力碳排放因子未考虑绿电跨区域传输的碳流量传导影响，导致区域电力碳排放因子计算准确度不高。为解决这一问题，本章提出了考虑特高压绿电输送的区域电力碳排放因子计算方法。考虑到实际特高压线路跨区域大容量绿电传输对区域间碳流量计算的影响因素，基于通用区域电力碳强度计算公式，引入特高压绿电传导因子，进一步提升区域电力碳强度计算结果精度。

在应用层面，依照数据需求从电力统计年鉴、能源统计年鉴等数据源获取发电厂碳排放因子数据，并筛选 2018 年各省各月数据作为测试样本，对数据进行统一审查梳理。

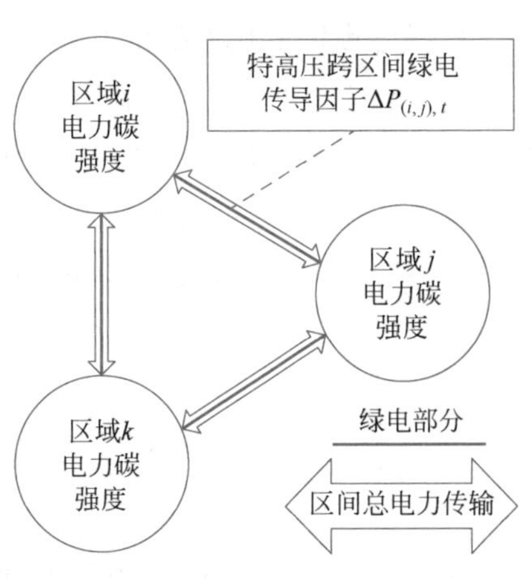

图 5-11　考虑特高压绿电输送的区域电力碳强度示意图

数据导入后，基于区域电网内不同类型发电机组的上网发电量数据计算总碳排放量，而后，得出计及特高压线路在区域间的绿电量传输的碳流量传导计算。最后，建立区域电网电力碳排放因子计算方程，并计算求解，如图 5-11 所示。

6. 区域电网与省间分层联合的电力碳强度计算方法

在实际电网拓扑结构中，采用区域电网调度与省级电网调度的分层结构运行方式，但在获取电网计算数据时，区域电网与省级电网密切依赖，无法构建相对独立的区域电力碳强度单元计算，如图 5-12 所示。由于区域间和省间的电量交换数据是按照两个调度层级获取，无法直接获取全国各个省间的电量交换数据来直接计算省级电力碳排放因子，需要先获取区域电网间的电量交换数据，再获取区域内的省间电量交换数据进行计算，所以，需要建立一种区域与省间电量交换的两级联合电力碳排放因子的计算方法以解决以上问题。

基于区域电力碳强度计算方法，提出区域电网与省间分层联合的电力碳强度计算方法。考虑到实际区域电网调度控制区域与省级调度控制区域的电网拓扑结构交错复杂，基于通用区域电力碳强度的计算理论难以适用，利用创新的区域电网与省间分层联合的电力碳强度计算方法可更好地解决区域电网与省级电网间的耦合依赖计算问题。区域间分层是将电网划分为电网区域层级和省级，先在电网区域级计算其碳排放因子，再计算省级碳排放因子。通过分层算法，将复杂的电网层级关系考虑到计算过程中，保证计算结果的准确性。

5.4.4 节点碳排放因子的并行计算

目前全国电网因为特高压和省级联络线，已经形成跨区输送、整体成网的特点，如果计算全国细颗粒度（到地市-县-园区）级别的电力碳强度需要进行维度非常大的矩阵运算，如果只计算主网节点碳排放因子，矩阵维度数量级为百余级，计算量庞大，计算时间长，无法利用电网高频数据的特点（目前潮流有功采集间隔达到 5min 一次），计算更短时间断面的数据。

采用划分区域等效计算的方法可以实现局部精确计算，在考虑跨区输入影响方面，无法准确衡量输入、输出的相互影响。

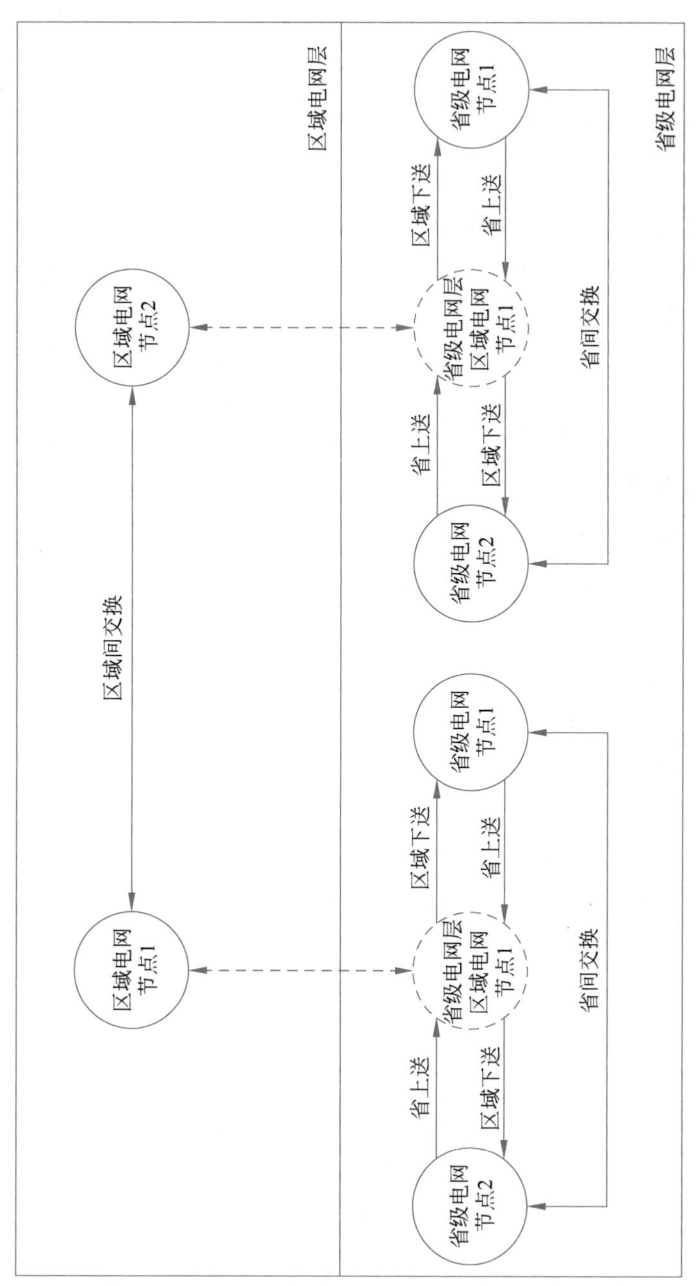

图 5-12　区域电网与省级电网逻辑关系图

区域电力碳排放因子计算过程涉及的明细数据和计量数据具有战略意义，汇聚计算容易造成风险，需要一种分布式的计算方法，通过参数传递的方式实现协同计算，且分布式计算结果与集中计算结果保持一致。

通过使用分布式的方法构建全国范围内的电力网络模型，实现空间维度精确到厂站及用电企业级别、时间维度上达到小时级别的电力碳排放因子核算。

传统的节点电力碳排放因子需要构建平衡方程：

$$E_i\varepsilon_i + \sum e_{j,i}\lambda_j = \lambda_i(E_i + \sum e_{j,i}) \tag{5-30}$$

然后各节点联立得到

$$\begin{pmatrix} E_1 + \sum e_{j,1} & -e_{2,1} & \cdots & -e_{n,1} \\ -e_{1,2} & E_2 + \sum e_{j,2} & \cdots & -e_{n,2} \\ \vdots & \vdots & \ddots & \vdots \\ -e_{1,n} & -e_{2,n} & \cdots & E_n + \sum e_{j,n} \end{pmatrix}$$

$$\begin{pmatrix} \lambda_1 \\ \lambda_2 \\ \vdots \\ \lambda_n \end{pmatrix} = \begin{pmatrix} E_1\varepsilon_1 \\ E_2\varepsilon_2 \\ \vdots \\ E_n\varepsilon_n \end{pmatrix} \tag{5-31}$$

矩阵化

$$\boldsymbol{P}_n\boldsymbol{\lambda}_n = \boldsymbol{C}_n \tag{5-32}$$

则各节点的碳排放因子为

$$\boldsymbol{\lambda}_n = \boldsymbol{P}_n^{-1}\boldsymbol{C}_n \tag{5-33}$$

根据计算公式

$$\boldsymbol{\lambda}_n = \begin{pmatrix} \boldsymbol{\lambda}_{\mathrm{X}} \\ \boldsymbol{\lambda}_e \end{pmatrix} = \boldsymbol{P}_n^{-1}\boldsymbol{C}_n$$

$$=\begin{pmatrix} \boldsymbol{P}_{\mathbf{X}}^{-1}+\boldsymbol{P}_{\mathbf{X}}^{-1}\boldsymbol{T}_{e\mathbf{X}}\boldsymbol{P}_{\varepsilon}\boldsymbol{T}_{\mathbf{X}e}\boldsymbol{P}_{\mathbf{X}}^{-1} & -\boldsymbol{P}_{\mathbf{X}}^{-1}\boldsymbol{T}_{e\mathbf{X}}\boldsymbol{P}_{\varepsilon} \\ -\boldsymbol{P}_{\varepsilon}\boldsymbol{T}_{\mathbf{X}e}\boldsymbol{P}_{\mathbf{X}}^{-1} & \boldsymbol{P}_{\varepsilon} \end{pmatrix}\begin{pmatrix} \boldsymbol{C}_{\mathbf{X}} \\ \boldsymbol{C}_{e} \end{pmatrix} \tag{5-34}$$

则有

$$\boldsymbol{\lambda}_{e}=\boldsymbol{P}_{\varepsilon}\boldsymbol{C}_{e}-\boldsymbol{P}_{\varepsilon}\sum_{\chi\in\mathbf{X}}\boldsymbol{P}_{\chi e}(\boldsymbol{P}_{\chi}+\boldsymbol{I}_{e\chi})^{-1}\boldsymbol{C}_{\chi} \tag{5-35}$$

最终

$$(\boldsymbol{P}_{\chi}+\boldsymbol{I}_{e\chi})\boldsymbol{\lambda}_{\chi}+\boldsymbol{P}_{e\chi}\boldsymbol{\lambda}_{e}=\boldsymbol{C}_{\chi} \tag{5-36}$$

$$\boldsymbol{\lambda}_{\chi}=(\boldsymbol{P}_{\chi}+\boldsymbol{I}_{e\chi})^{-1}\boldsymbol{C}_{\chi}-(\boldsymbol{P}_{\chi}+\boldsymbol{I}_{e\chi})^{-1}\boldsymbol{P}_{e\chi}\boldsymbol{\lambda}_{e} \tag{5-37}$$

整个计算过程需要求取$(\boldsymbol{P}_{\chi}+\boldsymbol{I}_{e\chi})^{-1}$的逆矩阵和$(\boldsymbol{P}_{e}-\boldsymbol{T}_{\mathbf{X}e}\boldsymbol{P}_{\mathbf{X}}^{-1}\boldsymbol{T}_{e\mathbf{X}})^{-1}$的逆矩阵，如果平均每个省有 m 个节点，边缘点有 l 个节点，共有 N 个区域需要求 N 次 m 阶矩阵的逆运算和 1 次 l 阶矩阵的拟运算，因为边缘点数量不多，一般 $l \ll m$。

求逆矩阵运算时间复杂度为 $O(M^3)$，全国如果有 M 个节点，考虑 $M=Nm+l$，则全国整体时间复杂度为 $O((Nm+l)^3)$，使用分块法计算时间复杂度为 $O(m^3)\times N+O(l^3)$。

从现实意义上讲，$(\boldsymbol{P}_{\chi}+\boldsymbol{I}_{e\chi})^{-1}$ 可以由 N 个节点并行计算后，再计算总节点$(\boldsymbol{P}_{e}-\boldsymbol{T}_{\mathbf{X}e}\boldsymbol{P}_{\mathbf{X}}^{-1}\boldsymbol{T}_{e\mathbf{X}})^{-1}$，最后计算出$\boldsymbol{\lambda}_{n}$。节点并行计算示意图见图 5-13。

从图 5-13 可以看出，节点并行计算中，各节点对自己内部及输入内部的有功和拓扑是已知的，对于边缘点之间拓扑和有功是部分已知，对其他节点是未知的，在联合计算过程中，各节点可以提供 $\boldsymbol{P}_{\chi e}(\boldsymbol{P}_{\chi}+\boldsymbol{I}_{e\chi})^{-1}\boldsymbol{P}_{e\chi}$ 和 $\boldsymbol{P}_{\chi e}(\boldsymbol{P}_{\chi}+\boldsymbol{I}_{e\chi})^{-1}\boldsymbol{C}_{\chi}$ 数据，$\boldsymbol{P}_{\chi}+\boldsymbol{I}_{e\chi}$ 所代表的节点内拓扑经过上述变换是无法复原的，可以看作一种隐私保护，总节点只需要知道 $\boldsymbol{P}_{e}$，通过各节点数据求出$\boldsymbol{\lambda}_{e}$ 之后分发给各省，求出各节点

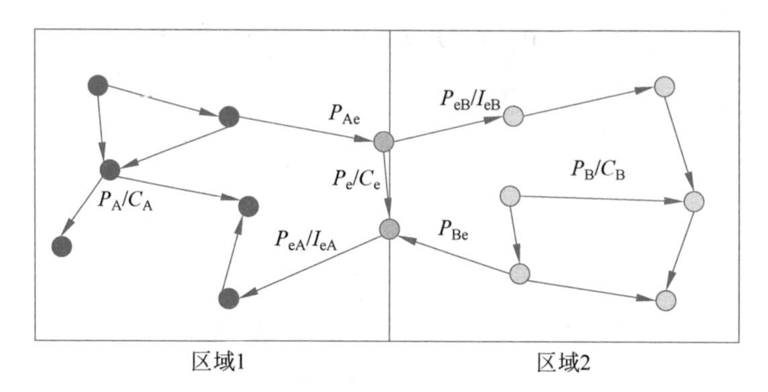

图 5-13 节点并行计算示意图

λ_χ，最后统一和总节点校对。计算步骤如下：

步骤	各 节 点	总 节 点
1	计算 $(\boldsymbol{P}_\chi+\boldsymbol{I}_{e\chi})^{-1}$	
2	计算 $(\boldsymbol{P}_\chi+\boldsymbol{I}_{e\chi})^{-1}\boldsymbol{P}_{e\chi}$①	
3	计算 $(\boldsymbol{P}_\chi+\boldsymbol{I}_{e\chi})^{-1}\boldsymbol{C}_\chi$②	
4	发送参数①、②以及 $\boldsymbol{P}_{\chi e}$	接收参数①、②和 $\boldsymbol{P}_{\chi e}$
5		用各节点参数①，$\boldsymbol{P}_{\chi e}$ 计算 $\boldsymbol{P}_\varepsilon=\left(\boldsymbol{P}_e-\sum_{\chi\in\mathbf{X}}\boldsymbol{P}_{\chi e}(\boldsymbol{P}_\chi+\boldsymbol{I}_{e\chi})^{-1}\boldsymbol{P}_{e\chi}\right)^{-1}$
6		用参数②，$\boldsymbol{P}_{\chi e}$ 计算 $\boldsymbol{R}=\boldsymbol{P}_\varepsilon\sum_{\chi\in\mathbf{X}}\boldsymbol{P}_{\chi e}(\boldsymbol{P}_\chi+\boldsymbol{I}_{e\chi})^{-1}\boldsymbol{C}_\chi$
7		计算 $\boldsymbol{\lambda}_e=\boldsymbol{P}_\varepsilon\boldsymbol{C}_e-\boldsymbol{R}$
8	接收 $\boldsymbol{\lambda}_e$	下发 $\boldsymbol{\lambda}_e$
9	计算 $\boldsymbol{\lambda}_\chi$	计算 $\boldsymbol{\lambda}_A,\boldsymbol{\lambda}_B,\cdots,\boldsymbol{\lambda}_\chi$
10	发送各节点 $\boldsymbol{\lambda}_\chi$，接收总节点 $\boldsymbol{\lambda}_\chi$	发送总节点 $\boldsymbol{\lambda}_\chi$，接收各节点 $\boldsymbol{\lambda}_\chi$
11	比对	比对

通过采用 3200 点（1000×3 内部点加 200 边缘点）、6300 点（2000×3

内部点加 300 边缘点)和 9600 点(3000×3 内部点加 600 边缘点)的数据进行测试,可以看到随着数据集合点数的增加,集中算法与分布式计算方法的差距越来越大,但二者变化趋势是一致的,见图 5-14。

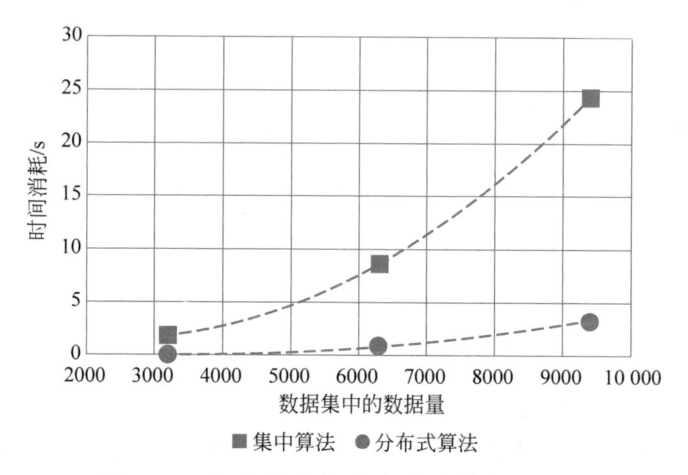

图 5-14　集中算法与分布式计算方法对比

第6章

CHAPTER 6

能源大数据服务“双碳”管理

能源大数据具有多源异构性、数据体量大、时效性与全面性、价值密度高等特点，是客观反映社会、经济、生产生活情况的“指针”，基于能源大数据能准确估算出能源活动产生的碳排放量，能有效服务“双碳”管理。本章基于第5章“能源大数据碳排放计算模型”等碳核算应用与分析方法，补充介绍了国际国内碳管理标准与常用的碳管理方法学和方法，并以碳监测、碳足迹、碳标签、碳核查、碳预测等“双碳”管理环节为典型场景，介绍了覆盖建筑、电力、交通、钢铁等行业的应用示例，支持建立相关统一规范、分析策略、指标体系、预测机制，为区域、行业、产品等层面实现碳达峰碳中和目标提供参考与思路，图6-1为能源大数据服务“双碳”管理框架图。

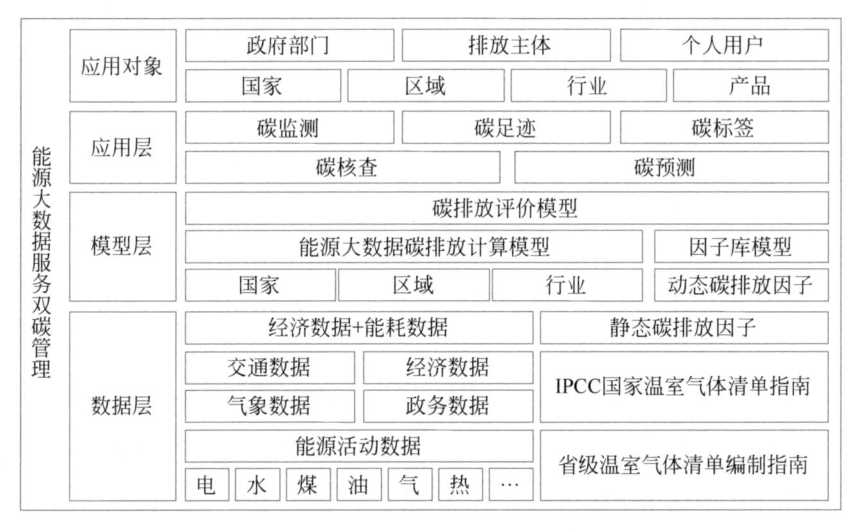

图 6-1 能源大数据服务“双碳”管理框架图

6.1 碳管理国际国内标准

6.1.1 国际碳管理概况

1. 国外双碳管理法律政策

国际社会的普遍做法是运用法治手段来推进碳达峰碳中和。目前已有127个国家和地区承诺实现碳中和目标，其中许多国家和地区甚至已经将达标时间和措施明确化。一些国家和区域已经制定了气候变化(相关)的法律法规来为实现碳中和提供法律保障。

1）欧盟

欧盟在全球可持续发展的潮流中处于引领者，目前欧盟已经将碳中和目标写入了法律。

2008年1—12月，为实现2020年气候和能源目标，欧盟委员会通过“气候行动和可再生能源一揽子计划”法案，由此形成了欧盟的低碳经济政策框架。该框架表现为欧盟排放权交易机制修正案，欧盟成员国配套措施任务分配的决定，碳捕获和储存的法律框架，可再生能源指令以及汽车二氧化碳排放法规和燃料质量指令。该框架是最早具有法律约束力的欧盟碳减排计划，是全球实现减缓气候变化目标的气候和能源一体化政策。

2020 年 1 月 15 日，欧盟委员会通过《欧洲绿色协议》，提出欧盟于 2050 年实现碳中和的碳减排目标，这为《欧洲气候法》的出台和将碳中和目标写进法律做好了铺垫。此外，《欧洲绿色协议》设计出欧洲绿色发展战略的总框架，其行动路线图涵盖了诸多领域的转型发展，其中涉及能源、建筑、交通及农业等经济领域的措施尤其多。

2020 年 3 月，欧盟委员会发布了《欧洲气候法》，以立法的形式确保 2050 年实现碳中和的欧洲愿景的达成，从法律层面为欧洲所有气候环境政策设定了目标和努力方向，并建立法律框架帮助各国实现 2050 年碳中和目标，这一目标具有法律约束力，所有欧盟成员国都集体承诺在欧盟和国家层面采取必要措施以实现此目标。

2）英国

在应对全球气候变化、实现碳中和的目标上，英国一直非常积极，已经通过了一系列的承诺和改革举措，在该领域保持世界领先地位。

2008 年，英国正式颁布了《气候变化法》，成为世界上首个以法律形式明确中长期减排目标的国家。

2019 年 6 月，英国新修订的《气候变化法案》生效，正式确立到 2050 年实现温室气体“净零排放”，即碳中和。

2020 年 11 月，英国宣布一项包括大力发展海上风能、加速推广电动车、推进新一代核能研发等 10 方面的“绿色工业革命”计划。

2020 年 12 月，英国再次宣布最新减排目标，承诺与 1990 年相比，到 2030 年英国温室气体排放量至少降低 68%。

3）德国

德国的碳中和法律体系具有系统性，先后出台碳减排战略并正式立法。

21世纪初，德国政府便出台了一系列国家长期减排战略、规划和行动计划，如2008年的《德国适应气候变化战略》、2011年的《适应行动计划》及《气候保护规划2050》等。除此之外，德国政府还通过了一系列法律法规，如《可再生能源优先法》《可再生能源法》《联邦气候立法》及《国家氢能战略》等。

2019年11月15日，德国政府通过了《气候保护法》，首次以法律形式确定了德国中长期温室气体减排目标：到2030年实现温室气体排放总量较1990年至少减少55%，到2050年实现温室气体净零排放，即实现“碳中和”。《气候保护法》明确了工业、建筑、能源、交通、农林等不同经济部门所允许的碳排放量，并规定联邦政府有责任有权力监督有关领域实现每年的减排目标。

4）法国

法国政府也为碳中和目标做出了持续性的努力。

2015年8月，法国政府通过了《绿色增长能源转型法》，该法确定了法国国内绿色增长与能源转型的时间表。此外，法国政府还于2015年提出了《国家低碳战略》，制定了碳预算制度。

2018—2019年，法国政府对该战略继续进行修订，将2050年温室气体排放减量目标调整为碳中和目标。

2020年4月21日，法国政府最终以法令的形式正式通过了《国家低碳战略》。除此之外，法国政府在过去几年还制定并实施了《法国国家空气污染物减排规划纲要》《多年能源规划》(PPE)等，为实现节能减排、促进绿色增长提供了有力的政策保障。

5）瑞典

瑞典气候新法于2018年年初生效，该法为温室气体减排制定了长期目标：在2045年前实现温室气体零排放，在2030年前实现交通运输部门减排70%。该法从法律层面规定了每届政府的碳减排义务，即必须着眼于瑞典气候变化总体目标来制定相关的政策和法规。

6）美国

美国作为一个碳排放大国，其碳排放量在全球占比15%左右。继先后退出《京都议定书》《巴黎协定》之后，2021年1月20日拜登上任总统第一天就宣布重返《巴黎协定》，并就减少碳排放提出了若干新的政策。美国在气候领域提出的最新目标：到2035年，向可再生能源过渡以实现无碳发电；到2050年实现碳中和。

美国为实现其最新目标，也采取了一系列具体措施。为了实现美国的“3/50”碳中和目标，拜登政府计划投资2万亿美元用于基础设施、清洁能源等重点领域。在交通领域，推进城市零碳交通、清洁能源汽车、电动汽车计划及“第二次铁路革命”等。在建筑领域，实行建筑节能升级、推动新建筑零碳排放等。在电力领域，引入电厂碳捕获改造、发展新能源等。在其他方面，加大清洁能源创新，成立机构大力推动包括绿氢、碳捕获与封存(Carbon Capture and Storage，CCS)、储能、核能等前沿技术研发，努力降低碳成本。

美国的气候和能源政策目标正越来越清晰，在2050年实现碳中和是其长远目标，其战略路径则是由传统能源独立向清洁能源独立。

7）澳大利亚

澳大利亚政府对于气候减排并不积极，其气候政策也处在摇摆不定中。直到2007年澳大利亚政府才签署《京都议定书》。自2018年8月莫里森任职总理后，澳大利亚气候政策主要表现在废除《能源保障计划》，这意味着澳大利亚寻求改革能源市场以减少温室气体排放的尝试以失败告终。

2019年2月25日，澳大利亚政府发布了《气候解决方案》，该方案计划投资35亿澳元来兑现澳大利亚在《巴黎协定》中做出的2030年温室气体减排的承诺。澳大利亚政府实行倾向于传统能源产业的政策，在新能源产业上投入不足。

8）日本

国际能源署的数据表明，日本是2017年全球温室气体排放的第六大贡献国，自2011年福岛灾难以来，尽管日本在节能技术上有所发展，但仍对化石能源具有很强的依赖性。为减少因使用化石能源的温室气体排放，日本此前颁布的《关于促进新能源利用措施法》（1997年）和《新能源利用的措施法实施令》（2002年）等法规政策可视为日本实现碳中和目标的法律依据。除此之外，日本政府还发布了针对碳排放和绿色经济的政策文件，如《面向低碳社会的十二大行动》（2008年）及《绿色经济与社会变革》（2009年）政策草案。

2020年10月25日，为应对气候变化，日本政府公布了“绿色增长战略”，确定了到2050年实现净零排放的目标，该战略的目的在于通过技术创新和绿色投资的方式加速向低碳社会转型。

2020年年底，日本政府公布了脱碳路线图草案。其中不仅书面确认了“2050年实现净零排放”，还为海上风电、电动汽车等14个领域设定了不同的发展时间表，其目的是通过技术创新和绿色投资的方式加速向低碳社会转型。该草案提出了三个目标：第一，15年内淘汰燃油车。日本在草案中确定，将在15年内逐步停售燃油车，采用混合动力汽车和电动汽车来填补燃油车的空缺，并致力于加速降低动力电池的整体成本；第二，清洁发电占比过半。草案中还对日本清洁电力发展进行了明确规划：到2050年，可再生能源发电占比较目前水平提高3倍（达到50％～60％），最大限度地利用核能、氢、氨等清洁能源；第三，引入碳价机制。日本政府计划引入碳价机制来助力减排，将制定一项根据二氧化碳排放量收费的制度。碳定价是根据二氧化碳排放量要求企业与家庭负担经费的机制，目的是通过定价减少二氧化碳排放。

2. 国外双碳管理制度

在保障实现碳中和目标的气候立法中,碳市场、碳技术、碳税及补贴等经济手段是各国通用制度。

1) 碳交易市场制度

从碳交易市场发展历史来看,碳交易机制最早由联合国提出,当前基本上依照《京都议定书》所规定的框架来运作。

目前存在着四大碳交易市场机制,这为全球碳交易市场的发展奠定了制度基础,分别为国际排放交易机制(International Emissions Trading,IET)、联合履约机制(Joint Implementation,JI)、清洁发展机制(Clean Development Mechanism, CDM)以及自愿减排机制(Volunteer Emission Reduction,VER)。

从国别来看,英国的全国性碳交易立法值得研究:英国政府于2011年通过的《清洁能源法案》从碳税逐步过渡到国家性碳交易市场,设立了碳中和认证制度和碳排放信用机制,构建了比较完整的碳市场执法监管体系,为碳中和目标的实现奠定了制度基础。

2) 碳技术机制

联合国政府间气候变化专门委员会(IPCC)第五次评估报告指出,若无碳捕获、利用与封存(Carbon Capture, Utilization and Storage, CCUS)技术,绝大多数气候模式都不能实现减排目标。具体来看,碳技术可分为碳捕获技术、碳利用技术、碳封存技术。

碳捕获技术可分为点源 CCUS 技术、生物质能碳捕获与封存(Bioenergy with Carbon Capture and Storage,BECCS)技术和直接空气碳捕获与封存(Direct Air Carbon Capture and Storage,DACCS)技术。点源 CCUS 技术是指捕获二氧化碳排放,并将其储存在地下或进行工业应用的技术,是最具潜力的前沿减排技术之一。BECCS 技术是指二氧化碳经由植被从大气中被提取出来,通过燃烧生物质从燃烧产物中进行回收的技术。DACCS 技术是指直接从空气中捕获二氧化碳的技术。碳封存(Carbon Sequestration)是一种通过捕获碳并安全存储的方式来减少大气中二氧化碳排放量的技术。该技术旨在减缓全球气候变化。它包括陆地和海洋封存等多种方式。

碳利用技术是指利用二氧化碳来创造具有经济价值的产品的技术,在一些联合国欧洲经济委员会成员国中广泛应用的是强化采油技术,碳利用技术需要与 DACCS 技术结合,以解决二氧化碳的再释放问题,从而达到碳中和。

碳封存技术是指利用含水层封存二氧化碳以及强化采油技术,尽管碳捕获与碳封存技术的发展史已达四五十年,但整个系统的大规模运行当前仍难以实现。

3）碳税制度

碳税可简单地理解为对二氧化碳排放所征收的税,即某一国出口的产品不能达到进口国在节能和碳减排方面所设定的标准,就将被征收特别关税。碳税通过对燃煤和石油下游的汽油、天然气、航空燃油等化石燃料产品,按其碳含量的比例征税,来实现减少化石燃料消耗和二氧化碳排放。

整体来看,碳税制度在世界大多数国家的行动中有所体现,大概分为 5 类实施路径。第一类是芬兰,有较为完备的单一碳税制度。第二类是澳大利亚和新西兰,在碳税推进过程中遇到挫折,从而结束减排制度或转向碳交易市场制度。第三类是南非,在单一碳税上进行了长时间探索,并有了一定的突破。第四类是由单一碳税模式转向“碳税＋碳交易”的复合型制度。第五类是日本,采取碳中和补助金制度,即日本政府出台折旧制度、补助金制度、会计制度等多项财税优惠措施,以更好地引导企业发展节能技术、使用节能设备。当前,碳税制度正成为发达国家有关碳中和目标的规则博弈。

3. 国外双碳管理实践

美国、英国、德国、法国、日本等主要发达国家制定了低碳发展战略,在重视碳交易市场建设、增强公众意识、促进温室气体减排、控制温室效应以及能源转型方面进行了积极的探索,积累了丰富的经验。

1) 重视碳交易市场建设

碳交易市场是实现低碳发展的主要工具。欧盟排放交易体系(European Union Emission Trading Scheme,EU ETS)是全球最先进的碳交易体系,现已进入第三阶段。欧盟重视碳交易市场建设,已经获得了直观的利益,表现为通过成熟的碳交易市场,将交易的盈利投入低碳技术研发和低碳技术创新之中;碳捕捉和碳封存项目以碳交易的盈利作为后续补充资金;碳排放交易体系为私营经济体提供了广阔的发展平台,私营经济体因而积极地参与欧盟的低碳经济转型当中,这将私营经济体同欧盟的气候政策密切连接起来,以此形成低碳发展的市场推力,自下而上地推动欧盟碳中和目标的实现;作为欧盟气候政策的主要策略,EU ETS 在加快推动欧盟向低碳转型的同时也缩小了欧盟各成员国间的经济差异,促进了欧盟经济的一体化。

2) 增强公众意识

欧盟的低碳发展体系若被视为一个系统,则其气候政策、高度认可的低碳文化和碳排放交易市场是这个系统的三个关键要素。这三个要素间相互依存、相互制约,共同推动着欧盟整体的低碳发展。严格的气候政策是欧盟低碳发展体系的基础。低碳文化作为低碳发展体系中的文化要素,通过对国民低碳理念的影响推动着气候政策的执行,巩固低碳发展成果的同时又促进了低碳发展的多元化。碳排放交易市场是实现欧盟气候政策的主要策略。重视低碳文化使欧盟的低碳发展体系从“生产”领域扩展到了“消费”领域。

3）促进温室气体减排

英国政府通过立法确定低碳发展核心、运用限制和激励手段促进温室气体减排。2008年，英国通过了《气候变化法案》，以法律形式明确了中长期碳减排目标，随后，气候委员会为英国设定了具体的低碳发展路线。具体是2008—2030年的年均温室气体排放量降低3.2%，2030—2050年的年均温室气体排放量降低4.7%。从2008—2030年，英国电力行业的碳排放强度从超过500gCO_2/kW·h降低到50gCO_2/kW·h。英国政府采取各种措施限制高能耗、高排放和高污染的企业发展；另外，英国政府制定一系列税收优惠、减排援助基金等激励措施，引导各个领域的企业主动减少温室气体排放量。

4）控制温室效应

法国于2000年颁布《控制温室效应国家计划》，明确了减排措施选取和制定原则：①确保已制定的碳减排措施得到有效落实；②用经济手段来调节和降低温室气体排放量。

该计划提出了不同的减排措施，并明确了措施的适用范围。第一类减排措施包括法规、标准、标识、资助、培训和宣传，适用的领域是工业、建筑、交通、农林、能源、制冷剂、废物处置和利用等行业。第二类减排措施是指利用经济手段(以生态税、增值税优惠、绿色证书制度等)来限制碳排放，适用领域是能源、高能耗、农林行业。第三类减排措施包括发展城市公共交通和基础交通设施、城市空间发展控制、发展清洁能源和增强建筑物节能效果。

5）能源转型

1987年，德国政府成立了大气层预防性保护委员会，这是首个应对气候变化的机构。德国积极发展可再生能源和清洁能源，并于2010年9月和2011年8月分别提出了“能源概念”和“加速能源转型决定”，从而形成了完整的“能源转型战略”和路线图，规划出2050年前德国能源发展的关键里程碑，包括将温室气体的排放量在1990年的基础上减少80%、对建筑物进行现代化和绝热化改造、将电力消耗降低25%。

6.1.2 中国碳管理概况

碳达峰与碳中和是我国“十四五”的重点工作之一。我国从中央到地方已经开始紧锣密鼓地出台相应的政策，对这一工作制定了目标与具体的管理措施。

1. 生态文明建设体系

2021年3月15日，中央财经委员会第九次会议提出把碳达峰、碳中和纳入生态文明建设整体布局。生态文明建设的核心任务就是以生态文明思想和“十四五”规划目标及其实施纲要为统领，扎实推进国家环境治理体系与治理能力的现代化。这是关系中华民族永续发展的根本大计，碳达峰、碳中和被纳入生态文明建设的整体布局，彰显了我国积极地履行气候承诺，落实碳达峰、碳中和目标的坚定决心。实现碳达峰、碳中和的过程中，生产方式、生活方式、生态环境保护相应地都将出现前所未有的调整和转变，降碳是实现社会经济绿色低碳发展和生态环境源头治理的关键。

2. 国内双碳管理法规政策

迄今为止，我国还没有专门立法保障“双碳”目标的实现，但是有一定的碳中和法治实践基础。

1）中央层面

2020年10月29日召开的中国共产党十九届五中全会通过了《中共中央关于制定国民经济和社会发展第十四个五年规划和二〇三五年远景目标的建议》，提出了以下目标：“到2035年，广泛形成绿色生产生活方式，碳排放达峰后稳中有降，生态环境根本好转，美丽中国建设目标基本实现。”“十四五”期间,我国对加快推动绿色低碳发展提出了具体要求。一是强化国土空间规划和用途管控,落实生态保护、基本农田、城市开发等空间管控边界,减少人类活动对自然空间的占用。二是强化绿色发展的法律和政策保障,发展绿色金融,支持绿色技术创新,推进清洁生产,发展环保产业,推进重点行业和重要领域绿色化改造。三是推动能源清洁、低碳、安全、高效利用。四是发展绿色建筑。五是开展绿色生活创建活动。六是降低碳排放强度,支持有条件的地方率先达到碳排放峰值,制定2030年前碳排放达峰行动方案。

2020年12月21日,国务院新闻办公室发布《新时代的中国能源发展》白皮书并举行发布会,指出中国将继续致力于推动能源绿色低碳转型,具体部署为要加大煤炭的清洁化开发利用,大力提升油气勘探开发力度,加快天然气产供储销体系建设,要加快风能、太阳能、生物质能等非化石能源的开发利用,要以新一代信息基础设施建设为契机,推动能源数字化和智能化发展。

2）部委层面

(1）生态环境部。生态环境部出台了一系列全国碳排放权交易管理政策。

2020年12月30日,生态环境部办公厅正式发布《2019—2020年全国碳排放权交易配额总量设定与分配实施方案(发电行业)》(以下简称《分配方案》)、《纳入2019—2020年全国碳排放权交易配额管理的重点排放单位名单》,并做好发电行业配额预分配工作。《分配方案》在“十三五”规划收官之际出台,可以说是吹响了全国碳市场最后冲刺的号角。通知同时要求各省级生态环境主管部门按照要求于2021年1月29日前提交发电行业重点排放单位配额预分配相关数据表。这些信号彰显了主管部门贯彻落实中央经济工作会议部署,做好碳达峰、碳中和工作的决心。目前看来,全国碳排放权交易市场运行以来,市场总体运行平稳,价格发现作用初步显现。

2021 年 1 月 5 日，生态环境部发布了《碳排放权交易管理办法（试行）》（以下简称《管理办法》），于 2021 年 2 月 1 日起开始实施。《管理办法》进一步加强了对温室气体排放的控制和管理，为加快推进全国碳交易市场建设提供了更加有力的法律保障。

2021 年 1 月 9 日，生态环境部印发了《关于统筹和加强应对气候变化与生态环境保护相关工作的指导意见》（以下简称《指导意见》）。《指导意见》有助于加大推进应对气候变化与生态环境保护相关职能协同、工作协同和机制协同，有助于加强源头治理、系统治理、整体治理，以更大力度推进应对气候变化工作，实现减污降碳协同效应，为实现碳达峰目标与碳中和愿景提供了支撑保障。

（2）财政部。2020 年 12 月 31 日召开的全国财政工作会议对应对气候变化相关工作做出了具体部署。一是坚持资金投入同污染防治攻坚任务相匹配，大力推动绿色发展。二是推动重点行业结构调整，支持优化能源结构，增加可再生、清洁能源。三是研究碳减排相关税收问题。四是加强污染防治，巩固北方地区冬季清洁取暖试点成果。五是支持重点流域水污染防治，推动长江、黄河全流域建立横向生态补偿机制。六是推进重点生态保护修复，积极支持应对气候变化，推动生态环境。

（3）工业和信息化部。2021 年 1 月 26 日，工业和信息化部在国务院新闻办召开的新闻发布会上表示，落实我国碳达峰、碳中和目标任务的重要举措之一是钢铁压减产量。工业和信息化部与国家发展改革委等相关部门正在研究制定新的产能置换办法和项目备案的指导意见，以期逐步建立以碳排放、污染物排放、能耗总量为依据的存量约束机制，实施工业低碳行动和绿色制造工程。2021 年全面实现了钢铁产量的同比下降。

（4）国家能源局。2022 年 1 月 30 日，国家能源局发布了《关于完善能源绿色低碳转型体制机制和政策措施的意见》，针对适应能源绿色低碳转型的能源治理体系和治理能力建设，围绕深化能源体制改革提出系列举措，充分发挥市场在资源配置中的决定性作用，更好发挥政府作用，增强能源系统运行和资源配置效率。

(5) 中国人民银行。2021 年 1 月 4 日，中国人民银行工作会议部署了 2021 年十大工作，明确表示“落实碳达峰、碳中和”是仅次于货币、信贷政策的第三大工作。

3. 国内双碳管理产业分类

碳中和产业是一个集合而不是一个具体行业，涉及人类生产生活的所有相关产业和行业。碳中和产业是指以实现产业“零碳”排放为目标，通过碳减排、碳替代、碳封存、碳循环等技术手段，减少碳源、增加碳汇的相关产业。根据零碳能源供给、传输、存储及消费的关联度，碳中和产业大致可分为核心产业，关联产业和衍生产业这三大类。

1) 核心产业

碳中和的核心产业主要是与碳排放、减碳直接相关，或者强相关的领域，通常是能源生产端实现“零碳”排放的清洁能源产业，如太阳能光伏、氢能、风能、海洋能等新能源产业。“碳中和”的重要领域是电力生产清洁化，光伏、风电以及核能将成为电力清洁生产的主要方向，氢能将成为新的动力能源，其商业化应用有望加速。

2) 关联产业

碳中和的关联产业是与核心产业或者说是能源各环节相关联的产业领域，如锂电池、新能源汽车、特高压等关系“零碳”能源存储、传输、应用等领域，也包括高端服务业、新型都市工业等本身碳排放量较少的行业领域。以高端服务业为代表的产业领域本身就具有“零碳”“低碳”属性，知识密集型服务业将成为“碳中和”时代经济发展的重点方向，也将成为各地争抢的“香饽饽”。

3) 衍生产业

碳中和的衍生产业主要是指在“碳中和”的背景下，有中生新、无中生有的新兴领域，如合同能源管理、碳监测、碳金融（交易）、碳技术集成服务、碳补给等碳排放后端服务领域。

6.2 碳管理方法学与方法

6.2.1 碳排放影响因素量化分析

1. STIRPAT 模型

在分析与确定碳排放的主要影响因素时，STIRPAT 模型是当下运用最为广泛的模型之一。

1971 年，Ehrlich 等首先提出了 IPAT 模型，如式(6-1)所示：

$$I = P \times A \times T \tag{6-1}$$

式中，P 代表人口；A 代表财富；T 代表技术；I 代表环境。

由于 IPAT 模型衡量影响因素重要程度的前提是这些因素对环境造成的影响是相同的，因此该模型在衡量人口、财富、技术对环境的影响程度上存在较大的局限性。针对此问题，1994 年 Dietz 等在 IPAT 模型的基础上提出了 STIRPAT 模型，该模型克服了原有 IPAT 模型驱动因素难以产生非单调或非比例效应的局限，如式(6-2)所示：

$$I = aP^b A^c T^d e \tag{6-2}$$

式中，a 表示常数；b、c、d 分别表示 P、A、T 的弹性系数；e 是误差项，表示不可控或不可观测的随机变量。

在大多数研究中，通常在 STIRPAT 方程进行对数运算时，将其转换为线性方程，如式(6-3)所示：

$$\ln I = \ln a + b\ln P + c\ln A + d\ln T + \ln e \tag{6-3}$$

2. 对数均值迪氏指数

对数均值迪氏指数(Logarithmic Mean Divisia Index，LMDI)分解

由 Kaya 恒等式发展而来，它克服了 Kaya 恒等式无法消除残差项的局限。

假设碳排放量为 C，其变化量为 ΔC，根据 Kaya 恒等式，可将其分解为 l_1、l_2、l_3 种因素，其碳排放量可分解为式(6-4)所示：

$$C=\sum_{i=1}^{m}\sum_{j=1}^{m}C_{ij}=\sum_{i=1}^{m}\sum_{j=1}^{m}[(x_1x_2\cdots x_l)(y_1y_2\cdots y_l)(z_1z_2\cdots z_l)] \tag{6-4}$$

LMDI 的加法形式如式(6-5)所示：

$$\Delta C=C^t-C^{t-1}=\sum_{k=1}^{l_1}\Delta C_{xk}+\sum_{k=1}^{l_2}\Delta C_{yk}+\sum_{k=1}^{l_3}\Delta C_{zk} \tag{6-5}$$

LMDI 的乘法形式如式(6-6)所示：

$$\Delta C=C^t-C^{t-1}=\sum_{k=1}^{l_1}\Delta C_{xk}\times\sum_{k=1}^{l_2}\Delta C_{yk}\times\sum_{k=1}^{l_3}\Delta C_{zk} \tag{6-6}$$

式中，l_1、l_2、l_3 表示影响碳排放的各类驱动因素。

根据已有研究，LMDI 量化分析模型考虑的影响因素一般不少于三类。具体的影响因素需要根据具体的情景确定。在研究碳排放影响因素领域，选取的因素通常为人口、经济水平、能源碳排放因子、能源强度、产业结构等。

3. 平均变化率指数

平均变化率指数(Mean Ratio Change Index，MRCI)方法通过计算各个分解因素的占比来衡量其重要性，其表达式如式(6-7)所示：

$$\Delta C_u=\sum_{i=1}^{m}\sum_{j=1}^{n}\left[\frac{C_{ij}^t-C_{ij}^{t-1}}{A_{ij}}\times\frac{u^t-u^{t-1}}{(u^t+u^{t-1})/2}\right] \tag{6-7}$$

对于 A_{ij}，其计算公式如式(6-8)所示：

$$A_{ij}=\sum_{k=1}^{l_1}\frac{x_k^t-x_k^{t-1}}{(x_k^t+x_k^{t-1})/2}+\sum_{k=1}^{l_2}\frac{y_k^t-y_k^{t-1}}{(y_k^t+y_k^{t-1})/2}+$$

$$\sum_{k=1}^{l_3} \frac{z_k^t - z_k^{t-1}}{(z_k^t + z_k^{t-1})} \tag{6-8}$$

式中，ΔC_u 表示分解因素的差分值，反映了该因素的逐年效应；i 表示产业；j 表示能源类型；t 表示时间；u 表示分解的因素；A_{ij} 表示全部影响因素的平均变化率(Mean Ratio Change，MRC)之和。

4. 双重差分模型

上述几类量化分析模型在衡量碳排放影响因素领域已得到较为广泛的应用。事实上，碳排放不仅与这些因素有密切关系，更与国家颁布的政策息息相关。例如，自我国颁布双碳政策后，我国的碳排放出现明显的降幅。而双重差分模型作为一种定量的研究方法，可极大程度上避免数据的内生性问题，较好地衡量某种政策实施后对于碳排放产生的效应。双重差分模型的核心思想可表达为：在实施相关政策后，比较实验组和对照组之间的差异，随后构造出双重差分统计量，从而反映政策效果。以图 6-2 为例，首先。基于控制变量的思想，将实验组和对照组设置相同的变化趋势，在政策实施后，除了常规的影响因素外，此时实验组还会受到政策的影响作用，而对照组仅受到常规的影响作

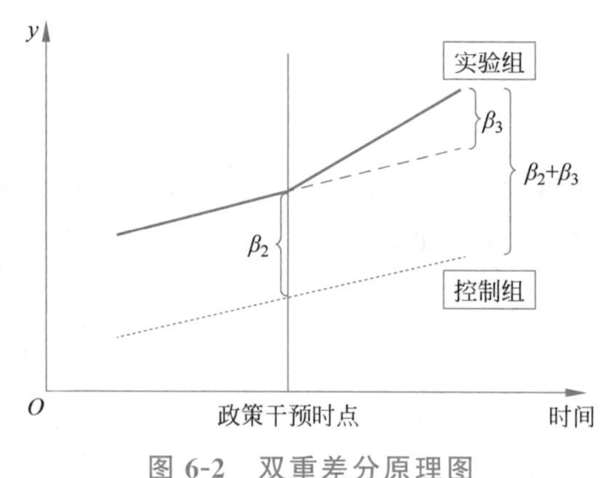

图 6-2 双重差分原理图

用，随后双重差分模型将会对比两者差异并进行分析，从而准确地量化政策实施效果。

为了研究相关政策带来的具体效应，在使用双重差分模型时，需具备以下条件：

(1) 在对实验组实施相关政策时，它将会对实验组内设置的相关因素产生明显的影响效应，但该政策在对照组内必须对剩余的因素不能产生影响效应。

(2) 在对实验组实施相关政策时，实验组与对照组的外界影响因素不能发生变化。

(3) 在对实验组实施相关政策时，实验组与对照组的关键影响因素不能发生变化，必须保持一定的稳定性。

6.2.2 碳排放等级综合评价方法

1. 层次分析法

层次分析法(Analytic Hierarchy Process，AHP)是美国运筹学科学家萨迪在20世纪70年代提出的，它通过将与决策密切相关的要素分解为目标、规则和计划三个层次，邀请专家创建权重矩阵，并将定量分析和定性分析相结合，被广泛用于各领域评价研究。其主要步骤如下：

1) 构造各层判断矩阵

根据目标层指标 P，采用1-9及其倒数标度法确定准则层B中各因素的重要度比例，并以相对重要度作为P-B判断矩阵的元素，形成判断矩阵。同理构造B-C判断矩阵。其中 a_{ij} 为要素 i 与要素 j 重要性结果比较且 $a_{ij}=\frac{1}{a_{ji}}$。

2）对各层判断矩阵单排序并进行一致性检验

计算矩阵最大特征根及对应特征向量确定矩阵各因素排序，并进行一致性检验。计算步骤(列和求逆法)如下：

① 累加判断矩阵的第 j 列元素，并取 c_j。

$$c_j = \frac{1}{\sum_{i=1}^{m} a_{ij}} \tag{6-9}$$

② 归一化 c_j，求得指标的权重系数。

$$w_j = \frac{c_j}{\sum_{k=1}^{m} c_k}, \quad k = 1, 2, \cdots, m \tag{6-10}$$

③ 计算各判断矩阵最大特征根 $\lambda_{\max}$。

$$\lambda_{\max} = \frac{1}{m} \sum_{i=1}^{m} \frac{\sum_{j=1}^{m} a_{ij} w_j}{w_i} \tag{6-11}$$

④ 计算判断矩阵的一致性指标(Consistency Index,CI)。

$$\mathrm{CI} = \frac{\lambda_{\max} - m}{m - 1} \tag{6-12}$$

⑤ 根据矩阵阶数 m 确定随机一致性指标(Random Index,RI)，见表 6-1。

表 6-1 平均随机一致性指标

阶数 m	1	2	3	4	5	6	7	8	9	10
RI	0	0	0.58	0.9	1.12	1.24	1.32	1.41	1.45	1.49

⑥ 计算随机一致性比例(Consistency ratio,CR)。

$$\mathrm{CR} = \frac{\mathrm{CI}}{\mathrm{RI}} \tag{6-13}$$

当 CR<0.1 时，通过一致性检验，否则需要调整判断矩阵，重新进行一致性检验，直至通过一致性检验。

2. 逼近理想解排序方法

逼近理想解排序方法(Technique for Order Preference by Similarity to an Ideal Solution,TOPSIS)是20世纪80年代提出的常用于多目标决策分析中评价方法。其原理是根据有限个评价对象与理想化目标的距离接近程度进行排序的方法。TOPSIS计算步骤如下:

步骤1:构建相关系数矩阵。对具体的数据进行无量纲化处理,由此来构造判断矩阵。

步骤2:计算加权标准化判断矩阵$\boldsymbol{U}=[c_{ij}]_{mn}=[w_j x'_{ij}]_{mn}$,其中$w_j$为指标的权重。

步骤3:确定理想解和负理想解。

$$\text{正理想解}c_j^* =\begin{cases}\max\limits_i c_{ij}, & j\text{为效益型属性}\\ \min\limits_i c_{ij}, & j\text{为成本型属性}\end{cases}\quad j=1,2,\cdots,n \tag{6-14}$$

$$\text{负理想解}c_j^0 =\begin{cases}\min\limits_i c_{ij}, & j\text{为效益型属性}\\ \max\limits_i c_{ij}, & j\text{为成本型属性}\end{cases}\quad j=1,2,\cdots,n \tag{6-15}$$

步骤4:计算各方案到正负理想解之间的距离。其中第i个方案到正理想解距离为

$$s_i^* =\sqrt{\sum_{j=1}^{n}(c_{ij}-c_j^*)^2},i=1,2,\cdots,m \tag{6-16}$$

第i个方案到负理想解距离为

$$s_i^0 =\sqrt{\sum_{j=1}^{n}(c_{ij}-c_j^0)^2},i=1,2,\cdots,m \tag{6-17}$$

步骤5:计算各方案的相对贴近度。

方案A_i的相对贴近度:

$$f_i^* =\frac{s_i^0}{(s_i^0+s_i^*)},i=1,2,\cdots,m \tag{6-18}$$

比较各方案的相对贴近度,相对贴近度越大则方案越好。

3. 熵权法

熵权法首先对原始数据进行无量纲化和标准化,通过计算熵值来确定客观权重,其中熵值越大,指标权重越高,其步骤如下所示。

步骤1:数据标准化。构建 $X=(x_{i,j})_{m\times n}$ 为样本的原始数据,并对其进行无量纲化和标准化处理。

$$r_{i,j}=\begin{cases}(x_{ij}-x_{j\min})/(x_{j\max}-x_{j\min}),j\text{ 指标为正向型指标}\\(x_{j\max}-x_{ij})/(x_{j\max}-x_{j\min}),j\text{ 指标为负向型指标}\end{cases}\tag{6-19}$$

步骤2:确定熵值。

$$e_j=-\frac{1}{\ln m}\sum_{i=1}^{m}p_{ij}\cdot\ln p_{ij}\tag{6-20}$$

式中,$p_{ij}=\dfrac{r_{ij}}{\sum\limits_{i=1}^{m}r_{ij}}$,$p_{ij}\in[0,1]$,当 $r_{ij}=0$,$p_{ij}=0$ 时,公式无意义,因此需要对 p_{ij} 进行修正处理:

$$p_{ij}=\frac{r_{ij}+10^{-4}}{\sum\limits_{i=1}^{n}r_{ij}+10^{-4}}\tag{6-21}$$

步骤3:确定指标权重。

$$w_j=\frac{(1-\varepsilon_j)}{\sum\limits_{i=1}^{n}(1-\varepsilon_j)}\tag{6-22}$$

式中,$w_j\in[0,1]$,且 $\sum\limits_{j=1}^{n}w_j=1$。

4. 模糊综合评价法

模糊综合评价法是一种基于模糊数学的综合评价方法。该综合评价法根据模糊数学的隶属度理论把定性评价转化为定量评价，即用模糊数学对受到多种因素制约的事物或对象做出一个总体的评价。它具有结果清晰，系统性强的特点，能较好地解决模糊的、难以量化的问题，适合各种非确定性问题的解决。

1）模糊综合评价指标的构建

模糊综合评价指标体系是进行综合评价的基础，评价指标的选取是否适宜，将直接影响综合评价的准确性。进行评价指标的构建时应广泛涉猎与该评价指标系统行业资料或者相关的法律法规。由评价指标体系创建一个评价指标集，即 $U=\{u_1,u_2,\cdots,u_n\}$，式中，u_i 表示第 i 个评价指标。将各种评价结果组成一个集合 V，$V=\{v_1,v_2,\cdots,v_n\}$。

2）采用构建好的权重向量

通过专家经验法或者层次分析法构建权重向量，将构建好的权重向量代入指标系统中。专家经验法是出现较早且应用较广的一种评价方法。它是在定量和定性分析的基础上，以打分等方式做出定量评价，其结果具有数理统计特性。层次分析法是一种解决多目标复杂问题的定性与定量相结合的决策分析方法。该方法将定量分析与定性分析结合起来，用决策者的经验判断各衡量目标之间能否实现的标准之间的相对重要程度，并合理地给出每个决策方案的每个标准的权数，利用权数求出各方案的优劣次序，该方法可以比较有效地应用于那些难以用定量方法解决的课题。根据不同的要求和各种企业状况，合理地选择构建权重向量的方法，得到最符合实际状况的权重向量并赋予到指标系统中。

3）构建评价矩阵

建立适合的隶属函数从而构建评价矩阵。隶属函数，是用于表征模糊集合的数学工具。为了描述元素 u 对 U 上的一个模糊集合的隶属关系，由于这种关系的不分明性，它将用从区间[0,1]中所取的数值代替0,1这两个值来描述，表示元素属于某模糊集合的“真实程度”。从选定指标集的每个指标出发，根据评语集分别确定评价对象对评语集元素的隶属程度，然后将单因素评价集 R_i 组合得到多因素评价集：

$$R=\begin{pmatrix} r_{11} & r_{12} & \cdots & r_{1n} \\ r_{21} & r_{22} & \cdots & r_{2n} \\ \vdots & \vdots & \ddots & \vdots \\ r_{m1} & r_{m2} & \cdots & r_{mn} \end{pmatrix} \tag{6-23}$$

R 的每一行表示单因素评价集。评价指标对于评语的隶属度可以由隶属函数计算。

$$r(x)=\begin{cases} \dfrac{x-y_{i+1}}{y_i-y_{i+1}}, & y_{i+1}<x<y_i \\ 0, & x\leqslant y_{i+1}, x\geqslant y_i \end{cases} \tag{6-24}$$

4）评价矩阵和权重向量的合成

采用适合的合成因子，将权重向量和评价矩阵进行合成，并对结果向量进行解释。通过分析初始条件和结果向量之间的关系，得出使用模糊数学方法对受到多种因素制约的事物或对象做出的一个总体评价。

$$\boldsymbol{B}=\boldsymbol{A}\times\boldsymbol{R}=\begin{pmatrix} a_1 \\ a_2 \\ \vdots \\ a_m \end{pmatrix}^{\mathrm{T}} \begin{pmatrix} r_{11} & r_{12} & \cdots & r_{1n} \\ r_{21} & r_{22} & \cdots & r_{2n} \\ \vdots & \vdots & \ddots & \vdots \\ r_{m1} & r_{m2} & \cdots & r_{mn} \end{pmatrix} \tag{6-25}$$

式中，$\boldsymbol{A}$ 为评价指标的权重，矩阵 $\boldsymbol{B}$ 的每一个元素为模糊综合评价值。

6.2.3 碳达峰预测分析方法

1. IMAGE模型

温室效应综合评估模型(Integrated Model to Assess Greenhouse

Effect，IMAGE)是一个全球环境与气候变化综合模型，用以模拟全球社会-生物圈-气候系统动力学特征，旨在探求系统的关联与反馈，并评估气候政策的影响。

1) IMAGE模型子系统

IMAGE模型包括三个完全相连接的子系统：能源-工业子系统、陆地-环境子系统、大气-海洋子系统。IMAGE模型详细描述了上述子系统之间、各子系统模型之间的重要反馈与关联。具体如下：

(1) 能源-工业子系统。能源-工业模型把世界分为13个区域，各区域温室气体排放为能源消费和工业生产的函数，并利用各种经济/人口预测结果计算最终能源消费。该子系统包括以下子模型：能源经济、能源排放、工业生产、工业排放。

(2) 陆地-环境子系统。基于气候与经济因子、生物圈排放到大气中的CO_2通量和其他温室气体，陆地-环境模型模拟了网格尺度上全球土地覆盖的变化。该子系统包括以下子模型：农业需求、陆地植被、土地覆盖、陆地碳循环、土地利用排放。

(3) 大气-海洋子系统。大气-海洋模型计算了大气中温室气体的增加及其所导致的温度与降水的分布。该子系统包括以下子模型：大气组成成分、地带性大气气候、海洋气候、海洋生物圈/化学。

2) IMAGE模型的时空尺度

IMAGE模型的时间水平跨越为1970—2100年，不同子模型的时间步长因其数学和计算要求而异，但一般来说变化从1天到5年不等。

模型的空间尺度，就陆地计算来说为0.5×0.5经纬度的网格尺度；基于经济的计算(与能源、工业生产、农业需求有关)是将全球分为13个区域；大气和海洋的气候计算则采用二维网格(100个纬度带以及9个或更多的垂直层)。之所以选用0.5×0.5经纬度的网格尺度，是考虑到：①几乎所有的气候变化潜在影响(如对生态系统、农业和濒海洪涝的影响)都有很强的空间变化率，与土地利用有关的温室气体排放很大程度上依赖局地环境条件和人类活动。而且，气候反馈，如温度对土壤呼吸作用的影响或 CO_2 浓度变化对植被生产力的影响等，区位之间变动尤为剧烈。② 决策者关注的是气候变化的区域或国家政策。一般而言，大部分气候政策是就特定区位制定的，尤其是森林与人工林的碳汇作用，或改变农业操作方式而减少的 N_2O 含量。③与其他更为综合的模型相比，IMAGE 模型的网格尺度信息会提高模型对观测值的可检验度。

3）IMAGE 模型的建模方法

由于 IMAGE 模型基于大型的全球数据系列及知之甚少的全球过程，许多参数定义不当、有很大的自由度是难免的。基于此，建模的基本方法是提出有过程细节可比水平的子模型，调整具有最大自由度的有限参数，然后对模型的三个子系统进行关联和检验，最后检验整个相关联的系统。

2. LEAP 模型

长期能源替代规划系统（Long-range Energy Alternatives Planning System，LEAP）模型，是一个基于情景分析的自底向上的能源-环境核算工具，由斯德哥尔摩环境研究所与美国波士顿大学共同开发。LEAP 模型可预测社会整体在不同驱动因素影响下的能源供需情况，并计算能源在流通和消费过程中产生的污染物及温室气体排放量。LEAP 模型可以根据研究要求自由选择适应的模型和数据框架，包括三方面：能量供给、能量转换和最终能源需求，它包含几乎所有的能源需要、加工、运输、配送和终端的运用，它能模拟现有的应用和最终的能耗技术。

LEAP 模型本身有一个技术环境数据库（The Technology Environmental Data Base）。LEAP 模型结构灵活，使用者可以根据研究对象特点、数据可用性、分析的目的和类型等，构造模型结构和数据结构，用于分析不同情景下的能源消耗和温室气体排放。

LEAP模型综合考虑人口、经济、技术等一系列因素，包含能源供应、能源加工转换、终端能源需求等环节，在不同预设情景下，分能源、交通、住房和工业等部门进行中长期能源需求和碳排放量预测，并分能源品种进行供给-需求、污染物排放和碳排放量预测。LEAP模型自上而下可分为需求-部门-行业-种类-能源五级分支，可在不同情景界面不同分支中输入数据及编辑数学函数来描述各分支活动水平或能源强度在未来时间可能的发展趋势，模型数据输入常用函数类别有Modeling（建模函数）、Time-Series（时间序列函数）和Constants（连续函数）等。在众多碳排放预测分析模型中，LEAP模型的应用最为广泛。LEAP模型有着综合性和易用性强、灵活方便、建模方法丰富、情景分析灵活、时间跨度多样、对初始数据要求低和适用范围广的特点，受到国内外学者认可。目前，国内无论是国家、省、地市区还是行业部门层面均已将LEAP模型作为能源需求和碳排放量预测的工具。

3. CAEP-CP模型

CAEP-CP（Chinese Academy of Environmental Planning Carbon Pathways）是由生态环境部环境规划院开发的中国碳中和目标下的二氧化碳排放路径，实现了全国、分省、分部门的排放路径分析和情景模拟，为决策者建立可科学计算、可精准研判和可落地分析的二氧化碳排放管控路径和措施提供重要支撑。

1）CAEP-CP模型框架

CAEP-CP模型中的二氧化碳排放仅考虑化石能源燃烧的二氧化碳排放。它借鉴了IPCC路径情景方法学、排放机理模型、统计学模型和GIS空间分析模型等方法，并结合文献分析、数据挖掘和专家研讨等多种形式开展研究工作，详细框架如图6-3所示。CAEP-CP模型中包括5个部门，分别是火电、工业（非火电）、交通、建筑（农村生活、城镇生活、服务业)和农业。

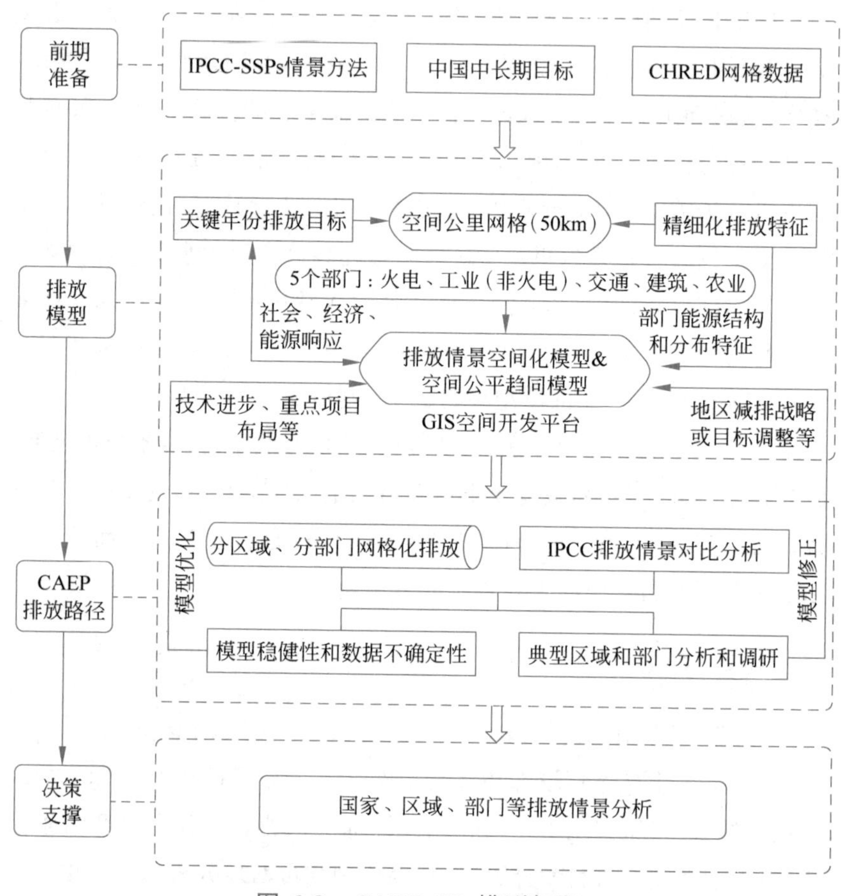

图 6-3　CAEP-CP 模型框架

2）中国二氧化碳排放数据

中国二氧化碳网格化排放数据来自中国高空间分辨率排放网格数据(China High Resolution Emission Database，CHRED)，参考国际主流自下而上的空间化方法，结合中国的实际情况和数据特点，基于点排放源自下而上的空间化方法，结合点排放源和其他线源(交通源)、面源(农业、生活源等)数据，建立 1km 二氧化碳排放网格数据，确定数据的空间精度和不确定性分析方法。

3）部门排放趋势特征

根据部门历史排放特征（2010—2019年数据）、中国碳情速报研究数据（2020年数据），参考国内外研究文献中关于中国相关部门排放趋势分析，以及相关政策和行业专家判断，确定部门排放趋势特征。

4）IPCC二氧化碳排放数据

IPCC-SSPs是IPCC基于全球升温控制和排放特征，结合排放与社会经济发展情景，提出的气候变化约束下的全球共享社会经济路径，用以阐述全球社会经济发展的可能状态和演变趋势。IPCC-SSPs数据库提供了较为完善且具有国际权威的2020—2100年全球空间化温室气体排放数据（0.5网格，约50km分辨率），对于IPCC各类评估报告、UNFCCC（联合国气候变化框架公约）谈判和各国政府气候决策发挥了关键支撑作用。SSPs情景已经应用于IPCC第五次评估报告。SSP1是可持续路径（Sustainability），也是IPCC-SSPs情景中温室气体减排最为严格的一种情景。

4. 情景分析法

情景分析法，也被称为脚本法或前景描述法，顾名思义，是一种通过设置不同场景来表达研究对象未来状态或环境的方法。情景分析法通过分析、假设、预测等方式，设置未来事物的发展情景。该方法综合分析设定不同情景下的影响因素发展，从而预测研究对象在不同发展情景下的情况，寻找最优发展路径，并结合发展可能性制定合适的政策，使研究对象沿最优路径发展。情景分析法不同于其他预测仅研究单一的变化趋势，而是在确定研究对象影响因素的基础上，合理预测各个因素可能发生的情况，得到研究对象在不同情景下的发展趋势。在长时间尺度中情景分析法优于一般预测的原因是它综合应用了定性和定量的方法。在信息比较全、发展态势明显的情况下，可以通过一些数学模型进行预测；而在缺乏全面信息和数据、无法把握未来趋势的情况下，就显示出情景分析法的优势，即通过定性方法全面系统地把握变化趋势。

制定者应在设定情景前，研究分析以往的历史数据和其他学者研究成果。然后，以此为基础，根据当前的发展情景和未来可能的发展方向进行各种合理的假设预测，或以某个目标为指导，利用目标的倒逼作用，分析预测未来可能的发展方向和路径。最后，综合全面地分析和判断是否具有实现相关目标的可行性，从中选择出最优的发展情景，以指导具体实践。

情景分析法具有以下特征：研究对象的发展具有极高的不确定性，但是可以通过确定并设定重要影响因素来大体预测；不是基于历史数据来精确预测，而是采用定性和定量结合的方法探究未来的多种可能性，最终通过对比选择最优路径；需要系统地做出有层次、有联系的描述；由于无法收集研究对象的全部信息，定性分析和定量分析同等重要。

情景分析法基本步骤：首先，情景分析准备。明确分析对象，确定影响研究对象变化的重要影响因素，并对影响显著的因素进行界定与分析。其次，情景设置。根据影响因素变化的不同可能性设定不同的情景，对具体参数进行设置、组合。最后，情景预测。对设定的情景进行分析对比，选择出最优或最适合的发展情景，并指导实践。

6.3 碳管理方法应用实践

6.3.1 碳监测

1. 概述

碳监测是指对大气、土地、水体等环境中的碳元素进行实时或定期监测的过程。碳监测获取的基础信息包括温室气体排放强度、环境中浓度和碳汇状况等三方面的数据。其目的是了解碳的来源、转化和去向,以及评估人类活动对碳循环的影响,为碳管理和减排提供科学依据。碳监测通常涉及气体测量、土壤和植被监测、水体监测等领域,包括碳排放源监测和吸收汇监测。同时,碳监测也为碳交易和碳市场提供了可靠的数据来源。

1) 碳监测主题分类

碳监测主题分为大气碳监测、土地碳监测、水体碳监测、碳排放源监测、碳汇监测等主题。大气碳监测主要通过测量大气中的二氧化碳、甲烷等温室气体浓度,了解人类活动对大气中温室气体浓度的影响和趋势;土地碳监测指通过测量土壤中的碳含量和植被生长量,了解土地碳循环的状况和变化趋势;水体碳监测主要通过测量水体中的碳含量,了解水体碳循环的状况和变化趋势;碳排放源监测是针对能源、工业、交通、农业等行业的碳排放源,对其排放量和排放特征进行实时或定期监测;碳汇监测指针对各种生态系统,如森林、草原、湿地等,监测其碳吸收和存储情况,了解生态系统的碳循环特征和对气候变化的响应。

2) 碳监测基本方法

目前,碳监测主要是指通过综合观测、数值模拟、统计分析等手段,获取温室气体排放强度、环境中浓度、生态系统碳汇以及生态系统影响程度等碳源碳汇状况及其变化趋势信息,以服务于应对气候变化研究和管理工作的过程,这对于建立高效节能的减排体系具有重大的理论和实践意义。

3) 碳监测气体对象

碳监测的气体对象主要是《京都议定书》和《多哈修正案》中规定控制的7种人为活动排放的温室气体,包括二氧化碳(CO_2)、甲烷(CH_4)、氧化亚氮(N_2O)、氢氟化碳(HFCs)、全氟化碳(PFCs)、六氟化硫(SF_6)和三氟化氮(NF_3)。

2. 建筑建造阶段碳排放分析应用示例

建筑行业作为温室气体排放的主要产业来源,其排放量占国内排放总量的40%左右,具有巨大的减排潜力。因此,有效降低建筑业碳排放量对于我国实现“双碳”政策具有重要的意义。本示例基于LMPI因素分解模型,对建筑建造阶段影响碳排放量变化的六大因素的贡献程度进行分析。

1) 建筑建造阶段碳排放量计算模型

采用排放因子法来计算建筑建造阶段的二氧化碳排放量 $C_b(t)$,主要来源于建造过程中直接消耗的煤炭、石油、天然气等一次能源和电能所产生的二氧化碳。考虑到电力能源属于二次能源,其碳排放计算公式与一次能源不同,因此将其分开计算:

$$\begin{aligned} C_b(t) &= CF_b(t) + CP_b(t) \\ &= \sum_{i=1}^{9} e_i(t) \times \delta_i \times (1-\alpha_i) \times \\ &\quad r_i + P_b(t) \times f(t) \times k \times c \end{aligned} \tag{6-26}$$

式中,$CF_b(t)$为第 t 年9种化石能源在建造过程中二氧化碳排放总量;$e_i(t)$为在第 t 年时第 i 种能源在建筑行业的消耗量;δ_i 为第 i 种能源的碳排放系数;α_i 为第 i 种能源的碳固定化比率;r_i 为第 i 种能源的碳氧化率。$CP_b(t)$为第 t 年在建造过程中电力消耗所产生的二氧化碳排放总量;$f(t)$为第 t 年的火电比例;k 为折煤标准系数;c 为标煤碳排放系数。

2) 建筑建造阶段碳排放的LMDI因素分解模型

建筑行业全生命周期各个阶段产生了大量的二氧化碳排放,为了对建筑行业进行节能减排,需要对影响碳排放变化的因素进行辨识,找到全生命周期各阶段碳排放关键影响因子。本案例采用LMDI方法和区间分解相结合的方式，对建筑建造阶段的影响因素进行分解研究。

在建筑建造阶段，选取了全国生产总值、全国总人口以及来自建筑材料准备阶段和建造阶段的共9个因素，建筑建造阶段LMDI因子分解表达式如下：

$$\begin{aligned}C_{\mathrm{b}}(t) &= \sum_{i=1}^{10} C_i(t) \\ &= \sum_{i=1}^{10} \frac{C_i(t)}{E_i(t)} \times \frac{E_i(t)}{E(t)} \times \frac{E(t)}{M(t)} \times \frac{M(t)}{A(t)} \times \frac{A(t)}{\mathrm{Pow}(t)} \times \\ &\quad \frac{\mathrm{Pow}(t)}{P_{\mathrm{c}}(t)} \times \frac{P_{\mathrm{c}}(t)}{A(t)} \times \frac{A(t)}{G_{\mathrm{c}}(t)} \times \frac{G_{\mathrm{c}}(t)}{G(t)} \times \frac{G(t)}{P(t)} \times P(t) \\ &= \sum_{i=1}^{10} K_i \times \mathrm{Er}_i(t) \times \mathrm{Em}(t) \times \mathrm{Ma}(t) \times \mathrm{Ap}(t) \times \\ &\quad \mathrm{Pp}(t) \times \mathrm{Pa}(t) \times \mathrm{Ag}(t) \times \mathrm{Gg}(t) \times \mathrm{Gp}(t) \times P(t)\end{aligned} \tag{6-27}$$

式中，$M(t)$表示建筑材料准备阶段的所有建筑材料的总质量；$E_i(t)$表示建造阶段的第t年每种类型能源的消耗；$E(t)$表示总能源消耗；$A(t)$表示建筑总面积；$\mathrm{Pow}(t)$表示设备总数；$P_{\mathrm{c}}(t)$表示第t年的建筑行业从业人数；$G_{\mathrm{c}}(t)$表示建筑行业总产值；$G(t)$表示全国总产值；$P(t)$表示全国总人口。建筑总面积、设备总数、建筑行业从业人数和建筑行业总产值等数据均来源于2000—2019年建筑业统计年鉴，全国总产值和全国总人口等数据来源于2000—2019年国家统计局。

K_i为第i种能源的碳排放因子；$\mathrm{Er}_i(t)$为第t年第i种能源在建筑行业总能源消耗中的比例；$\mathrm{Em}(t)$表示第t年单位建筑材料所消耗的能源量；$\mathrm{Ma}(t)$表示第t年单位建筑面积所消耗的建筑材料量；$\mathrm{Ap}(t)$表示第t年单位功率所产生的建筑面积；$\mathrm{Pp}(t)$表示第t年每个从业人员人均功率数；$\mathrm{Pa}(t)$表示第t年单位施工面积的从业人数；$\mathrm{Ag}(t)$表示第t年建筑行业的经济效率；$\mathrm{Gg}(t)$表示第t年的建筑行业占比；

Gp(t)表示第 t 年全国人均生产总值。

3）建筑建造阶段碳排放的 LMDI 因素分解结果

建筑建造阶段碳排放量变化值分解如图 6-4 所示。从图中可以看出各个因子对于建筑行业建筑建造阶段碳排放量变动的影响程度，可以看到这个阶段碳排放量分解值处于一个持续增长的阶段。碳排放系数对这一阶段碳排放变化影响可以忽略不计。而单位建筑行业总产值所建筑的施工面积、单位质量建材所消耗能量、单位功率所产生的施工面积和单位面积上的从业人数对建筑行业的碳排放量起到抑制作用。单位质量建材的能耗对碳排放的影响在 2006 年之前一直是正向增长作用，2007 年之后一直是负向抑制作用，并且一直在负向增长。可以看出国家提出的建筑材料的环保要求，对建造阶段的碳排放有显著的影响。在 2013 年前后，由于建筑材料使用量大幅增长，有可能使得材料环保性能降低，从而导致对建造阶段的碳排放的抑制作用有所降低。而单位面积施工设备功率消耗值、全国人口和人均总产值对碳排放量起到增长作用，其中单位面积施工设备功率消耗一直处于增长状态，说明由施工设备消耗的能源所产生的碳排放量一直在增加。综合来看，建筑行业建筑建造阶段碳排放量变化正向驱动因素有人口因素、人均 GDP 以及单位建筑面积上能源消耗量，负向影响因素有单位质量建材所消耗能量和单位面积上从业人数等。这几个因素从大到小依次排序为：人均 GDP、单位建筑面积消耗功率、建筑 GDP 占比、全国总人口、排放系数、能源比例、人均功率、单位建筑材料所产生的面积、单位质量建材能耗、经济效率和单位面积上从业人数。但是负向抑制因子没能有效抵消增长因素的影响。因此建筑行业在后续施工过程中应该继续提高生产效率和优化能源结构，使用绿色节能的环保材料。

综合来看，引起建筑建造阶段碳排放量变化的影响因素的贡献程度由大到小依次排序为：GDP＞面积人数＞功率面积＞能耗材料＞经济效率＞建筑占比＞面积材料＞人口＞能源比例＞人均功率＞排放系数。

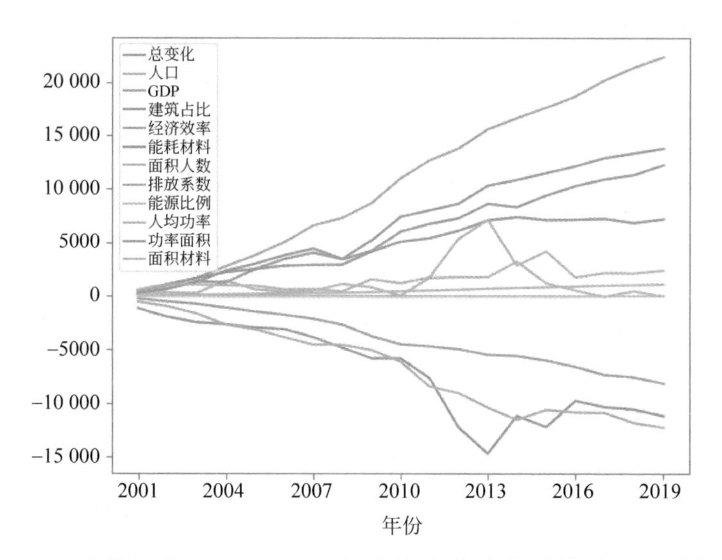

图 6-4 建筑行业 2001—2019 年建筑建造阶段碳排放因子分解图

6.3.2 碳足迹、碳标签

1. 概述

1）碳足迹测算标准

“碳足迹”起源于“生态足迹”，指的是某个特定活动或实体产生的温室气体（Greenhouse Gas，GHG）排放量，用于度量因能源消耗而产生的碳排放对环境的影响。2003 年英国提出碳足迹概念之后，国内外学者围绕碳足迹测算、碳足迹影响因素、碳足迹转移等方面开展了广泛的研究，为碳足迹的评估与应用奠定了基础。然而，过了二十多年，碳足迹的测算尚未形成统一的标准。应用相对较广泛的标准主要有联合国政府间气候变化专门委员会制定的《IPCC 国家温室气体清单指南》、英国制定的 PAS2050 标准、世界可持续发展工商理事会制定的 GHG protocol 以及国际标准化组织制定的 ISO 14064 和 ISO 14067 标准等，这些标准涉及区域、企业、产品与服务多方面。我国先后出台了《省级温室气体清单编制指南(试行)》，并针对电力、钢铁、有色金属、水泥、化工、民航等高排放行业，制定了 24 个行业企业温室气体排放核算方法与报告指南。根据测算尺度的不同，碳足迹的测算对象包括国家、区域、企业或组织、家庭等。针对不同的测算对象，可以灵活选用相关的标准与指南。

碳标签是指将产品或者服务在生命周期全过程(包含原料、制造、储存、运输、废弃、回收各个阶段)的温室气体排放量以数值的形式标示出来的一种环境标签。碳标签旨在与消费者沟通产品或者服务的碳排量信息，以期达到引导消费者选择碳排放量较低的产品或服务，推广碳减排相关技术，从而减少温室气体排放和缓解气候变暖的目的。近年来，研究人员对碳标签中所涉及的影响机制问题、制度问题、节能减排问题、国际实践问题进行了大量研究，试图为行业、企业和用户提供高质量的碳标签管理策略和实施方案。与碳标签研究相关的国内外现有研究成果主要集中在碳标签的国际实践分析、碳标签对国际贸易的影响、碳标签对减排的作用机理等方面。

2) 碳足迹测算方法

行业和产品碳足迹测算主要采用全生命周期法(Life Cycle Assessment，LCA)，该方法通过设置一定的边界与框架，计算产品从原料，到生产、使用、废弃各个阶段的碳排放。目前，相关研究已经涉及了服装、建筑、钢铁、石化、旅游、交通等重点行业和风力发电机、家用空调等机电产品，以及煤炭、聚乙烯、沥青、水泥等化工产品和蔬菜、面粉、乳制品等产品碳足迹的测算及评价。

对居民生活碳足迹测算主要采用排放因子法，计算由居民衣、食、住、行等基本生活需求造成的直接或间接消耗能量而产生的二氧化碳排放量。该方法简单、直观，可以引导居民绿色生活消费。

在区域一体化发展的背景下，区域间商品与服务的流通导致碳足迹在区域间的转移，划分区域碳排放责任需要量化碳在区域间的转移。分析区域间碳转移的主要方法是投入产出生命周期法。利用投入产出数据，分析区域碳足迹以及碳排放的空间转移，研究碳足迹和人均碳足迹差异，分析不同区域的碳足迹及碳转移，从而从能源结构调整、产业升级转型、强化区域内省际相互协作等视角提出协同碳减排策略。

3）碳标签的分类标准

一般可以从碳标签的表现形式、对参与主体的约束力和碳标签的属性三方面对碳标签进行分类。将碳标签进行分类，不仅使消费者可以清楚地了解到产品的碳信息，也便于政府或第三方对碳标签的管理。

根据碳标签的不同表现形式进行分类，可以分为碳标识标签、碳得分标签和碳等级标签三种。碳标识标签没有公布明确的二氧化碳排放量的数值，仅仅表明产品在整个生命周期内的二氧化碳排放量低于某个既定标准。碳得分标签是将产品在整个生命周期内的碳足迹进行计算并公布的一种碳标签，便于消费者对不同产品的二氧化碳排放量进行比较，引导消费者选择更低碳的产品。碳等级标签将对产品整个生命周期内的碳排放量进行计算，并与同行业平均水平比较，然后确定它在行业中所处的等级。

根据对参与主体的约束力进行分类，可以将碳标签分为自愿型碳标签和强制型碳标签。目前大多数发达国家推行的碳标签制度属于自愿型碳标签，例如，英国碳减排标签，美国气候意识标签、食品碳标签和无碳认证标签，法国 Indice Carbone 标签，加拿大 Carbon Counted 标签，瑞典 Climate Marking in Sweden 标签等。

根据碳标签的属性进行分类，可以将碳标签分为公共碳标签和私有碳标签。公共碳标签的计划所有者是政府，而私有碳标签由私人公司经营，政府只发挥有限的作用。大多数碳标签实施者是政府机构，私人实施碳标签的数量有限，仅在法国和美国出现私有碳标签，这表明在大多数情况下实施碳标签制度，政府干预是有一定必要性的。

2. 变压器碳足迹追踪应用示例

变压器采用“云监造”，能够实时获取原材料、制造过程、项目进展等质量相关数据，全程在线监测产品生产过程。变压器是电力系统的重要组成部分，变压器电缆组合电器占大部分比例，其运行所消耗的能源和排放的碳足迹是影响电力系统环境影响的重要因素。追踪变压器的碳足迹可以帮助了解电力系统对气候变化的影响，并为制定减排策略提供科学依据。

1）变压器碳足迹核算边界

变压器碳足迹核算边界为从摇篮到坟墓，即原材料获取（不考虑原材料生产，以获得即为结果进行核算）、原材料运输、产品生产、产品运输、产品使用、产品回收 6 个环节产生的二氧化碳排放量，不包含其他温室气体，如图 6-5 所示。

变压器碳足迹核算边界内生活、办公，以及产品的辅助生产系统耗能导致的二氧化碳排放原则上不在核算范围内。

2）核算步骤与核算方法

（1）核算步骤。变压器碳足迹核算的完整工作流程主要包括：①识别 6 个环节排放源；②整理各环节碳排放核算对象清单；③收集活动水平数据；④获取和选择排放因子数据；⑤使用碳核算模型计算 6 个环节二氧化碳排放量；⑥汇总变压器各环节二氧化碳排放量。

变压器碳足迹计算见公式：

$$E = E_{原材料获取} + E_{原材料运输} + E_{产品生产} + E_{产品运输} + E_{产品使用} + E_{产品回收} \tag{6-28}$$

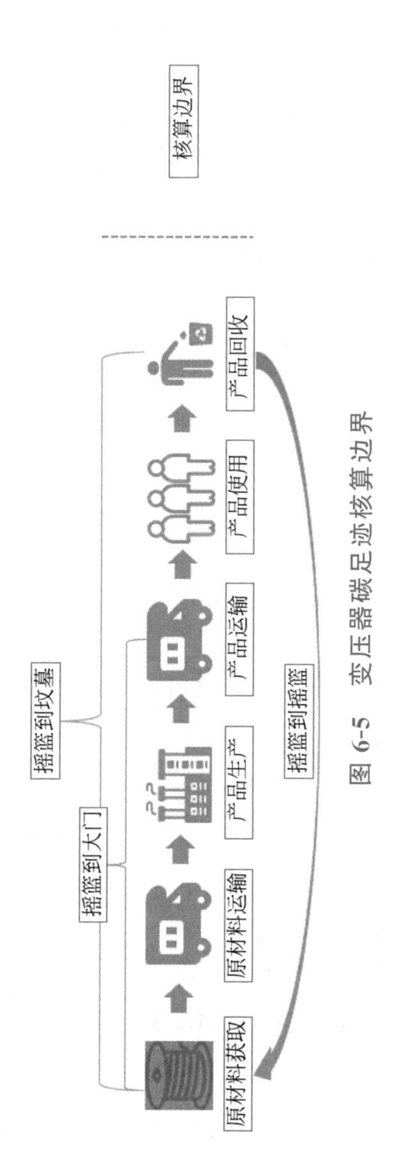

图 6-5　变压器碳足迹核算边界

式中，E 为变压器碳足迹，单位为吨二氧化碳当量（tCO_2e）；$E_{原材料获取}$ 为原材料获取环节产生的二氧化碳排放总量，单位为 tCO_2e；$E_{原材料运输}$ 为原材料运输环节产生的二氧化碳排放总量，单位为 tCO_2e；$E_{产品生产}$ 为产品生产环节产生的二氧化碳排放总量，单位为 tCO_2e；$E_{产品运输}$ 为产品运输环节产生的二氧化碳排放总量，单位为 tCO_2e；$E_{产品使用}$ 为产品使用环节产生的二氧化碳排放总量，单位为 tCO_{2e}；$E_{产品回收}$ 为产品回收环节产生的二氧化碳排放总量，单位为 tCO_{2e}。

（2）核算方法。核算方法包括原材料获取、原材料运输、产品生产、产品运输、产品使用、产品回收 6 个阶段。

① 原材料获取环节的二氧化碳排放主要来源于变压器原材料消耗，碳排放核算计算公式如下：

$$E_{原材料获取} = \sum_{i=1}^{n} (AD_{第i种原材料} \times EF_{第i种原材料}) \tag{6-29}$$

式中：

$E_{原材料获取}$ 为原材料获取环节产生的二氧化碳排放总量，单位为 tCO_2e；

$AD_{第i种原材料}$ 为原材料的消耗量，单位为 t；

$EF_{第i种原材料}$ 为原材料的排放因子，单位为 tCO_{2e}/TJ；

i 为计算起始值（原材料种类）；

n 为计算终止值（原材料种类）。

原材料获取环节优先选择通过实际测算的原材料排放因子，其次选择广为接受的数据库中的数据，例如国家已发布的 24 个行业企业温室气体排放核算方法与报告指南、IPCC、中国 CLCD 数据库、欧盟 Emission Factor Database、美国 EPA 等通用排放因子库。

变压器原材料排放因子见表 6-2。

表 6-2　变压器原材料排放因子

环　　节	原材料消耗种类	原材料排放因子	来　　源
原材料获取	硅钢片	0.014(tCO_{2e})	中国产品全生命周期排放系统库
	铁板	2.05(tCO_{2e})	
	铜线	3.73(tCO_{2e})	
	绝缘件	0.000 82(tCO_{2e})	
	变压器油	3.08(tCO_{2e})	
	环氧树脂	0.007 83(tCO_{2e})	

② 原材料运输环节的二氧化碳排放主要来源于变压器原材料运输，包括化石燃料燃烧、电力消耗产生的二氧化碳排放，计算公式如下：

$$E_{原材料运输} = \sum_{i=1}^{n}(\mathrm{AD}_{第i种能源} \times \mathrm{EF}_{第i种能源}) \tag{6-30}$$

式中：

$E_{原材料运输}$为原材料运输环节产生的二氧化碳排放总量，单位为 tCO_{2e}；

$\mathrm{AD}_{第i种能源}$为运输工具的能源消耗量，单位为 L 或 MW·h；

$\mathrm{EF}_{第i种能源}$为能源类型对应的排放因子，单位为 tCO_{2e}/L 或 tCO_2/MWh；

i 为计算起始值(能源类型)；

n 为计算终止值(能源类型)。

原材料运输环节能源(不含电力)排放因子优先选择通过实际测算的能源排放因子，其次选择广为接受的数据库中的数据，例如国家已发布的 24 个行业企业温室气体排放核算方法与报告指南、IPCC、中国 CLCD 数据库、欧盟 Emission Factor Database、美国 EPA 等通用排放因子库。变压器能源排放因子见表 6-3。

表 6-3　变压器能源排放因子

环节	原材料消耗种类	原材料排放因子	来　源
原材料运输	柴油	3.15(tCO_{2e}/t)	中国产品全生命周期排放系统库

③ 产品生产环节的二氧化碳排放主要来源于变压器生产制造过程,包括化石燃料燃烧、电力热力消耗产生的二氧化碳排放,计算见公式:

$$E_{产品生产} = \sum_{i=1}^{n} (AD_{第i种能源} \times EF_{第i种能源}) \tag{6-31}$$

式中:

$E_{产品生产}$为产品生产环节产生的二氧化碳排放总量,单位为 tCO_{2e};

$AD_{第i种能源}$为生产制造过程中的能源消耗量,单位为 L 或 MW·h;

$EF_{第i种能源}$为能源类型对应的排放因子,单位为 tCO_{2e}/L 或 tCO_2/MWh;

i 为计算起始值(能源类型);

n 为计算终止值(能源类型)。

产品生产环节能源(不含电力)排放因子优先选择通过实际测算的能源排放因子,其次选择广为接受的数据库中的数据,例如国家已发布的 24 个行业企业温室气体排放核算方法与报告指南、IPCC、中国 CLCD 数据库、欧盟 Emission Factor Database、美国 EPA 等通用排放因子库。

④ 产品运输环节的二氧化碳排放主要来源于变压器运输,包括化石燃料燃烧、电力消耗产生的二氧化碳排放,计算见公式:

$$E_{产品运输}=\sum_{i=1}^{n}(AD_{第i种能源}\times EF_{第i种能源}) \tag{6-32}$$

式中：

$E_{产品运输}$ 为产品运输环节产生的二氧化碳排放总量，单位为 tCO_{2e}；

$AD_{第i种能源}$ 为运输工具的能源消耗量，单位为 L 或 MW・h；

$EF_{第i种能源}$ 为能源类型对应的排放因子，单位为 tCO_{2e}/L 或 tCO_2/MWh；

i 为计算起始值（能源类型）；

n 为计算终止值（能源类型）。

产品运输环节能源（不含电力）排放因子优先选择通过实际测算的能源排放因子，其次选择广为接受的数据库中的数据，例如国家已发布的 24 个行业企业温室气体排放核算方法与报告指南、IPCC、中国 CLCD 数据库、欧盟 Emission Factor Database、美国 EPA 等通用排放因子库。

⑤ 产品使用环节的二氧化碳排放主要来源于变压器施工安装、运行维护过程，包括化石燃料燃烧、电力热力消耗产生的二氧化碳排放，计算见公式：

$$E_{产品使用}=\sum_{i=1}^{n}(AD_{第i种能源}\times EF_{第i种能源}) \tag{6-33}$$

式中：

$E_{产品使用}$ 为产品使用环节产生的二氧化碳排放总量，单位为 tCO_{2e}；

$AD_{第i种能源}$ 为产品使用过程中的能源消耗量，单位为 L 或 t 或 MW・h；

$EF_{第i种能源}$ 为能源类型对应的排放因子，单位为 tCO_{2e}/L 或 tCO_2/MW・h；

i 为计算起始值（能源类型）；

n 为计算终止值（能源类型）。

产品使用环节能源（不含电力）排放因子优先选择通过实际测算的能源排放因子，其次选择广为接受的数据库中的数据，例如国家已发布的24个行业企业温室气体排放核算方法与报告指南、IPCC、中国CLCD数据库、欧盟Emission Factor Database、美国EPA等通用排放因子库。

⑥ 产品回收环节的二氧化碳排放主要来源于变压器废弃材料掩埋焚烧和废旧材料回收过程，包括化石燃料燃烧、电力消耗产生的二氧化碳排放，以及可再利用回收的材料抵扣二氧化碳排放。计算见公式：

$$E_{\text{产品回收}}=E_{\text{废弃材料掩埋}}-E_{\text{废旧材料回收}} \tag{6-34}$$

式中：

$E_{\text{产品回收}}$ 为产品回收环节产生的二氧化碳排放总量，单位为 tCO_{2e}；

$E_{\text{废弃材料掩埋}}$ 为废弃材料掩埋过程产生的二氧化碳排放总量，单位为 tCO_{2e}；

$E_{\text{废旧材料回收}}$ 为废旧材料回收过程产生的二氧化碳排放总量，单位为 tCO_{2e}。

$E_{\text{废弃材料掩埋}}$ 计算见公式：

$$E_{\text{废弃材料掩埋}}=\sum_{i=1}^{n}(\mathrm{AD}_{\text{第}i\text{种能源}}\times \mathrm{EF}_{\text{第}i\text{种能源}}) \tag{6-35}$$

式中：

$E_{\text{废弃材料掩埋}}$ 为废弃材料掩埋过程产生的二氧化碳排放总量，单位为 tCO_{2e}；

$\mathrm{AD}_{\text{第}i\text{种能源}}$ 为废弃材料掩埋过程中的能源消耗量，单位为L或

MW·h；

$EF_{第i种能源}$为能源类型对应的排放因子，单位为 tCO_{2e}/L 或 $tCO_2/MW\cdot h$；

i 为计算起始值（能源类型）；

n 为计算终止值（能源类型）。

$E_{废旧材料回收}$计算见公式：

$$E_{废旧材料回收}=\sum_{i=1}^{n}(AD_{第i种废旧材料}\times EF_{第i种废旧材料}) \tag{6-36}$$

式中：

$E_{废旧材料回收}$为废旧材料回收过程产生的二氧化碳排放总量，单位为 tCO_{2e}；

$AD_{第i种废旧材料}$为废旧材料的消耗量，单位为 t；

$EF_{第i种废旧材料}$为废旧材料的排放因子，单位为 tCO_{2e}/t；

i 为计算起始值（废旧材料种类）；

n 为计算终止值（废旧材料种类）。

产品掩埋和回收环节能源（不含电力）排放因子优先选择通过实际测算的能源排放因子，其次选择广为接受的数据库中的数据，例如国家已发布的 24 个行业企业温室气体排放核算方法与报告指南、IPCC、中国 CLCD 数据库、欧盟 Emission Factor Database、美国 EPA 等通用排放因子库。

3）试算结果

根据变压器碳足迹核算边界，按照变压器碳足迹核算方法，得到变压器碳足迹试算结果如表 6-4 所示，一台 220kV-1000kVA 变压器碳排放量视为变压器产生的二氧化碳。

表 6-4　变压器碳足迹试算结果

<table>
<tr><th>参数中类</th><th colspan="2">参数小类</th><th>220kV-1000kVA 油浸式变压器碳排放/吨二氧化碳当量(tCO_{2e})</th><th>占比%</th></tr>
<tr><td rowspan="7">原材料获取阶段</td><td colspan="2">硅钢片</td><td>0.43</td><td rowspan="7">86.58</td></tr>
<tr><td colspan="2">铁板</td><td>0</td></tr>
<tr><td colspan="2">铜线</td><td>20.62</td></tr>
<tr><td rowspan="3">绝缘件</td><td>绝缘纸板</td><td>0.01</td></tr>
<tr><td>橡胶</td><td>0</td></tr>
<tr><td>套管</td><td>0</td></tr>
<tr><td colspan="2">变压器油</td><td>67.54</td></tr>
<tr><td rowspan="5">原材料运输阶段</td><td colspan="2">硅钢片</td><td>0.26</td><td rowspan="5">0.66</td></tr>
<tr><td colspan="2">铁板</td><td>0</td></tr>
<tr><td colspan="2">铜线</td><td>0.04</td></tr>
<tr><td colspan="2">绝缘件</td><td>0.04</td></tr>
<tr><td colspan="2">变压器油</td><td>0.34</td></tr>
<tr><td rowspan="6">生产工艺及过程检验</td><td colspan="2">线圈制作</td><td>6.69</td><td rowspan="6">12.76</td></tr>
<tr><td colspan="2">绝缘装配</td><td>0</td></tr>
<tr><td colspan="2">铁芯制作</td><td>0.77</td></tr>
<tr><td colspan="2">油箱制作</td><td>5.58</td></tr>
<tr><td colspan="2">总装配</td><td>2,32</td></tr>
<tr><td colspan="2">试验</td><td>0.01</td></tr>
<tr><td>产品运输</td><td colspan="2">/</td><td>0</td><td>0</td></tr>
<tr><td>产品使用</td><td colspan="2">/</td><td>0</td><td>0</td></tr>
<tr><td>产品回收</td><td colspan="2">/</td><td>0</td><td>0</td></tr>
<tr><td colspan="3">总计</td><td>102.33</td><td>100</td></tr>
</table>

4）结论

从 220kV-1000kVA 变压器碳排放量的试算结果可以看出，变压器生产全生命周期中，超86%的碳排放产生于原材料获取阶段。原材料获取阶段、原材料运输阶段、生产工艺及过程检验、产品运输、产品使用、产品回收，分别贡献了86.58%、0.66%、12.76%、0、0、0的碳排放量，其中变压器油、铜线的原材料获取阶段贡献的碳排放量最多。

3. 汽车碳足迹评估及碳标签设计策略

《中国制造2025》指出汽车产业作为国民经济的重要支柱之一，推进绿色低碳制造，加强低能耗减排技术的应用，对制造业进行绿色低碳发展具有很好的带头作用。本应用示例以汽车全生命周期的碳排放规律及影响碳排放的关键因素为研究对象，汽车全生命周期中物质与能源输入为数据清单，汽车全生命周期中的碳排放量为评价对象，碳排放因子法为研究方法。

1）碳标签评价方法及认证设计流程

（1）碳标签评价方法。目前，公认的碳标签评价方法是生命周期评价法（LCA）。LCA是指对产品的整个生命周期——从原材料获取、生产、制造、使用到最终的处理过程进行全方位的定量分析，全面评价产品对能源资源和环境承载能力产生的实际和潜在的影响。碳标签运用LCA的基本原理就是围绕产品的生命周期，对产品生命周期内每一阶段的碳排放量进行核算、确认和报告，并将结果以数字化的形式标示于产品标签上。

（2）碳标签认证设计流程。产品碳标签认证设计的主要流程可分为以下几个步骤：核算产品碳足迹、碳标签认证申请与受理、初始现场核查、认证结果的评价与批准、认证后跟踪检查、再认证。

2）汽车全生命周期碳足迹评估

本应用示例以标准的内燃机汽车（Internal Combustion Engine Vehicles，ICEV）和常规材料的电动汽车（Battery Electric Vehicles，BEV）作为参考车辆，根据汽车全生命周期中不同环节将其分为材料生产与制造、装配、使用、回收利用四个阶段。材料生产与制造阶段指从矿山资源到车用材料、再到车用部件的生产过程；装配阶段是指整车生产中冲压、焊接、喷涂及总装过程；使用阶段是指汽车投入使用到汽车报废回收的过程；回收阶段是指汽车报废后，通过拆解、清洗、压碎、提取等一系列工序将汽车上的可回收零件拆除，包括常见的钢、铁、铝零件，再投入下一次循环利用的过程，见图 6-6。

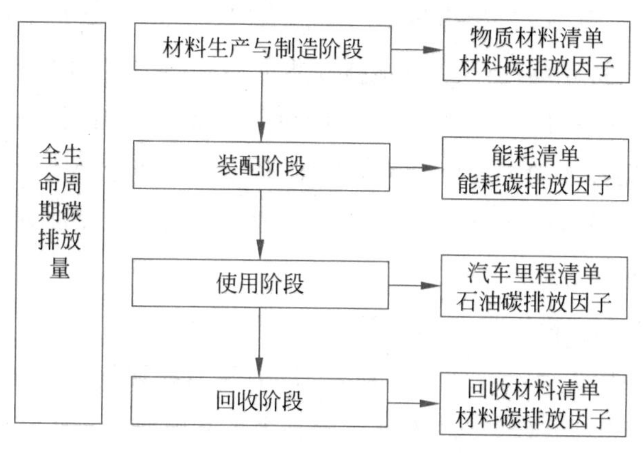

图 6-6 汽车碳排放量计算流程图

碳排放量的计算公式为：温室气体排放量＝活动数据水平×活动数据的排放因子。

(1) 材料生产与制造阶段。材料生产与制造阶段是指从矿石开采到零部件成形的整个过程。材料生产与制造过程中不同车型碳排放如图 6-7 所示，三种车型碳排放来源的主要能源基本一致，主要为煤炭、电力、天然气、焦炭。其中，BEV_NMC 的碳排放量为 9.279t，BEV_LFP 的碳排放量为 9.519t，这两种车型的碳排放量远多于 ICEV 的 5.067t，其原因主要有两点，一是相较于 ICEV 车型，BEV 车型自身重量较大，其零部件制造需要消耗更多能源，从而产生更多的碳排放量；二是相较于 ICEV 车型，BEV 在零部件制造环节还需要考虑电池的生产加工，该过程也会产生一定的碳排放量。

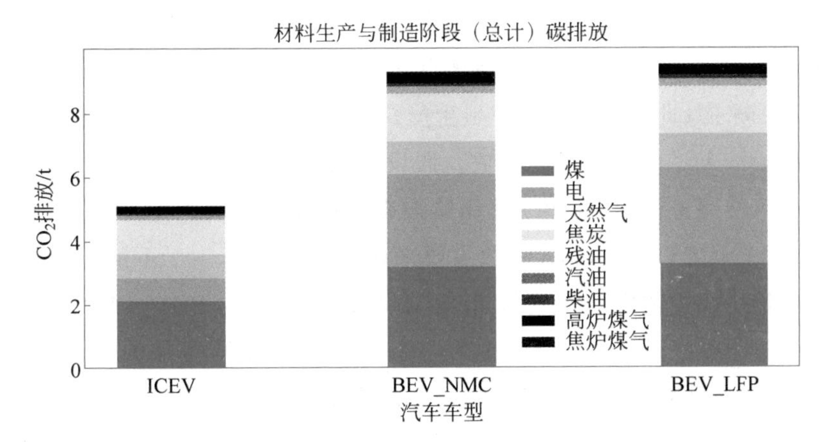

图 6-7　材料生产与制造阶段碳排放量

(2) 装配阶段。汽车装配阶段是将汽车的各个零部件进行组装的过程，主要包括喷漆、焊接、涂装等工序，该阶段消耗的能源主要为电能与天然气。碳排放量计算方式同上，图 6-8 为三种车型装配阶段的碳排放量情况，可以看到 BEV 的两种车型碳排放量高于 ICEV 车型，主要是由于动力电池的装配需要消耗一定的能源，不过该阶段消耗的碳排放量较小，仅为 0.5t 左右。

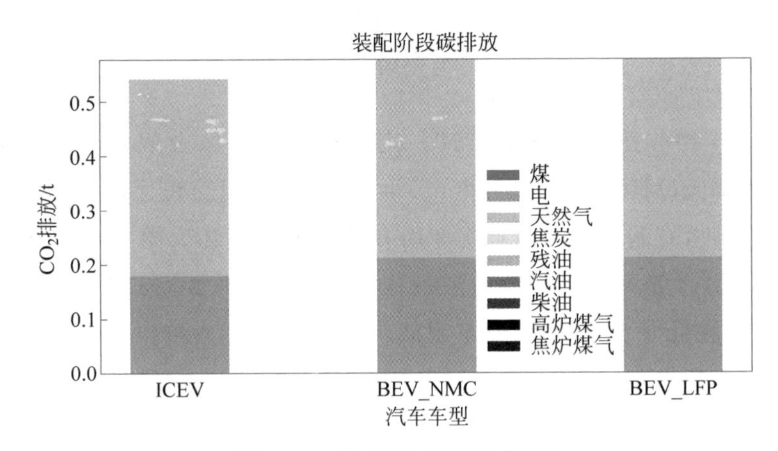

图 6-8　装配阶段碳排放量

(3) 使用阶段。使用阶段的碳排放分为直接排放、间接排放和零部件更换排放。直接排放是指来自车辆排气管的排放，而间接排放与能源的来源(即电网电力或燃料生产)有关。零部件更换排放是由于定期更换汽车零部件造成的排放。假设车辆的行驶总距离为 15 000 千米/年，使用寿命为 10 年。使用阶段碳排放量如图 6-9 所示。可以看到，对于 ICEV 而言，其碳排放主要来源于直接排放，由于不消耗电能，其间接排放中的电能排放为 0。对于 BEV_NMC 与 BEV_LFP 而言，碳排放主要来源于间接排放中的电能排放，而直接排放为 0。此外，相较于其他影响因素，这三种车型的替换排放占比非常小。

彩图

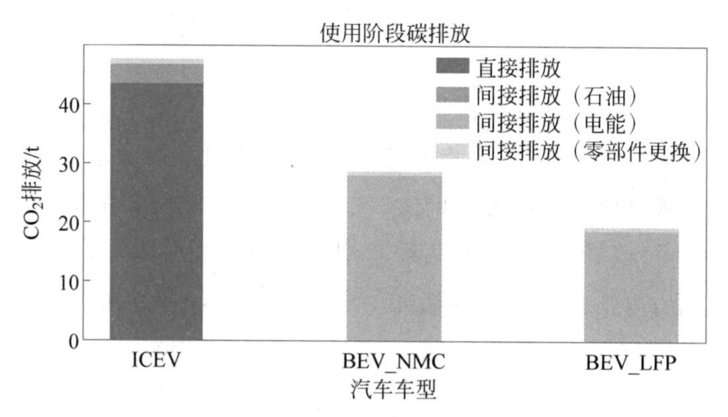

图 6-9　使用阶段碳排放量

(4) 回收阶段。车辆经过一定的行驶里程数及规定使用年限后，主要经过拆解、粉碎、再生产、再制造、再利用等程序对其进行合理的回收，有利于资源的再次利用和节约能源消耗。图 6-10 为回收阶段碳排放量，ICEV 回收阶段的碳排放量为－3.2t，BEV 回收阶段的碳排放量为－4.4t，两种车型回收阶段的碳排放量重点集中在钢上，其次是铝。

(5) 全生命周期碳排放。图 6-11 为三种汽车车型在各个阶段的碳排放量。从汽车车型来看，相较于 ICEV，BEV_NMC 与 BEV_LFP

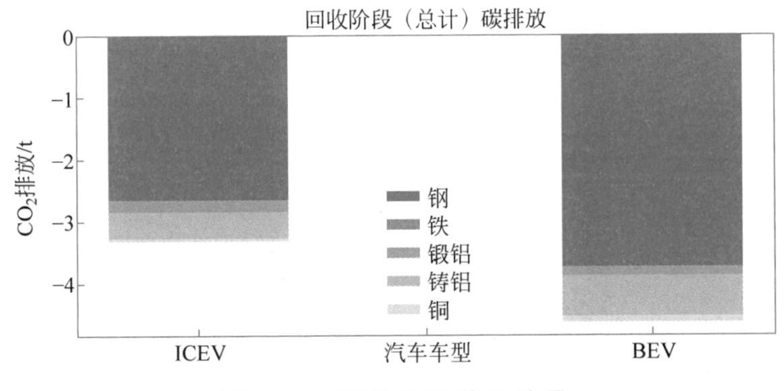

图 6-10　回收阶段碳排放量

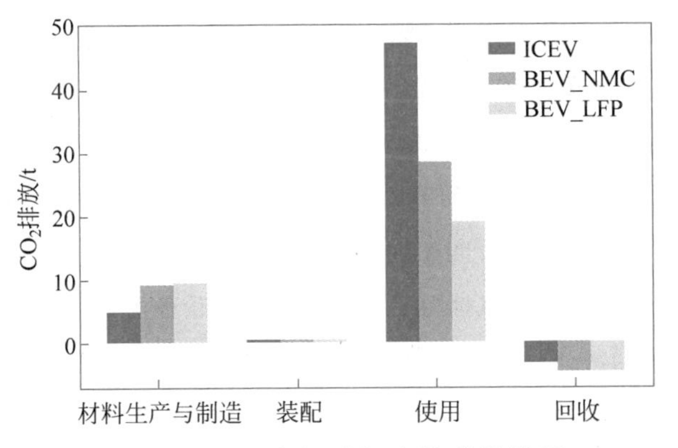

图 6-11　三种车型各阶段碳排放量

在材料生产与制造阶段产生的碳排放量多于 ICEV，但在使用阶段 ICEV 的碳排放量远高于 BEV_NMC 与 BEV_LFP。图 6-12 为三种车型全生命周期碳排放量之和，可以明显地看到，汽车碳排放量从大到小的顺序分别为 ICEV、BEV_NMC、BEV_LFP。

3）碳标签制定与碳减排策略

利用 LCA 对汽车的四个阶段的碳足迹进行计算，最终可以将汽车分为 3 个类型：高碳汽车、标准汽车、低碳汽车，根据前述的碳标签设计方案，选取碳等级标签的标识方式进行分类，当汽车的碳足迹总量高

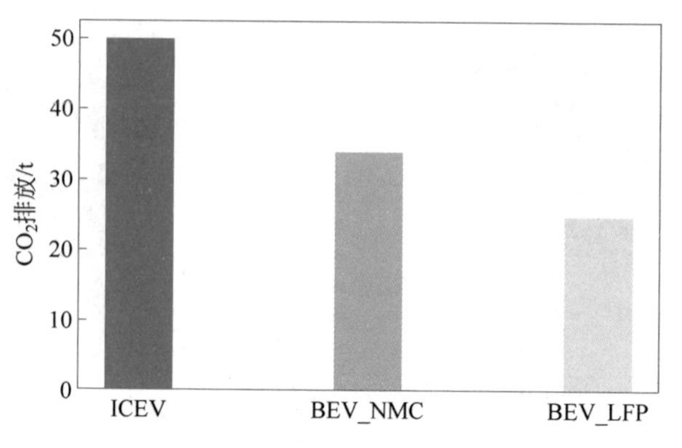

图 6-12　全生命周期碳排放量

于 40t 时，归类为高碳汽车；当汽车的碳足迹总量低于 30t 时，归类为低碳汽车；当汽车的碳足迹高于 30t、低于 40t 时，归类为标准汽车。

4）结论

利用 LCA，以汽车为研究对象，对其材料生产与制造阶段、装配阶段、使用阶段和回收阶段四个阶段的碳足迹进行计算。根据碳足迹总量核算数值，运用碳等级标签法，对汽车的碳标签进行等级划分。研究结果显示，汽车在使用阶段产生的碳足迹占总量比例最高，对汽车全生命周期的减排效果影响最大。

6.3.3　碳核查

1. 概述

碳核查是由第三方机构对参与碳排放权交易的单位所提交的温室气体排放报告进行的一种核查行为，通过核查来确保碳排放单位排放数据的有效性。作为一种管理机制，碳核查能够确保企业上报或披露的碳排放数据真实、准确、完整，就像企业编制财务报表需要外部审计一样，只有引入第三方机构进行复核，才能够避免可能的偏见及利益冲突，确保数据质量，使得碳排放数据报告更客观、更专业、更严谨。碳核查数据是督导企业碳排放以及后续碳减排的关键依据，也是我国实现“双碳”目标所需的关键基础数据。近年来，研究人员对碳核查制度的发展及其MRV体系进行了大量的研究工作。碳核查相关的研究内容主要集中在行业高碳排分析诊断方法、企业碳绩效评估以及基于能源大数据的MRV辅助核查等方面。

1）MRV管理机制

碳核查的工作内容是以规范的温室气体排放监测手段以及报告与核查制度，确保排放数据的可靠性和可信度。具体而言，MRV管理机制是碳核查体系的集中体现。依据世界资源研究所（World Research Institute，WRI）的规定，MRV管理机制由三部分组成，包括测量、报告与核查。测量（Measuring）——以标准化的指南和核算方法学统计并核算温室气体的排放数据，保证温室气体排放数据的准确性和科学性，并以规范的方式进行周期性核算，测量环节是支撑整个碳市场的基本起点。报告（Reporting）——要确保温室气体排放数据是准确的、科学的，在这一前提下，制定一整套温室气体的报告规则，将达到规定的企业及设施均纳入报告工作当中。核查（Verification）——对温室气体排放数据的收集工作、报告工作，第三方核查机构需要进行周期性的核查，协助监管部门把控数据的准确性和可靠性，以提升报告结果的可信度。

2）现行报告及核查机制

高质量的碳排放数据是碳市场发展的重要基础。建立完善的监测、报告和核查（MRV）体系能够确保碳排放数据质量，为企业低碳转型、区域低碳发展提供重要依据。欧盟、美国、韩国、新西兰等已经拥有了相对完善的MRV体系。

（1）主要碳市场碳排放数据计量监测体系对比。在排放计量监测方法选择上，各国普遍认为连续排放测量系统能够减少人为干扰，提高数据质量，与核算法具有同等地位，因此烟气自动监控系统(Continuous Emission Monitoring System，CEMS)在欧盟和美国的成熟碳市场中得到了较多推广，尤其在电力行业得到较广泛的应用。然而，受到技术、成本等因素的制约，韩国、新西兰等新兴或小体量碳市场仍以核算法作为主要的排放计量监测方法；欧盟碳市场中使用CEMS方法进行碳排放监测的控排企业占比很低。

从核查方法来看，是否引入第三方核查机构是不同碳市场核查体系的主要差别。引入第三方核查机构的碳市场普遍参考了欧盟MRV框架，主要涉及制度规范的设立、相关方的选择、核查资质的认证、履约流程的建立等。没有引入第三方核查机制的碳市场特殊性较强，比如美国区域温室气体倡议(Regional Greenhouse Gas Initiative，RGGI)仅覆盖电力部门，且连续排放监测系统高度普及，新西兰碳市场则总体规模较小。因此，对于覆盖范围广泛或规模较大的碳市场而言，欧盟MRV体系的参考价值更大。

(2) 中国现行碳排放报告及核查机制。自2011年起，北京、天津、上海、重庆、湖北、广东、深圳两省五市开展了碳排放权交易地方试点工作，并于2013年正式投入运行。2016年，福建和四川开始建设地方碳市场。经过多年探索，中国在2021年正式启动全国碳排放交易市场。在首个履约周期内，发电、石化、化工、建材、钢铁、有色、造纸、航空等重点排放行业的2013—2020年任一年温室气体排放量达2.6万吨二氧化碳当量(综合能源消费量约1万吨标准煤)及以上的企业或其他经济组织均需开展温室气体排放报告工作，其中仅发电行业企业参与配额履约和市场交易。相较于国外典型碳市场，中国碳市场已经初步建立了二氧化碳排放监测、报告和核查制度，但是MRV制度还处于起步状态，碳市场数据质量控制体系也尚未成熟。

自2013年启动碳排放权交易试点以来，各地方结合本地区特色积极开展MRV尝试和探索，为全国碳排放权交易体系的MRV建设提供了丰富和宝贵的经验。在充分参考了试点实践经验、国际先进经验和中国国情的背景下，生态环境部发布了《企业温室气体排放核查指南（试行）》，为全国碳市场 MRV 机制的法律法规体系建设奠定了基础。

2. 钢铁企业碳效评价应用示例

1）基于超效率 DEA-熵权法的碳绩效评价方法

高碳排环节的诊断是以工序的投入和产出为研究变量，通过计算企业在生产的各个环节（工序）的能源利用相对效率，从而对企业各环节的相对能源利用效率水平进行排序比较的方法。数据包络分析（Data Envelopment Analysis，DEA）方法由于不需要像随机前沿生产函数分析方法一样构建具体生产函数，也不要求评估指标具有一致的计量单位和性质、无须确定各评估指标的权重，具备客观、简单、便捷的特点，能很好地满足政府主管部门对企业进行高碳排环节诊断的业务需求，因此选用超效率 DEA 模型作为钢铁行业高碳排环节诊断方法。

熵权法绩效模型基于指标变异度大小来确定权重，可以排除主观人为因素、计算方法复杂而导致失真状况的出现，因此选用熵权法对各项效率指标进行排序，得到钢铁企业综合评价结果。

（1）建立绩效评价指标体系。根据《中国钢铁生产企业温室气体排放核算方法与报告指南（试行）》采集整理钢铁企业补充数据表数据，根据企业财务信息采集整理企业财务数据，并量化形成钢铁企业相对高碳排环节诊断与碳绩效评价指标体系；指标体系选择中，需要考虑数据的可得性、代表性、科学性。由于钢铁企业最主要的碳排放来源于能源消耗，且一般的钢铁企业已经具备能源数据基础，因此将各类能源的投入作为 DEA 模型的投入数据；各工序产品产量作为输出数据。

其中，基于钢铁行业各个生产环节投入产出数据计算的能源效率用超效率DEA模型计算,碳成本效率、碳经济效率、碳减排效率、单位产值碳排放效率用以下④～⑦所述计算公式得出。

① 工序化石燃料总热量,单位为吉焦;

② 工序净购入电量,单位为MW·h;

③ 工序产品产量,单位为t,具体包括:烧结工序的烧结矿,炼铁工序的生铁和高炉煤气,炼钢工序的粗钢和转炉煤气,钢铁加工工序的钢材;

④ 碳成本效率=投入资源成本/碳排放成本,单位为%;其中,投入资源成本 $= \sum n_i = 1Q_i \times P_i$, Q_i 为投入资源 i 的数量, P_i 为投入资源 i 的价格;碳排放成本=碳排放总量×碳配额价格;

⑤ 碳经济效率=碳排放成本/总产值,单位为%;

⑥ 碳减排效率=碳排放总量/投入资源成本,单位为%;

⑦ 单位产值碳排放量=碳排放总量/总产值,单位为t/元。

(2) 确定高碳排环节与各环节的投入与产出指标。钢铁企业的相对高碳排诊断环节包括烧结工序、炼铁工序、炼钢工序和钢铁加工工序。投入产出指标如表6-5所示。

表6-5　投入产出指标

工　序	投入数据	产出数据
烧结工序	投入化石燃料总热量	烧结矿产量
	烧结工序净购入电量	
炼铁工序	化石燃料总热量	生铁产量
	炼铁工序净购入电量	高炉煤气产量
炼钢工序	炼钢工序投入化石燃料总热量	粗钢产量
	炼钢工序净购入电量	转炉煤气产量
钢铁加工工序	钢铁加工工序投入化石燃料总热量	钢材产量
	钢铁加工工序净购入电量	

（3）基于超效率 DEA 模型核算指标效率值并排序。钢铁企业工序能源利用相对效率模型采用规模报酬可变的超效率 DEA 模型，求解规划方程，得到钢铁企业对应工序能源利用相对效率，相对效率值越高说明企业能源利用效率越好，碳排放管理相对能力越高。根据以上结果可以对钢铁企业各工序能源利用相对效率进行排序，能源利用相对效率较低的环节即为该企业相对高碳排环节。

（4）熵权法评价钢铁企业综合碳绩效。钢铁企业综合碳绩效评价指标包括：烧结工序能源利用相对效率、炼铁工序能源利用相对效率、炼钢工序能源利用相对效率、钢铁加工工序能源利用相对效率、企业碳成本效率、企业碳经济效率、企业碳减排效率和企业单位产值碳排放量，其中各工序能源利用相对效率通过超效率 DEA 模型计算得到，企业碳成本效率、企业碳经济效率、企业碳减排效率和企业单位产值碳排放量由④～⑦所述计算公式得到。

（5）钢铁企业综合碳绩效评分。根据前文提到的熵权法计算得到评价体系各个指标的权重，并依据指标权重计算各个决策单元（Decision Making Units，DMU）的综合碳绩效。最终，得到钢铁企业综合碳绩效评价得分，其中得分越高说明企业综合碳绩效评价水平越高，碳排放管理绩效越好。根据以上结果可以对钢铁企业综合碳绩效进行排序。

2）基于超效率 DEA 模型的碳绩效综合评价指标体系

本节引用某 20 家钢铁企业烧结工序基础数据、炼铁工序基础数据、炼钢工序基础数据、钢铁加工工序基础数据以及钢铁财务基础数据。计算得到 20 家钢铁企业各生产工序的能源利用相对效率；根据指标计算公式得到钢铁企业碳成本效率、企业碳经济效率、企业碳减排效率和企业单位产值碳排放量，结果如表 6-6 所示。

表 6-6　钢铁企业综合碳绩效评价指标体系数据

烧结工序DEA结果	炼铁工序DEA结果	炼钢工序DEA结果	钢铁加工工序DEA结果	碳成本效率	碳经济效率	碳减排效率	单位产值碳排放量
0.5579	3.4931	0.1835	0.3699	2.6365	0.0158	0.0069	0.0003
0.7682	0.2554	0.1745	0.5007	0.9254	0.0391	0.0196	0.0007
0.7233	0.2501	1.7405	0.0000	1.2402	0.0165	0.0147	0.0003
0.6749	0.0000	0.2963	0.6210	1.8919	0.0189	0.0096	0.0003
0.6608	0.2943	0.1270	0.4940	0.9465	0.0236	0.0192	0.0004
1.3017	0.2676	0.0698	0.5034	1.8006	0.0240	0.0101	0.0004
0.6406	0.2686	0.0852	0.5826	1.3630	0.0231	0.0133	0.0004
0.5693	0.2550	0.0857	1.6104	0.9293	0.0187	0.0196	0.0003
0.5207	0.2356	0.0138	0.5348	0.8440	0.0648	0.0215	0.0012
0.5087	0.2390	0.0138	0.5760	0.6186	0.0441	0.0294	0.0008
0.5087	0.2486	0.0138	0.5760	0.7635	0.0354	0.0238	0.0006
0.5881	0.2355	0.0000	0.5760	0.5398	0.0362	0.0337	0.0007
0.5409	0.2517	1.1396	0.3368	1.4018	0.0456	0.0130	0.0008
0.6348	0.3030	0.2553	0.4329	1.3868	0.0150	0.0131	0.0003
0.6824	0.2657	0.0711	0.4002	3.8968	0.0269	0.0047	0.0005
0.5812	0.2468	0.0482	0.4630	1.0911	0.0276	0.0167	0.0005
0.6544	0.2460	0.5812	0.3012	1.4060	0.0167	0.0129	0.0003
0.7014	0.2545	0.0516	0.3267	1.1678	0.0283	0.0156	0.0005
0.5755	0.2862	0.1199	0.3590	0.4963	0.0025	0.0366	0.0000
0.6224	0.2726	0.0529	0.3684	0.3826	0.0164	0.0475	0.0003

3）基于熵权法的钢铁企业综合碳绩效评价结果

根据熵权法计算公式，得到各项评价指标的熵值、权重。根据各项指标权重计算得到样例多家钢铁企业综合碳绩效评价得分及排名，如表 6-7、表 6-8 所示。

表 6-7　钢铁企业综合碳绩效评价指标体系权重计算结果

指标	烧结工序 DEA 结果	炼铁工序 DEA 结果	炼钢工序 DEA 结果	钢铁加工工序 DEA 结果	碳成本效率	碳经济效率	碳减排效率	单位产值碳排放量
熵值	0.840	0.780	0.706	0.950	0.888	0.946	0.915	0.950
权重	0.156	0.215	0.286	0.049	0.109	0.053	0.083	0.049

表 6-8　钢铁企业综合碳绩效评价结果

DMU 序号	基于熵权法的企业碳绩效评价结果	碳绩效排名	烧结工序 DEA 结果排名	炼铁工序 DEA 结果排名	炼钢工序 DEA 结果排名	钢铁加工工序 DEA 结果排名
1	0.0285	2	16	1	6	14
2	0.0172	7	2	9	7	9
3	0.0325	1	3	13	1	20
4	0.0145	9	6	20	4	2
5	0.0130	13	7	3	8	10
6	0.0228	4	1	7	13	8
7	0.0123	17	9	6	11	3
8	0.0129	14	15	10	10	1
9	0.0148	8	18	18	17	7
10	0.0126	16	19	17	18	6
11	0.0110	18	20	14	19	4
12	0.0130	11	12	19	20	5
13	0.0268	3	17	12	2	17
14	0.0132	10	10	2	5	12
15	0.0177	5	5	8	12	13
16	0.0110	19	13	15	16	11
17	0.0173	6	8	16	3	19
18	0.0127	15	4	11	15	18
19	0.0100	20	14	4	9	16
20	0.0130	12	11	5	14	15

4）结论

经过以上计算可以得到样例钢铁企业的各工序能源利用相对效率值、企业综合碳绩效水平及其排名。可以看出，不同企业的碳绩效排名有所差别，各企业相对高碳排环节也有所不同；以企业 DUM 序号 1 为例，其企业综合碳绩效在钢铁企业中排名第 2，而烧结工序和钢铁加工工序的能源利用相对效率分别排在第 16 和第 14，说明烧结工序和钢铁加工工序是它在同行业企业中的相对高碳排环节；炼铁工序和炼钢工序的能源利用相对效率分别排在钢铁企业中的第 1 和第 6，说明炼铁工序和炼钢工序是它在同行业企业中的相对优势环节。

6.3.4 碳达峰与碳中和

1. 概述

控制和减少二氧化碳等温室气体排放是世界各国促进环境与经济协调发展和应对气候变化的重要政策导向，早在 2020 年 9 月，第 75 届联合国大会上我国就做出 2030 年前“碳达峰”、2060 年前“碳中和”的承诺，是亚洲第一个明确提出“碳中和”目标的国家。

1）碳达峰与碳中和

碳达峰（Peak Carbon Dioxide Emissions）是指在某一个时点，二氧化碳的排放不再增长、达到峰值，之后逐步回落。碳达峰是二氧化碳排放量由增转降的历史拐点，标志着碳排放与经济发展实现脱钩，达峰目标包括达峰年份和峰值。碳中和（Carbon Neutrality）是指国家、企业、产品、活动或个人在一定时间内直接或间接产生的二氧化碳或温室气体排放总量，通过植树造林、节能减排等形式，实现正负抵消，达到相对“零排放”。碳达峰和碳中和紧密相连，前者是后者的基础和前提，达峰时间的早晚和峰值的高低直接影响碳中和实现的时长和实现的难度。

2）碳预测的意义

碳预测是指对未来一定时期内（如5年、10年、20年）人类活动所排放的二氧化碳等温室气体的总量进行预测的过程。这通常基于对经济、能源、交通、工业等领域的发展趋势的分析和模型预测，以及对气候系统响应的理解。我国虽然明确了峰值目标，但并没有给出碳达峰时的具体峰值水平区间。基于不同发展情景对我国碳排放峰值进行预测，可以预测分析在各种可能情况下，我国碳排放何时达峰以及峰值是多少。从区域和行业视角预测最有可能的达峰时间和达峰量，为科学合理制定减排政策提供决策依据和参考。

可以从三方面开展碳预测：一是对中国整体和不同行业预测各种可能出现的情况并进行综合影响分析，研究评估每种可能情况对经济社会发展产生的综合影响；二是由于不同区域和行业的资源禀赋以及技术水平等因素存在差异，碳达峰时间和峰值也存在差异，分析这些差异并从宏观层面系统考量；三是通过预测以及对预测结果产生的影响进行全面分析，以此探究一条社会减排成本最小的达峰路径，以及实现该路径所需的各项政策支持。

3）碳达峰预测步骤

碳达峰预测可以支撑政府进行“双碳”管理，对碳达峰碳中和趋势的研判，可以帮助政府、企业和个人制订减排计划，以应对气候变化的挑战。碳预测的主要步骤包括以下几方面：

碳排放数据收集：为进行碳预测，需要收集并整理各种活动的碳排放数据，如工业、能源、交通、农业等领域的碳排放数据。模型预测：基于历史数据和当前发展趋势，建立相应的碳预测模型，进行未来一定时期内的碳排放量预测。气候系统响应：气候系统对碳排放的响应是复杂的，包括大气环流、陆地和海洋吸收、生态系统反馈等多种因素，碳预测需要考虑这些因素对气候变化的影响。风险评估：对碳预测结果进行风险评估，包括对气候变化的影响、经济和社会影响等方面的评估。减排策略：基于碳预测和风险评估的结果，制定相应的减排策略，包括政府政策、企业减排计划、个人行为改变等方面，同时监测和评估减排措施的实施效果。

2. 区域碳达峰预测分析应用示例

1）STIRPAT 区域碳排放预测模型

区域碳排放预测模型采用扩展的 STIRPAT 模型，其形式如公式所示：

$$\ln I = \ln a + b\ln P + c\ln A + d\ln T + k\ln Q + r\ln S + z\ln V + U \tag{6-37}$$

式中，P、A、T、Q、S 和 V 分别为各区域碳排放量 I 的驱动因子；b、c、d、k、r 和 z 分别为变量 $\ln P$、$\ln A$、$\ln T$、$\ln Q$、$\ln S$ 和 $\ln V$ 的回归系数，这些回归系数反映了各驱动因子与区域碳排放量间的弹性关系，即弹性系数。

模型涉及的人口、人均 GDP、城市化率、第三产业比重、非化石能源比重等数据来自国家统计局数据库、《中国能源统计年鉴》和各地区统计年鉴数据汇总得到，采用 1995—2017 年相关数据进行模型拟合。

由于采用的是时间序列数据，为了防止出现伪回归问题，对数据进行了单位根检验和协整检验，检验结果表明各区域变量间具有协整关系。另外，由于变量较多，容易出现多重共线性问题，主要采用岭回归方法进行回归分析，各区域回归结果表明判定系数较高，变量显著性检验通过而且模型的预测精度较高。

2）情景设置

利用情景分析方法对区域的未来发展给出情景设定，设定 3 种情景对某一县级区域碳排放峰值进行预测。

第一，基础情景。延续 2030 年国家自主贡献（Nationally Determined Contributions，NDC）目标的政策情景。该区域的人口增长、产业结构、能源利用和节能技术等因素的未来发展速率基于“十三五”期间实施节能减排及碳减排政策的水平设定。

第二,强化减排情景。延续2030年前强化减排情景,不断加大减排力度。对该区域的人口增长、产业结构、能源利用和节能技术等因素的发展速率增加政策措施的约束力度。

第三,深度减排情景。与强化减排情景相比,加大节能和能源替代力度,考虑未来更先进的技术突破(如氢能、大规模储能等),碳排放强度的下降速度在2030年后开始变快,在2040年前后达到6%～7%,并继续加快。

基于以上三种情境,分别对该县级区域2020—2060年的出生人口、GDP增长速度、单位GDP碳排放强度、非化石能源比重、区域城镇化率进行相应的参数设定。

3)区域碳排放预测结果

根据上述3种情景设置,采用STIRPAT模型可计算2020—2060年某县级区域在三种情景下的碳排放量,预测碳达峰时间。

由预测结果可以看出,在基础情景下,该区域碳排放可以在2030年前后达峰,在强化减排情景下,由于减排力度加大,可以在2025年前后达峰,在深度减排情景下,随着减排力度的进一步加大,该区域虽然达峰时间没有变化,但达峰时的碳排放量又进一步下降。

4)结论

本节基于STIRPAT模型结合情景分析的方法对某一县级区域的碳达峰进行预测,得出以下结论:不同情境设置下,区域碳达峰时间不同,无论是在强化减排情景还是深度减排情景下,区域通过调整产业结构、增加非化石能源比重,提高技术水平、加大减排力度是可以在2030年前实现达峰的。

3. 公路交通行业碳达峰预测应用示例

公路交通等行业有效减排尽快碳达峰是我国实现整体碳达峰、碳中和目标的重要支撑。为了对公路交通碳排放达峰路径进行研究和判断，本节预测了某市汽车发展情景和 CO_2 排放变化趋势，首先对于汽车使用环节化石燃料燃烧碳排放情况进行分析，然后形成需求预测模块、控制情景模块和排放分析模块的研究框架。

1）公路交通行业发展预测方法

（1）乘用车保有量。针对乘用车保有量的预测采用 Gompertz 模型法。模型形式如下：

$$T = Px^{y^s} \tag{6-38}$$

式中，T 为千人乘用车保有量，辆/（1000 人）；s 为人均 GDP，10^4 元/人；P 为乘用车保有率的饱和值，辆/（1000 人）；x 和 y 均为模型回归参数。

首先根据不同的情景设置，预设式中的参数。其中，高增长情景下每个家庭的乘用车拥有量为 1.2 辆/户（428.6 辆/（1000 人）），低增长情景下每个家庭的乘用车拥有量为 0.9 辆/户（285.7 辆/（1000 人））。然后根据统计局提供的该市 2002—2019 年人均 GDP 数据和每千人乘用车保有量数据进行曲线拟合，再结合该市 2020—2035 年经济社会的关键指标，对未来乘用车保有量进行预测计算。

（2）商用车保有量。依据国际经验，商用车保有量在人均 GDP 达到 2.5×10^4 美元之后会基本保持不变，在人均 2.5×10^4 美元之前，商用车保有量与 GDP 或货运量呈线性关系。基于这种线性关系，可采用历史趋势修正法来预测商用车保有量，利用已知的 2002—2019 年该市公路货运量和商用车保有量变化情况进行线性拟合，再结合不同情景设置下该市 2021—2035 年公路货运量的变化趋势，对商用车保有量进行预测计算，方法如下：

$$D_S = f + g \times L \tag{6-39}$$

式中，D_S 为商用车保有量，单位为辆；L 为货运量；f 和 g 均为模型回归参数。

(3) 预测情景设置。将未来该市公路交通行业的减排措施分为以下四种情景，分别是高增长常规措施情景、高增长强化措施情景、低增长常规措施情景和低增长强化措施情景。这四种情景的主要区别在于运输结构、新能源车销售占比和燃油车 CO_2 减排比例，具体情景设置见表6-9。

表6-9　某市公路交通行业未来情景方案设置

情景设置	需求	措施
高增长强化措施情景	保有量高增长	高铁路水路运输结构，高新能源车销售占比，高燃油车 CO_2 减排比例
高增长常规措施情景	保有量高增长	低铁路水路运输结构，低新能源车销售占比，低燃油车 CO_2 减排比例
低增长强化措施情景	保有量低增长	高铁路水路运输结构，高新能源车销售占比，高燃油车 CO_2 减排比例
低增长常规措施情景	保有量低增长	低铁路水路运输结构，低新能源车销售占比，低燃油车 CO_2 减排比例

不同情景下的铁路水路运输结构、新能源车销售占比、燃油车 CO_2 减排比例等参数的设定依据现阶段汽车降碳减排治理政策导向和汽车节能降碳技术发展的动向预测。

(4) 汽车碳排放测算方法。行驶里程法和燃油法是汽车 CO_2 排放量计算的常用方法。基于以下三方面的考虑：①道路交通等具体领域的燃油消耗量无法细化；②交通燃油消耗量统计口径没有纳入非标柴油以及乙醇等替代燃料的消耗，因此对于交通领域 CO_2 排放量在一定程度上是低估的；③行驶里程等基础数据信息通过两次全国污染源普查，完成了较多的积累。本案例中采用行驶里程法来计算汽车 CO_2 排放量，同时利用油耗法对 CO_2 排放量进行了校核。基于行驶里程法的汽车 CO_2 排放总量计算公式如下：

$$C=\sum P_{i,j,k}\times V_{i,j,k}\times F_{i,j,k} \tag{6-40}$$

$$P_{i,j,k}=\sum N_{i,j}\times\eta_{i,j}\times\mu_{i,j,k} \tag{6-41}$$

$$F_{i,j,k}=\sum\frac{N_{i,j,k,L}\times F_{i,j,k,L}}{N_{i,j,k}} \tag{6-42}$$

式中，C 为 CO_2 排放总量；i 为车型；j 为燃油种类；k 为初次登记年份；L 为车辆整备质量或总质量分类，参照油耗标准划分；N 为新注册车辆数，单位为辆；η 为存活率，单位为%；μ 为燃油种类占比，单位为%；P 为车辆保有量，单位为辆；V 为年均行驶里程，单位为 km/a；F 为 CO_2 排放系数，单位为 g/km。

2）汽车保有量预测结果

根据预测，该市汽车保有量在未来一段时间仍将保持增长趋势，但增长速度会慢慢降低，如图 6-13 所示。2030 年，高增长情景下该市汽车保有量将达到 480 万辆左右，乘用车与商用车之比为 85∶15；低增长情景下该市汽车保有量将达到 430 万辆，乘用车与商用车之比为 75∶25。

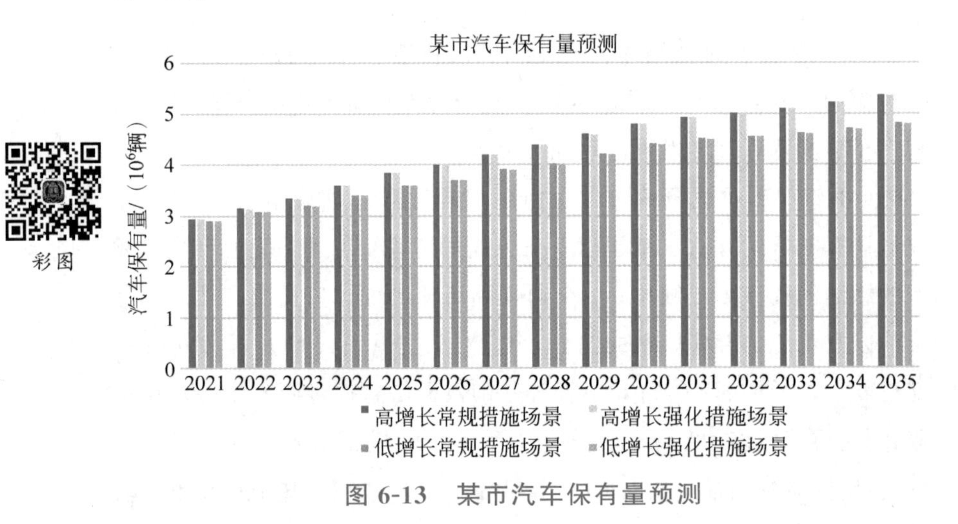

图 6-13　某市汽车保有量预测

3）公路交通行业碳排放预测结果

2020—2035 年某市公路交通行业碳排放变化趋势预测见图 6-14。

四种情景设置下，某市公路交通行业碳排放达峰时间区间为2027—2029年，峰值平台区间为2026—2031年。其中，高增长强化措施情景下，达峰时间为2027年，峰值为1340万吨；高增长常规措施情景下，达峰时间为2029年，峰值为1380万吨；低增长强化措施情景下，达峰时间为2027年，峰值为1220万吨；低增长常规措施情景下，达峰时间为2029年，峰值为1270万吨。从总体趋势上看，2020—2025年，该市汽车CO_2排放量迅速上升；2025—2030年，该市汽车CO_2排放量缓慢上升；2030—2035年，该市汽车CO_2排放量进入到下降通道。

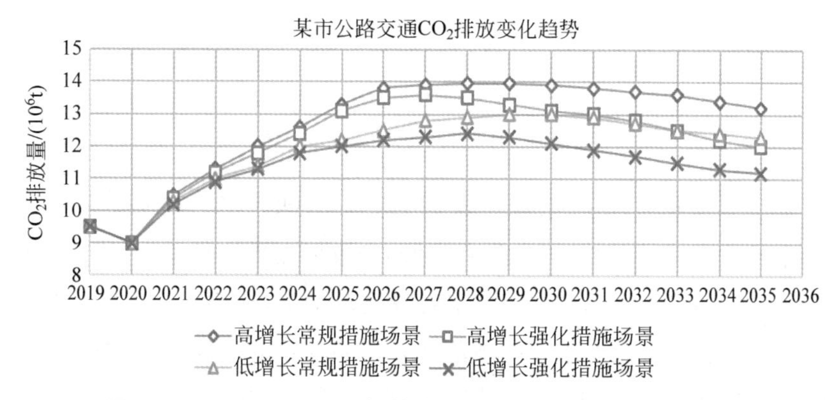

图 6-14　2020—2035年某市公路交通碳排放变化趋势

4）结论

本节以重点行业碳达峰预测为研究主要内容，分析主要行业碳排放现状，并总结重点行业碳达峰预测方法。借助生命周期法，完成高碳排行业的碳足迹追踪。利用STIRPAT扩展模型，计算高碳排重点行业的碳达峰时间节点以及碳峰值。在此基础上，选取某市公路交通行业为典型案例，设置了四种不同的情景，分析在不同情景下未来公路交通行业的发展状况和碳排放的变化趋势，为公路交通行业实现碳达峰碳中和目标提供参考和支撑。

第7章

CHAPTER 7

能源大数据行业实践

2023年年底，国家数据局等17部门联合印发了《“数据要素×”行动计划(2024—2026年)》，旨在通过推动数据在多场景应用，提高资源配置效率，创造新产业新模式，培育发展新动能，从而实现经济发展倍增效应。能源大数据作为能源革命和数字变革的重要产物和推动力，已经在矿业、石油、发电等国家重点能源行业中有了广泛的探索和应用。作为实现智能化和智慧化的基础，能源大数据亦是促进经济增长的催化剂。当前，我国各级政府部门和能源企业正依靠能源大数据为国家能源安全、规划、节能减排以及实现“双碳”目标提供强有力的数据支持。本章将介绍能源大数据在相关行业的实践案例。

7.1 省级能源大数据中心

7.1.1 省级能源大数据中心建设背景

目前，我国各省存在着优化调控能源结构、促进清洁能源消纳、降低单位GDP能耗、推动综合能源系统建设等需求。能源大数据中心是“双碳”背景下，践行“四个革命、一个合作”能源安全新战略，推动能源工作和数字化改革深度融合的重要载体。能源大数据中心作为国家新基建战略的重点领域之一，是数字经济时代的能源数据枢纽，是推动数字中国建设的重要支撑。为实现此定位，我国省级能源大数据中心通常按照“政府主导、电网主建、多方参与”的原则建设，架构省级能源大数据中心时主要从以下4方面进行设计。

（1）总体架构。能源大数据中心通常需要提供基础设施、数据仓库、开发运维、平台运营、核心功能与业务应用、安全管理等功能，支撑能源数据的采集、汇聚、加工和应用。

（2）数据架构。能源大数据中心数据资源通常按照贴源层、共享层和分析层三个层次进行存储，贴源层实现能源、工业、建筑、交通、农业、居民生活等领域能源公共数据和能源供应消费数据汇入，共享层通过规范化模型实现能源流各环节数据融合，分析层向应用提供主题化数据结果。

（3）采集交换架构。能源大数据中心支持能源数据采集和交换，采集交换架构首先需要明确要获取哪些数据。一般来说，可以从数据来源、采集方式、存储方案、质量控制、清洗与预处理、规范化、去重与融合、权限管理、时效等几方面考虑。

（4）数据安全架构。能源大数据中心的数据安全架构应满足网络安全等级保护三级要求，通常参考国家标准进行设计。

下面将重点介绍两个省级能源大数据中心建设情况。

7.1.2 省级能源大数据中心实践

1. 省能源大数据中心实践1

某省人民政府围绕大气污染防治、促进节能减排等省委省政府中心任务，明确需要建设省级能源大数据中心，旨在为重点用能单位能耗在线监测、“双替代”供暖大数据等相关平台提供数据服务。该能源大数据中心以能源数据综合应用为切入点，聚焦能源经济，综合能源服务、智慧能源等能源行业应用，为社会提供各类应用服务，逐步形成该省能源行业共建、共治、共享、共赢的能源大数据生态。该能源大数据中心建成以电为中心的“能源-经济-社会-环境”数据库，发布“能源＋”多种产品和服务，发布省能源大数据发展白皮书，助力建设共建、共享、共赢的能源互联网生态圈。

1）能源大数据中心数据管理

在数据接入方面，该能源大数据中心已接入双碳类、能源类、社会经济类、综合类等共性基础数据，依托云服务、数据中台等技术，初步实现“全省域、全品类、全链条”能源数据统一归集管理。在管理层面上，省发展和改革委员会协调明确煤、油、气等能源企业以及用能单位数据归集职责，确定数据归集的范围和标准。在技术层面上，在充分汇聚电力数据的基础上，通过自动对接、静态导入、网页抓取等手段，归集煤、油、气等行业数据以及经济、政务、环保、气象等相关信息。

数据管理方面，构建能源数据体系，根据信息来源不同划分为经济社会、政务服务、能源、环境、气象以及其他等基础大类。同时，形成省能源大数据资源目录，并接入总部能源大数据中心数据资源目录，提供数据接口服务。构建能源大数据标准体系，形成能源大数据分级分类规范、数据资源目录等标准。

安全体系方面，构建安全防护体系，制定能源数据安全管理、数据存储安全管理、数据运维管理等制度规范，支撑能源数据安全合规汇聚与应用。建立“数据-应用-用户”全链路数据安全保护体系，利用数据资产识别及管理，对数据中心内部的数据资产以及数据资产的分类分级进行系统性识别，了解整体数据资产分布情况。利用数据行为监控体系，对数据中心内部主要的数据访问行为建立统一的数据风险行为监控。采取数据脱敏措施，保障能源大数据中心数据脱敏安全，满足数据脱敏业务需求。按照国家信息安全等级保护标准和公司网络安全防护等相关要求，开展能源大数据应用场景安全防护方案设计。数据接入安全方面，促成政府、大数据中心、企业签订三方确权协议。政府负责提出能源数据需求，委托大数据中心开展数据管理工作，企业负责数据的维护更新，大数据中心受政府委托负责数据归集、存储、使用权限分批、安全防护等工作。

2）能源大数据中心总体架构

能源大数据中心立足全省能源行业，以辅助政府科学决策、服务企业精益管理、方便公众智慧用能为目标，建成省级云服务和数据中台，以“大中台、微应用”支撑能源大数据业务转型发展，按数据流向层次划分为数据汇聚层、数据贴源层、共享数据层、数据管理层和分析数据层。同时，聚焦“社会治理现代化、新能源消纳、提升企业能效、智慧用能”等主题，深度挖掘“能源-经济-环境-民生”关联关系，构建“能源＋”数字化产品体系，满足不同客户用能需求，推动数据商业价值和社会价值高效利用。能源大数据中心总体架构为一个中心、两大体系、三大平台，省能源大数据中心总体架构如图 7-1 所示。

一个中心即省能源大数据中心。两大体系即安全防护体系和运营管理体系，用于保障能源大数据安全运行、高效运营。安全防护体系提供技术、管理、可信和服务四个层次的安全保障。运营管理体系从数据价值和运营组织两方面助力高效运营。三大平台是软硬件基础设施平台（云平台）、数据管理平台（数据中台）和应用众创平台，用于提供数据管理应用的软硬件环境，实现数据的采集、存储、管理等功能，为政府、企业、公众提供生产运行、业务咨询、高级应用等服务。其中，软硬件基础设施平台提供基础资源服务和资源管理等软件环境，以及存储和服务器等硬件设施；数据管理平台负责数据的采集、存储、管理和分析；应用众创平台提供公共服务组件和开发者社区，针对不同类型客户提

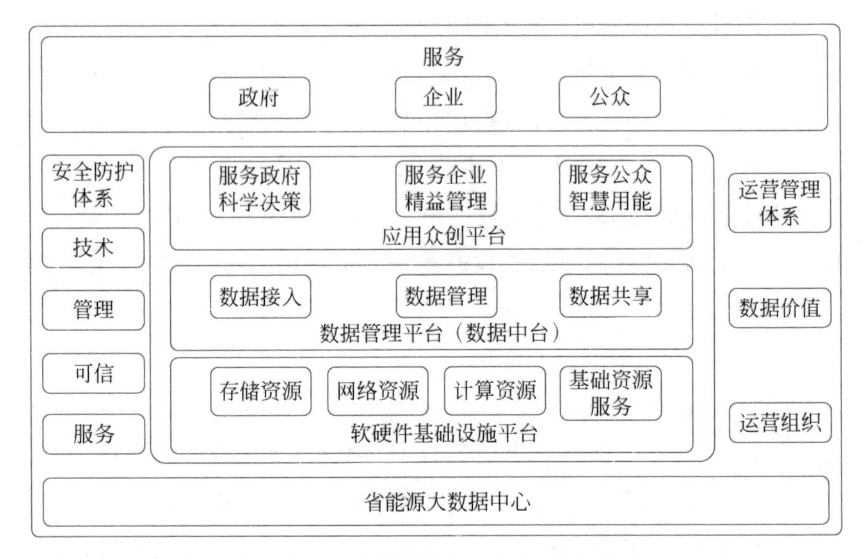

图 7-1　省能源大数据中心总体架构

供决策支撑、管理咨询、智慧用能等服务。

3）能源大数据中心应用成效

该省级能源大数据中心建成后，在数据归集、数据管理、价值创造、平台开放共享等方面实现突破，持续提升数据价值创造能力。构建能源数据体系，多元数据归集渠道，从数据体系、汇聚渠道、标准编制三方面推动数据融合应用。规范数据管控机制，统一全品类数据管理，规范数据采集接入及管理。另外，基于省级中心顶层设计，实现了省市县能源大数据场景数据资源共享和应用快速推广，形成新能源运行监测、碳排放概况、发电侧碳排放监测、用户侧碳排放监测、全市监测、大类行业监测等 6 大应用成果，对系统进行适应性改造和本地化部署即可实现应用上线，节约了能源大数据地市、县级频道建设费用。

该省级能源大数据中心建设工作面向“政府、企业、公众”三大对象，打造了能源数据归集平台、能源运行监测平台、能源决策支撑平台、能源便民服务平台“四平台”，构建了能源监测、服务双碳、优化营商环境服务等 10 项应用，进一步服务政府决策、提升企业效益、便捷公众用能。该省以能源大数据中心提供的数据服务为底座，建设充电智能服务平台，全省已有 140 家运营商与平台完成数据接入，累计接入充电站 3161 座，充电桩 3.4 万个，新增桩接入率达 95%，实时动态订单数据 69 万条。同时，该能源大数据中心围绕政府节能监管、企业能效提升等需求，监测全省 62 座统调燃煤电厂、329 座新能源场站、7 家骨干煤企、2 家原油生产企业、5 家成品油生产销售企业、6 条天然气管道供应、4300 万电力用户，实现了全省能源运行的全景监测和科学预测，建立了能源利用监督评价体系，在线监测重点用能企业能耗数据，目前接入的全省 527 家重点用能企业，部分已达到工序级、车间级监测，而且通过能源大数据分析平台，已为省内 400 家重点用能单位提供数据分析、诊断及能耗策略优化。

2. 省能源大数据中心实践 2

某省电力公司依托承担的国家部委项目开展该省能源大数据中心建设。省能源局正式授牌省电力公司建设省能源大数据中心，委托能源大数据中心开展省内能源领域数据汇聚现状和后期接入方式调研，启动各能源领域数据的接入和应用。该能源大数据中心以数字化、集约化、标准化为主线，有效推动区域能源产业智能化、数字化发展升级，进而为国家“双碳”战略目标落地提供典型范例，支撑新能源行业数字化升级转型。并且，以集中监控、集中功率预测、备件联储、共享运维、设备健康诊断等服务为核心，推动新能源企业降本增效的新产品、新业态、新模式创新与应用，助力新能源行业生产运行向数字化共享型模式转型升级。

1）能源大数据中心服务

该省能源大数据中心充分发挥平台规模化汇聚效应，面向发电企业、电网、工业企业、银行、政府和社会公众，上线集中监控、集中功率预测、共享储能、智慧能源中心、能效管理、电力看双碳、电力助金融、电力助智慧城市等多项特色业务服务产品，有效助力企业数字化转型和降本增效，服务政府数字化转型和数字经济发展。

在服务“双碳”目标，助力绿色低碳发展方面，该省基于省能源大数据中心，建设了碳排放监测系统，系统构建重点企业专属电-碳模型，建成涵盖省域、产业、行业、企业、居民全领域的碳排放电碳统计核算体系。同时，助力省域能源降碳、政府看碳和居民识碳，实现全省、市州及工业、交通产业、铁合金等重点行业碳排总量、趋势发展变化分析，实现全省用电客户直接和间接碳排放量监测，引导绿色低碳用能理念。碳排放监测大屏上展示的图形界面可以让使用者清晰地看到能源输送情况、减碳趋势、减碳数量、新能源装机规模等情况，图形＋数字的组合可以让使用者通过能源降碳、政府看碳、产业看碳、企业排碳、居民识碳、大数据中心碳排等多个视角对排碳进行监控。

在服务能源发展、助力产业转型升级方面，围绕服务新能源发展、服务能源保供、电力看能耗，成功上线集中监控、集中功率预测、共享储能、备件联储、智能清洗机器人、智慧能源管理和工业设备健康诊断分析等重点业务产品服务，为能源产业链发展转型提供高效数字化服务支撑。

2）能源大数据中心总体架构

该能源大数据中心采用的是典型分层结构，以大数据中心为基础平台架设上层服务和生态应用。该能源大数据中心总体架构如图 7-2 所示。

平台层作为大数据中心架构的最底层，分为基础设施和核心平台两个基础部分，其中基础设施分为生产控制大区、信息管理大区、公共互联区，三大区域联合起来提供基础设施服务功能。核心平台是数据管理的核心，分为能源物联网平台，负责设备监控和数据采集功能；大

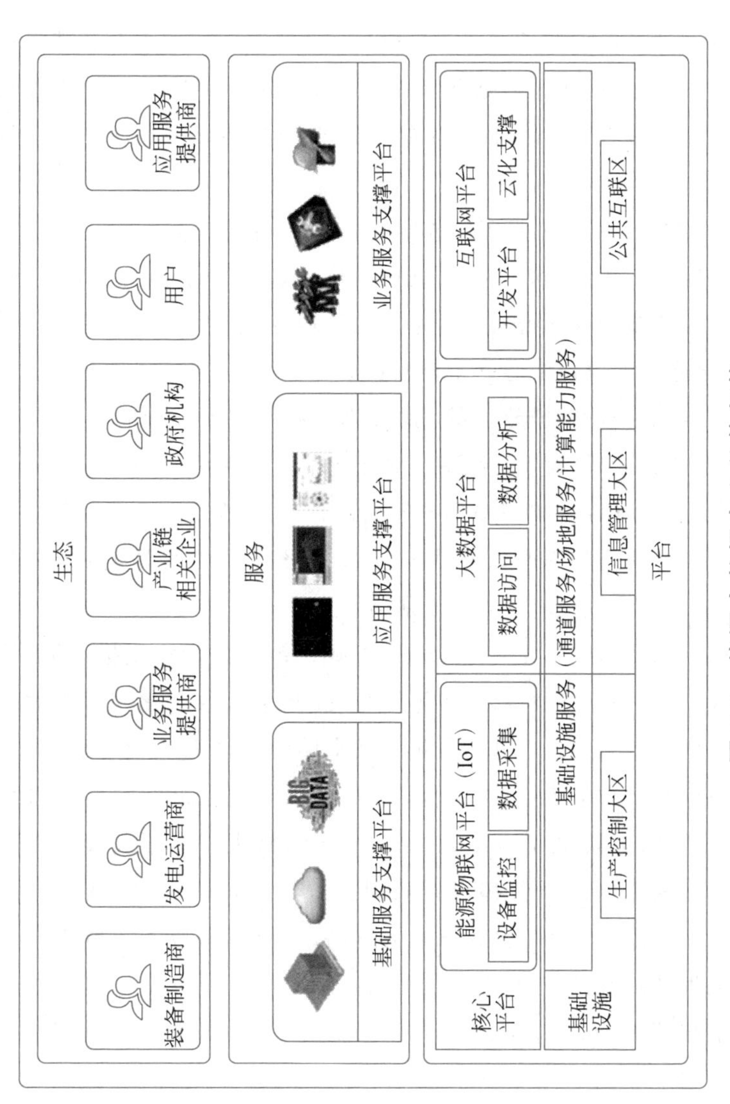

图 7-2　能源大数据中心总体架构

彩图

数据平台，负责数据访问和数据分析功能；互联网平台，负责开发平台和云化支撑。服务层负责服务平台的封装，包括基础服务支撑平台、应用服务支撑平台和业务服务支撑平台。生态层主要是对外提供各种大数据应用功能，构建大数据服务生态圈，主要向装备制造商、发电运营商、业务服务提供商、产业链相关企业、政府机构、用户、应用服务提供商等提供大数据服务。

3）能源大数据中心应用成效

该省依托能源大数据中心先后建成了省一级的光伏、工业企业，碳达峰等各分领域大数据中心，为其他领域提供有效大数据基础服务。另外，该能源大数据中心基于其碳排放分析平台，发布了碳排放监测分析报告、规上企业碳排放总量与强度双控指标监测分析报告，有效助力企业节能减排和政府双碳决策。该能源大数据中心创新构建了省乡村振兴电力指数体系，成果得到该省所辖市州乡村的肯定。构建了基于电力大数据的公共资源分析模型，上线了服务于15分钟生活圈的智慧工具，高效支撑了政府的管理和服务。

该能源大数据中心建设以来，省域大部分企业均积极入驻，依托中心提供的资源、技术和人才等优势，提升企业数字化服务能力。通过设备健康管理、集中功率预测和共享储能等体系化、智能化数据增值服务产品的研发与上线运营，有力提升了新能源电站运维管理效率和效益，大幅降低了电站运维管理成本，极大提升了新能源并网消纳能力。通过内网平台和相关应用投入运行，电网公司数字化应用水平显著提升，运营管理效率极大提高，人员管理成本大幅降低。通过水泥生产线在线监测、工业能源管理等业务应用，负荷侧企业数字化水平显著提升，工业用能效率不断提升，极大降低了负荷用能成本和管理成本。据不完全统计，累计产生间接经济效益高达数十亿元。

7.2 双碳监测服务平台

7.2.1 双碳监测服务平台背景

为实现可持续发展，我国于2020年提出“双碳”目标。在此背景下，探索数字技术在助力“双碳”目标方面所能发挥的作用变得尤为重要。理论上，数字技术可以通过多种机制促进技术创新，通过缓解信息不对称来降低碳排放。在实践中，数字技术可以通过五条路径助力“双碳”目标的实现，包括建立碳排放量的数字监测体系、发展低碳技术创新体系、打造低碳生活生产体系、完善碳市场交易体系以及优化碳行政管理体系。实现“双碳”的目标促成了双碳监测服务平台建设的快速发展。此平台面向政府、企业和市场三方面的客户，提供多样化的增值服务和定制化解决方案，以助力各方在碳治理中实现标准化、数据智能化和决策专业化。

1. 服务政府机构

面向国家发展和改革委员会与生态环境部等主管部门提供碳计量监测、碳分析评价、碳规划、配额测算等能源监管和辅助决策服务；面向能源主管部门提供能耗监测、供需分析、“双碳”形势分析等各能源品种的数据共享和价值挖掘服务；面向金融主管部门提供企业碳画像、碳信用评级、碳普惠等绿色金融辅助服务。

2. 服务企业

面向电网公司提供碳市场新兴业务，构建绿色低碳品牌，形成“双碳＋新能源”的新业态、新技术；提供用户碳账户、碳资产管理、碳信用画像、碳交易等辅助服务；提供“双碳”约束下的供需预测、清洁能源装机结构、碳规划服务；面向专业机构(如综合能源服务公司)提供信息采集、数据支撑以及平台运营等服务；面向各类企业用户提供减排管理、用能诊断、能效提升、电能替代服务。

3. 服务市场

面向控(减)排企业、咨询(核证)机构提供配额管理、交易管理、交易行情分析、监测、报告等服务；面向产业链上下游(买方卖方)提供碳减排、碳普惠等与电力交易密切相关的碳金融服务；面向行业专业机构(研究机构、高校)提供信息采集和数据支撑；面向社会大众提供信息咨询、在线培训、能力提升、低碳活动等服务。

7.2.2 双碳监测服务平台实践

1. 双碳数智平台

某省依托省能源大数据中心建设双碳数智平台，这是全国首个由政府授权的全领域、全地域省级双碳数字化平台。目前已在该省政务协同工作平台上实现首批驾驶舱上线。此应用主要面向重点领域，围绕政府治碳、企业减碳、个人普惠等需求，以能源数据为枢纽，建设政府治碳一站通、企业减碳一网清、个人低碳一键惠三大多跨场景，打造一屏感知、一网研判、智能治理、高效服务的双碳智治应用。

1）双碳数智平台呈现效果

双碳数智平台通过基础设施建设、数据资源获取，采用微服务技术架构，保障平台可根据业务量自动伸缩扩展。其中，基础设施依托政务云平台进行集约化部署建设，为平台提供安全、稳定的基础运行环境，包括：主机硬件、交换机、路由器、防火墙、网络及安全防御设备、主机操作系统、第三方应用中间件等。数据资源是碳普惠平台注册用户数据、低碳行为数据、运营数据、日志数据的采集、存储、分析和管理，构建的双碳能源大数据为碳普惠公共服务提供统一的数据存储服务。该平台是以大数据为中心构建的双碳平台，可实时显示双碳的相关数据，帮助职能部门把控碳排情况。

2）碳监测平台应用成效

双碳数智平台建成后，启动开发了“用能预算化”新场景，结合不同企业的用能基准和亩均能效水平，对1397家重点用能企业制定用能目标、用能计划，并进行预算，使用“日历式”跟踪管理，激发了企业提升能效水平的主观能动性，利用大数据运算结果为政府决策者提供参考。其全景碳地图可全景实时画像各区域各类碳排放情况，推出绿能码、能效三色图等，助力全社会低碳转型。碳惠贷绿色金融产品，将企业能效作为贷款授信和阶梯利率核准依据，以“能效＋金融”激发企业发展活力。同时，平台助力实现了能源碳码的使用和推广，引导企业节能减排，预计全年节约电量数十亿度，减少碳排放数百万吨。

2．“城市双碳大脑”平台

某市供电局联合市政府相关部门携手建设“双碳大脑”，充分挖掘电力大数据“富矿”，运用双碳数据实现科学分析，为政府、企业、社会公众和能源行业提供全国先行示范作用的双碳治理服务。该市供电局积极以科技创新数字化转型、体制机制为突破口，开展城市双碳大脑平台的建设。强化数字赋能，加快推进市能源数据中心建设，接入电力等能源数据，构建全市碳地图，支撑政府、企业开展“碳管理”。以城市双碳大脑平台为基础，积极推动新型电力系统建设，助力“双碳”目标实现。

1）城市双碳大脑平台总体架构

城市双碳大脑平台是采用大数据、核心技术、碳排放计算模型等技术手段，结合国家政策与地方特点，构建的覆盖地区人口组成、能源生产结构、终端消费量、重点行业、规模及以上企业碳排放、碳汇分析、用户碳足迹、企业配额、碳交易和碳吸收等综合维度的智能监测平台。该平台发挥数据驱动优势，构建“碳中和”远景规划分析模型，从能源侧、企业侧、用户侧、管理侧提出切实可行的建议和实现途径，促进能源结构转型，优化重点行业生产用能结构，加快去碳化进度，促进碳中和的落地实施。城市双碳大脑平台总体架构如图 7-3 所示。

城市双碳大脑平台采用模块化的结构设计，包括：能源大数据中心、核心技术能力、企业碳服务、公众碳服务、政府治理与服务。能源大数据中心负责能源数据和非能源数据的管理，实现用电、油、煤、气等能源数据的监控和经济、气象、建筑等社会信息的管理。核心技术能力负责双碳中的各种策略维护。服务主要是面向政府治理、企业和公众提供。

2）城市双碳大脑平台应用成效

城市双碳大脑平台项目建设很好地承接了各项政策要求。平台聚焦政府碳管理业务痛点，依托“双碳大数据”分析能力实时计算全市碳排放总量、预测碳排放趋势，结合政府碳达峰路径开展“碳全景”管控。平台面向全市年碳排放量较大的企业提供碳盘查服务，计算企业每月碳排放结果，并结合国际国内核算标准生成降碳策略分析报告，协助企业实现碳管理。通过“电碳信用”画像，为企业提供金融投融资、政府项目支持、出口绿电认证等服务。另外，受到电价和绿色发展要求影响的企业也在不断思考如何提高能效水平。这些能耗企业接入城市双碳大脑平台提供的节能减排等碳服务，可有效监控企业的能耗水平，进行用能规划，提高了企业用能效率和经济效率。同时，平台还可实现居民家庭用电减排量的核算，帮助居民科学用电、参与夏季高峰用电，还可挖掘家庭低碳组合用能商机，促进居民节能电器替换，加速社会消费升级。

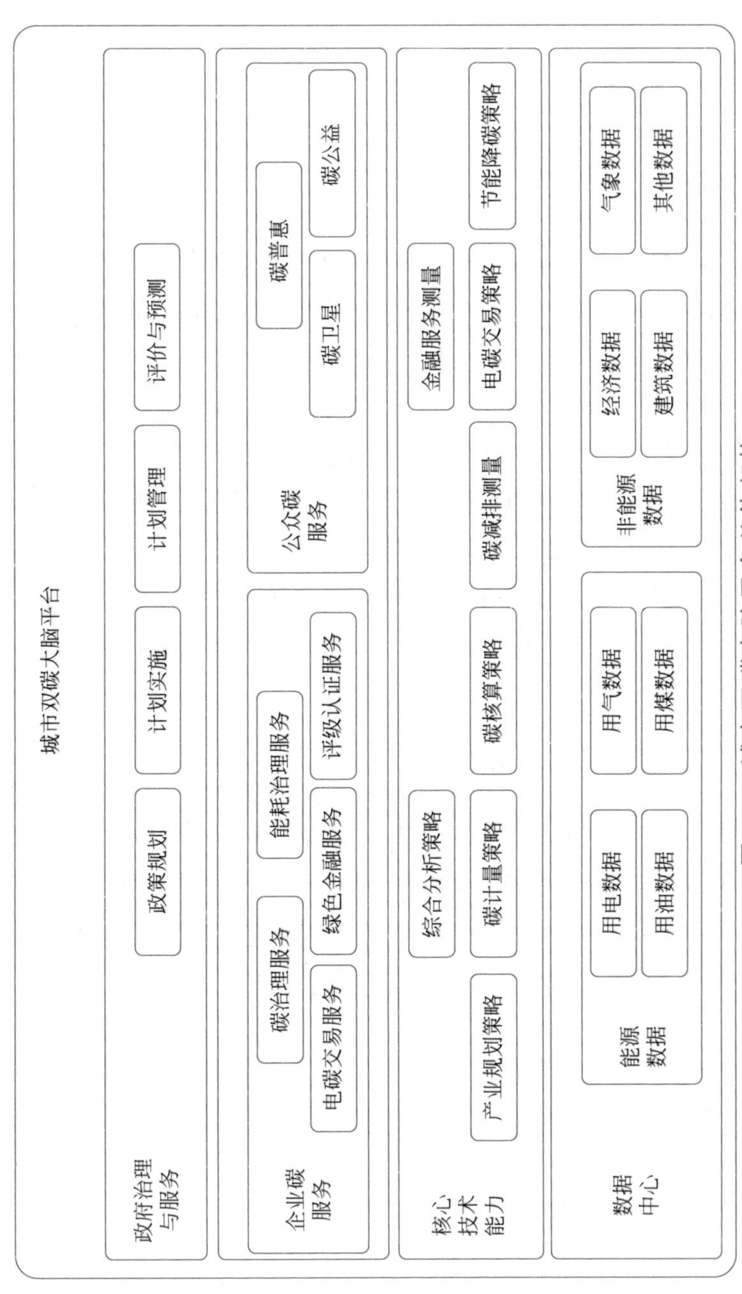

图 7-3 城市双碳大脑平台总体架构

7.3 智慧矿山示范应用

7.3.1 智慧矿山背景

目前,我国矿山行业还存在着部分生产设备单机智能化水平不高的现象,尚未形成设备全方位安全状态感知;数字化、智能化改造体系化不强,缺乏统一智慧管控体系;存在设计与工程及各生产环节间数据和业务打通困难等短板,安全和工效与世界先进水平相比还有差距。国家各部门出台了相关指导意见,指出智慧矿山是煤炭工业高质量发展的核心技术支撑。目前,各产煤省份已经确定几百座矿山正在开展智慧矿山、智能化掘进工作面和智能化回采工作面建设,总投资规模超过千亿元。最终要建设成全面感知、实时互联、分析决策、自主学习、动态预测、协同控制的智能矿山系统。智慧矿山建设过程中需要考虑的几个要点如下。

1. 智慧矿山的整体规划

智慧矿山是一项非常复杂巨大的系统工程,应当进行统一规划,明确智慧矿山建设达到的目标、智能化的体系架构、采用的技术路线和关键技术、各项建设内容的有机融合、分阶段实施方案等。

2. 工业互联网与矿山的深度融合

智能化的核心是数据,需要重点研究如何采用无线技术构建矿山的泛在感知网络,实现数据的采集,研究采用云计算、大数据、人工智能等技术实现数据的分析处理,基于数字孪生技术实现对矿山的安全、管理、生产过程的可视化、协同控制和辅助决策。

3. 智能化装备

安全智能化装备需要重点研究传感器感知、视觉感知技术和装备，满足安全感知的需要；研究地下空间的精确定位技术，满足设备控制的需要。生产过程智能化需要重点研究智能化协同控制技术，研究矿用操作机器人代替人在危险的环境下工作。

7.3.2 智慧矿山实践

1. 智慧矿山综合管控系统

某区能源有限公司是集煤炭、火电、新能源、电解铝、铁路、港口等产业一体化协同发展的大型综合能源企业。该公司投资建设了智慧矿山综合管控系统，实现了矿山智能化管理和监控。

目前，通过智慧矿山综合管控系统的建设，该公司南露天煤矿已实现采场、排土场作业区域地质勘探、测量三维建模工作。在穿爆环节方面实现了钻机定位导航、自动布控、作业监控等自动化操作。在采装环节方面，实现了电铲运行参数的采集，基于卡调系统的车铲比不匹配预警等功能。在运输环节方面，已实现二维地图导航加三维自主感知无人驾驶方案。在胶带运输环节方面，南露天胶带运输无人操控和机器人巡检，具备全生命周期与分级管控的精准管控能力。南露天煤矿已实现变电所自主控制、自主运行的无人值守用电数据采集和电缆信息化管控等前期工作。在机械工程上基于卡调系统的作业需求分析和规划高于国家能源局建设指南要求。

1）智慧矿山综合管控系统功能介绍

通过对原始数据统一数据和模型标准，开展矿山数据治理，形成矿山统一数据资产目录，实现矿山数据的集中汇聚和开放共享；将海量的数据资源整合成为有层次、有业务逻辑、语义一致、关系明确、质量合格的数据，形成具有价值的、可被复用的数据资产，提高数据的易用性，可复用性。系统由数据源、数据处理、数据分层、存储引擎、数据应用、数据集成、数据转换融合、数据分析、数据服务组成。数据源负责管理数据的来源，系统中通过建模可以将各种不同格式的数据汇聚到数据库中，实现数据的管理。存储引擎可以根据具体项目需求选择合适的存储引擎。有了这些基础的数据支持，该系统构建了众多智慧化、智能化的功能。

该系统实现了三维地图采集拼接、智能化采矿设计、全局性智能调度模型、智能终端及智能引导应用四个核心功能，均为行业内首创性研究，如图 7-4 所示为智慧矿山智慧功能。

彩图

图 7-4　智慧矿山智慧功能

2）智慧矿山综合管控系统应用成效

智慧矿山综合管控系统实施后，预计每年节约柴油、电等能源消耗 300 余万元，节约人工成本约 100 万元，减少附属油、电缆等耗材 200 余万元。还可提供数字化底座支撑，为后续新增数据采集、智能应用研发提供统一服务底座，降低数据采集及应用研发投入成本。依托平台提供的数据和公共服务组件，可联合高校、科研院所、科技创新型企业开展业务创新，打造产学研用创新示范平台。

2. 智慧矿山大数据可视化平台

随着5G、云计算、人工智能、物联网、数字孪生等技术的成熟，智慧矿山正在成为矿业高质量发展的必由之路。然而，传统的组态软件系统所展示出的矿山组态界面已无法满足当前多样化的展示需求。随着可视化技术飞速发展，不少矿山企业随数字化进程更新升级系统，大大提高了矿山的精细作业、集中管控、远程监控能力。某公司智慧矿山大数据可视化平台将智能采矿技术与传感器技术、可视化技术、自动控制技术与网络通信技术等紧密结合，构成人与人、人与矿山、矿山与矿山相互联动的矿山网络，管理者能实时动态地监测控制矿山安全生产与运营的全过程，保证矿山的生态稳定和经济可持续增长。

1）智慧矿山大数据可视化平台

该平台需要对井下视频数据进行采集，视频数据有着数据量大，延时要求高的特点。通过对视频数据的采集进行技术攻关，经过多地矿井的井下实地验证，平台实现了单基站800～1000m井下巷道覆盖、单小区近700Mbps的高带宽上行速率及10ms低时延要求，保障视频通话、胶轮车视频语音双向通信等应用场景高性能传输。在井下视距不可见、信号存在遮挡的情况下，依然展现出有效覆盖距离500m的强信号绕射能力，保障高清视频语音通信清晰顺畅，如图7-5所示为井下视频监控。

该平台实现了矿山业务应用的端到端应用监控，可模拟客户业务访问，快速配合矿山客户定位故障，打造整体一张网络的统一认证、调度及管理，帮助矿山企业实现少人化运营应用场景的快速部署。

2）智慧矿山大数据可视化平台应用成效

智慧矿山大数据可视化平台建设融合了大数据、云计算、AI等前沿技术应用。通过此可视化平台，矿区的人员、车辆、传感器以及其他设备可在实景三维场景中实现实时可视化的呈现。各职能部门业务数据分

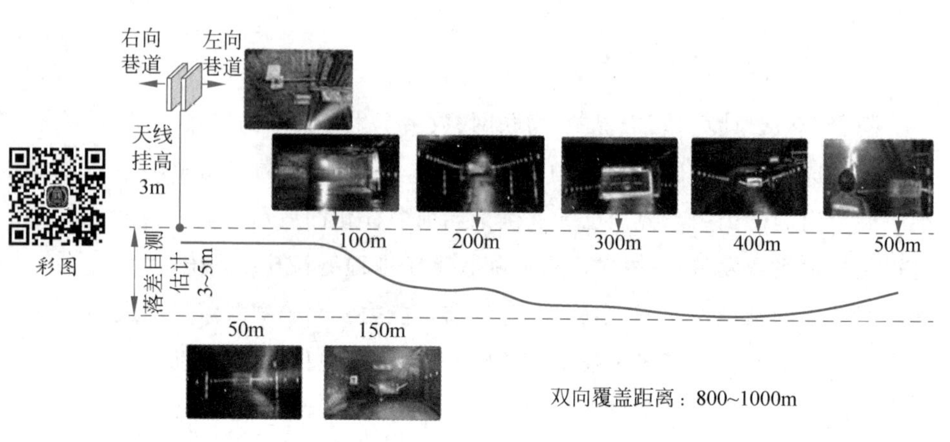

图 7-5　井下视频监控

类管理可与地图中的对象实现关联，将业务数据图形可视化呈现。该平台可帮助矿山安监生产、综合集控、智能巡检、经营管理、智能掘进、智能开采、智能运输等多个业务领域，实现“智能感知、智能分派、智能处置、智能考评、智能改进”，有效提升跨部门决策和资源协调的效率。

7.4　智慧油田示范应用

7.4.1　智慧油田背景

大数据技术已经成为油田提升生产效率、降低生产成本、加强油田管理的重要手段之一。智慧油田建设是通过信息技术手段，对石油勘探、生产、运输等环节进行全面的监控和管理，以实现油田生产过程的智能化、高效化和安全化。而大数据技术的应用可使智慧油田建设更加全面和深入。

通过采集、处理各类油田生产过程中产生的海量数据，包括地质勘探数据、油井生产数据、设备运行数据等并进行实时监控和管理，可快速发现石油生产中的问题和隐患，提高生产效率。分析历史数据、模拟情景等技术可为油田生产中的各项决策提供支持。例如，针对油井的维护和修复，可以通过大数据分析找出最优的维护策略，提高油井的运行效率和寿命。同时，大数据技术还可以结合人工智能、机器学习等技术手段，对油田生产过程中的风险进行实时监测和控制。通过对生产过程中的异常情况进行分析，可以预测并避免潜在的安全事故，保障油田生产的平稳进行。大数据技术对智慧油田建设的促进作用如下：

（1）提高生产效率。通过大数据技术的应用，可以实现对油田生产过程的全面监控和管理，及时发现并调整生产中的问题和瓶颈，提高生产效率，增加油田产量。

（2）降低生产成本。大数据技术可以帮助发现和挖掘油田生产过程中的潜在资源，通过优化生产流程和降低能源消耗，降低生产成本，提高油田的盈利能力。

（3）加强油田管理。利用大数据技术可以建立起油田生产过程的全面监控平台，加强对油田的管理和控制，提高油田生产过程的安全性和稳定性。

随着大数据技术的不断发展和完善，它在智慧油田建设中的应用将会得到进一步加强和拓展。可以预见以下几方面的发展趋势：

（1）多元化数据源的整合。未来智慧油田建设中，将会有越来越多种类和来源的数据需要进行整合和处理，它们不仅包括传统的产量数据、设备数据，还包括地质勘探数据、环境污染数据、市场需求数据等。未来大数据技术将面临更多元化的数据整合与处理挑战。

（2）人工智能与大数据的融合。未来智慧油田建设中将会更多地运用人工智能技术，结合大数据技术，进行生产过程中的智能预测、智能维护和智能决策，提高智慧油田建设的智能化水平。

（3）数据安全与隐私保护。随着大数据技术的应用范围不断扩大，数据安全和隐私保护问题也日益凸显。未来大数据技术在智慧油田建设中,将会更加注重数据的安全管理和隐私保护,加强数据的存储加密和访问权限管控。

7.4.2 智慧油田实践

1. 智慧油田建设系统

目前,该智慧油田建设系统在已经建成的数字油田的基础之上,借助业务模型和专家系统,能够全面感知油田动态,预测油田变化趋势,自动操控油田活动,持续改进油田管理,辅助优化油田决策。

(1) 智慧油田总体架构。智慧油田利用前端智能终端和数字实景,对接油田生产大数据,通过呈现油田安全环保、设备运行、人员行为分析、轨迹跟踪、设备台账等信息实现业务应用融合,提升油田安全生产风险防控整体水平。该智慧油田总体架构如图 7-6 所示。

该智慧油田建设系统包括应用层、网络层和感知层三个功能层面。感知层主要包括油气生产数据无线采集、作业区视频监控、应急通信即时调度、移动数据接入等功能。网络层主要包括云计算平台、通信核心网、物联网存储中心、LTE230(基站、核心网、网管)等功能。应用层主要包括集团公司应用、油田公司应用、采油厂应用等应用功能。

(2) 智慧油田应用成效。该智慧油田建设系统提供了统一的基础设施云服务,提高了资源利用率,节约了机房空间、降低了设备能耗。同时部署了油田桌面云系统,实现了员工办公计算机和移动智能终端可以全方位、多层面安全可靠地访问油田信息资源。该系统能够通过自动控制、实时监控、提前预警、及时处置等方式,杜绝跑冒滴漏事故,提高油田生产运行效率,大幅降低了生产运行成本,年创效益数千万元。

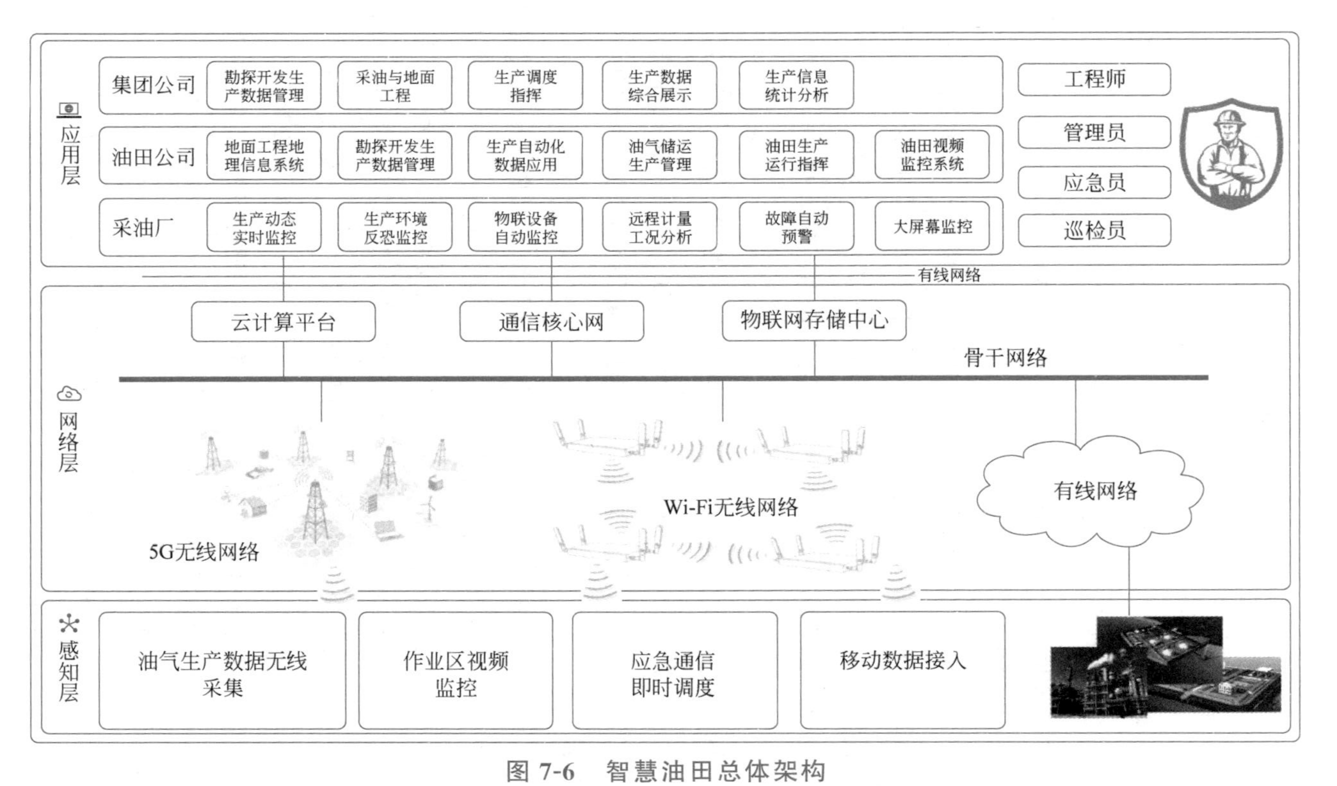

图 7-6　智慧油田总体架构

2. 智慧油田管理系统

某油田为了解决石油安全事故频发和传统监控弊端等问题，建设了智慧油田管理系统。该系统应用云计算、大数据、物联网、人工智能、无线等信息技术为传统油田赋能，实现流程再造，打造了一个现代化、数字化、智能化的新型油田。

（1）智慧油田管理系统结构。为适应人工智能技术的发展和新的感知设备应用，智慧油田管理系统需要采用灵活、可扩展的系统结构。分层的功能结构设计、网络化的数据接口互联、统一的数据结构模型可以确保后期系统的扩展。该智慧油田管理系统总体架构如图 7-7 所示。

系统采用分层的设计结构，底层是算力层，提供各种计算资源。算力层之上是算法层，实现各种智能算法的管理。平台层实现各种平台服务，为上层应用提供管理和服务功能。顶层应用层为用户提供界面和数据展示。

（2）智慧油田管理系统应用成效。智慧油田管理系统通过先进的技术平台，将信息技术与油气生产核心业务深度融合，使油田具备了全面感知、整体协同和自主优化等显著智能特征。该系统可接入现场数百路视频，实现对生产现场、出入口、原油存储区等重点区域的集中可视化安全监管，第一时间预警事故隐患，并通过物联网技术，24h 实时获取生产数据，每秒钟可采集数十万余条数据信息，每年产生数 TB 的数据量。这些实时数据，汇总形成大数据湖，从而实现预警诊断、主动优化和辅助决策等智能化管理。同时，系统通过应用人工智能识别、角位移感知等技术，融合三维数字引擎实现海上平台人员精准定位、视频智能报警、风险分级管控、应急状态联动，实现了安全管理智能化。

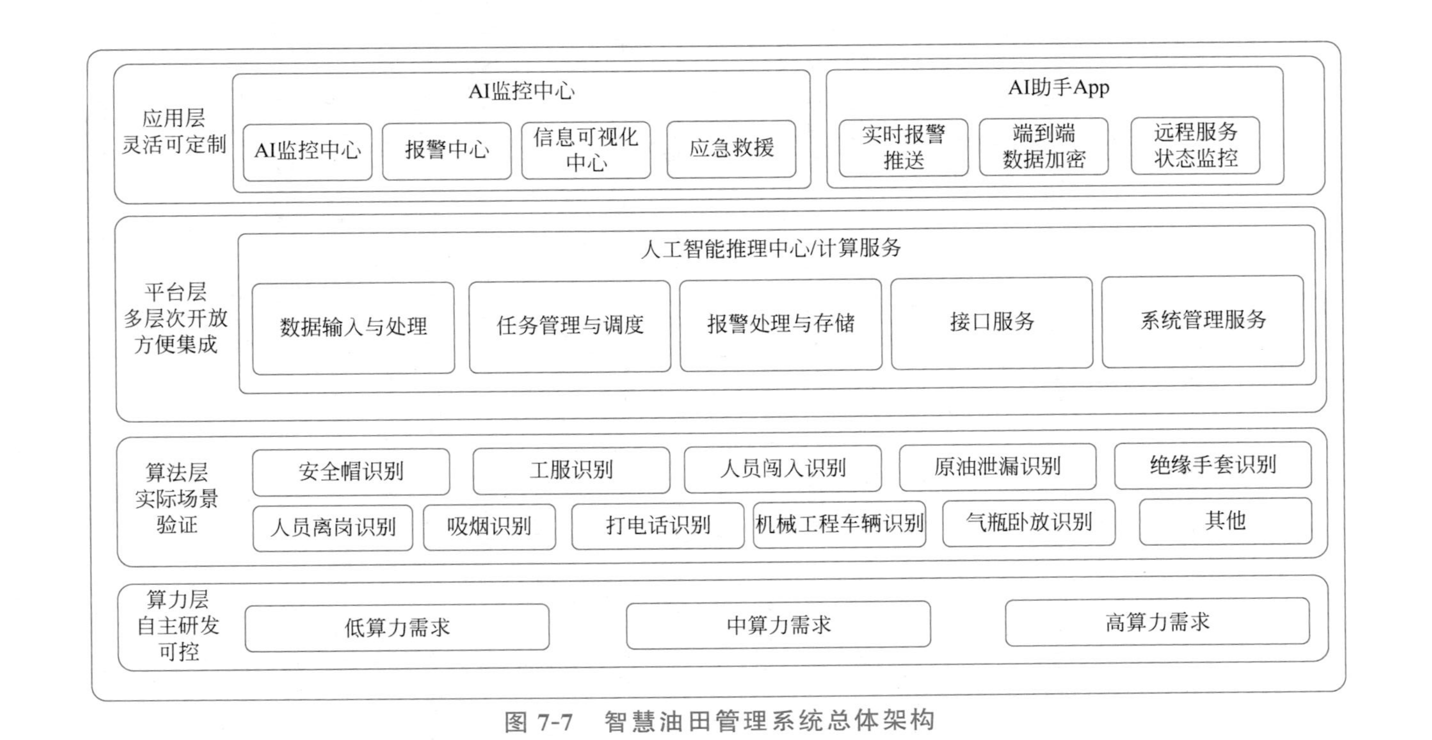

图 7-7 智慧油田管理系统总体架构

7.5 水利能源大数据示范应用

7.5.1 水利能源大数据背景

随着经济和社会发展,水资源供给和需求的失衡现象越来越严重,水资源的管理和保护成为全世界共同面临的重大挑战。在此背景下,大数据分析技术因在水资源管理和保护工作中具有优势而得到越来越广泛的应用。我国水利数据信息化建设充分利用了网络化、信息化、可预报、可调度的数据管理方式。全国各地市的水利部门建设了完善的信息网站和水利数据库。“十三五”期间,我国持续加大对水利数据信息化建设的投入,各地区的水利工程和数据信息化建设发展加速,其成效已在多年防汛抗旱工作中有所体现。

水利是关键信息基础设施重点行业,充分利用水利数据资源的关键是建立各个层面的数据系统,让各种水利数据之间相互感知,全面互联互通,实现智能化。最终形成“更透彻的感知、更全面的互联互通、更科学的决策、更高效智能的管理”的智慧水利管理体系。

建设一个典型的智慧水利系统所需要涵盖的主要内容如下。

(1) 水利物联感知体系建设。水利物联感知体系是水利综合业务应用的基石,智慧水利建设需要在现有信息采集设施基础上,针对采集站点种类、空间密度、时间频度、数据精度等方面进行全面提升,为水利智慧应用提供基本支撑。同时全面建设闸泵等工程的远程控制系统,提高工程调度执行的效率,实现工程智能化、精细化调度。

(2) 大数据运行环境建设。大数据中心是智慧水利综合业务信息汇集、存储与管理、交换和服务的中心。数据中心通过有序汇集基础感知信息,形成有用和可用的信息资源,通过提供各类信息服务,深化信息资源的开发利用,实现信息共享、改进工作模式、降低业务成本和提高工作效率的目的。

(3) 业务应用系统建设。结合水利部门职责及核心业务需求，依托水利云数据中心，针对防汛抗旱、水资源管理、工程建设管理、电子政务、农村水利管理五大方向，为各部门建设业务应用系统，通过信息化手段，全面提高管理人员业务能力，规范管理流程，提高管理效率。

(4) 智慧水利门户应用平台建设。智慧水利门户应用平台以各部门业务应用系统为依托，实现各业务专题的全方位无缝融合和扩展，建立一个“多维业务信息融合”“全方位多手段服务”“可持续可扩展应用”的智慧水利一体化平台，实现水利智慧化管理的新突破，从信息化升华为现代化，推动水利现代化建设迈上新台阶。此平台还可实现电脑、平板、手机等跨终端服务，为管理人员提供更加全面、快捷的智慧水利综合应用平台。

(5) 技术标准体系建设。智慧水利系统建设与管理需要统一的技术标准体系，从而实现水利信息系统的开放性和可扩展性，以保障水利信息化的可持续发展。为了实现资源共享，避免重复建设，减少重复开发，需要在信息采集、汇集、交换、存储、处理和服务等环节采用或制定相关技术标准。

7.5.2 水利能源大数据实践

1. 水利信息化共享平台

根据全国水利信息化顶层设计，某省采用松耦合的分层架构开发建设了省水利信息化共享平台，该平台以水利能源大数据为基础，初步实现水利数据资源统一管理、一数一源，基础设施集约建设、平台共用，地理业务信息有效融合、以图监管，核心应用信息集中展现、业务协同，信息安全优化健全、稳定可控，最终形成全省水利一个大数据中心、一张图、一个应用门户、一套安全防护体系。

（1）水利信息化共享平台总体架构。水利信息化共享平台采用松耦合的分层架构，每层功能相对集中和独立。能够为上一层提供很好的支撑服务，层与层之间有明确的边界划分，松耦合结构易于未来软硬件及应用服务的调整与扩展。该平台总体架构如图 7-8 所示。

该平台由安全防护、水利大数据中心、水利一张图、应用门户组成。水利大数据中心对省水利厅现有数据资源进行全面梳理，采用物理和逻辑集中的方式整合、补充、重构现有数据资源，形成面向对象、统一语义、易于关联、集中管理的基础和业务共享数据库及数据资源目录。水利一张图完成省水利厅现有各类空间数据资源、水利工程全景图和互联网地图服务资源整合，形成以国家基础、水利基础和水利专题等三大类空间数据为基础的省水利一张图空间数据资源体系。应用门户中的一体化应用门户实现基于政务外网，搭建水利厅综合办公业务门户，移动应用门户负责基于移动应用服务环境，构建省水利厅统一的移动应用门户。安全防护实现省水利厅重要业务的数据级和应用级的容灾备份，保障重要业务数据的可靠性及重要应用系统的业务连续性。

（2）水利信息化共享平台应用成效。随着该水利信息化共享平台上线运行，系统共采集接收雨水情信息数千万条，发送预警数万条，水利工作人员可实时掌握水库水情、防汛预警等信息，为保障水库安全度汛提供了强有力的信息支撑。另外，该平台有效解决了全省水利信息资源共享的瓶颈，推进了水利信息化资源整合共享和开发利用。同时省级共享平台还为后续地市级水利信息共享平台建设建立了统一的标准和规范，并预留信息共享交换的接口，形成了统一共用的水利业务一张图模板和指南。

2. 调水工程智能调水大数据平台

某调水工程在调度管理中利用大数据技术，探索基于大数据挖掘的来水调度推演等新方法、新模式，设计并建设来水智能化调度平台。

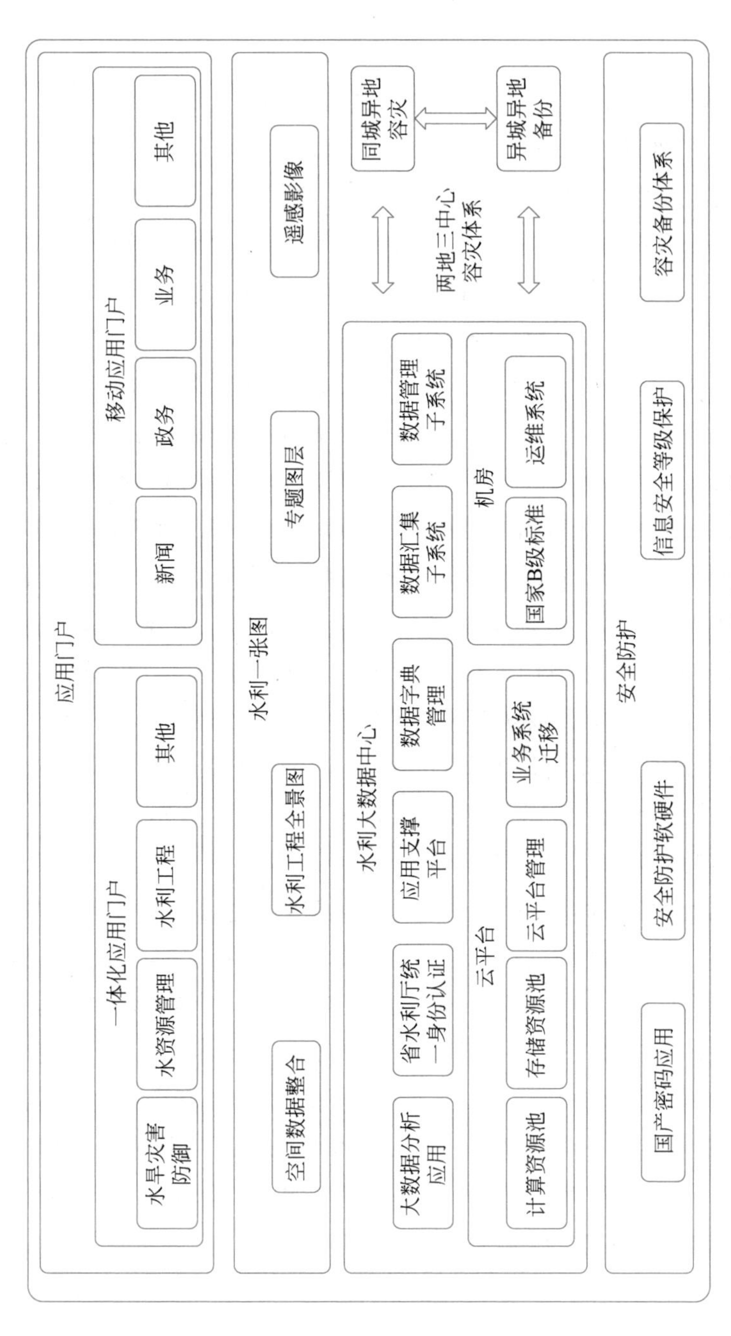

图 7-8　水利信息化共享平台架构

该平台围绕提升水资源供应、建设生态环境、提高调水效率、降低调水成本等需求，引入长输地下管涵的“信息采集-自动化控制-远程调度-自动预警-应急处置”智能化一体化联动调水理念，以互联网＋大数据的思维进行建设。利用移动互联、物联网技术采集工程安全、水质、水量等海量的调度遥测数据，实现调水过程智能化，提高供水系统的抗风险能力。

(1) 智能调水大数据平台总体架构。智能调水大数据平台建设内容包括“五大应用、一个数据资源中心、一个实体环境、三个支撑平台、三个保障体系”，满足调水工程的信息采集传输、监测预警、运行调度、抢险应急、工程运维等业务领域管理的需求，提高常态和非常态运行方式下工程运行调度的快速反应与处置能力，保障工程的安全运行和供水安全。

平台在线采集数据主要包括水质监测数据、水量监测数据、工程安全监测数据、现地站监测数据、现地站视频及安防监测数据。系统外部数据来源于中线干线管理单位，沿线各区县、相关水利部门及专业水文气象单位等。通过可编程逻辑控制器（Programmable Logic Controller，PLC）、传感器等采集的实时数据，汇聚到管理分中心，再由各管理分中心汇聚到指挥中心。指挥中心建立综合数据库，对数据进行统一的展示、挖掘、分析和共享，如图 7-9 所示为数据采集图。

监测数据来自水位计、流量计、水质监测设备、位移传感器、工程安全传感器等各种物联网传感器设备。物联网传感器获取的监测数据通过 PLC、自动化控制设备或者直接网络连接实现定时的数据采集、信息转换和信息上传。大量汇集的数据经过清洗、转换、抽取形成标准统一的数据资源，用于进行水量调度、工况运行、工程安全、水质安全、供水效益等方面的分析。基于实时水量数据的采集，在水力模型的基础上，预测用户用水量并结合历史的供水调度方案，分配管网水力模型各供水节点的水量，并制定多个备选的供水调度方案，通过三维地理信息系统模拟运行方案，给出推荐的供水调度方案。

(2) 智能调水大数据平台应用成效。智能调水大数据平台提升了试

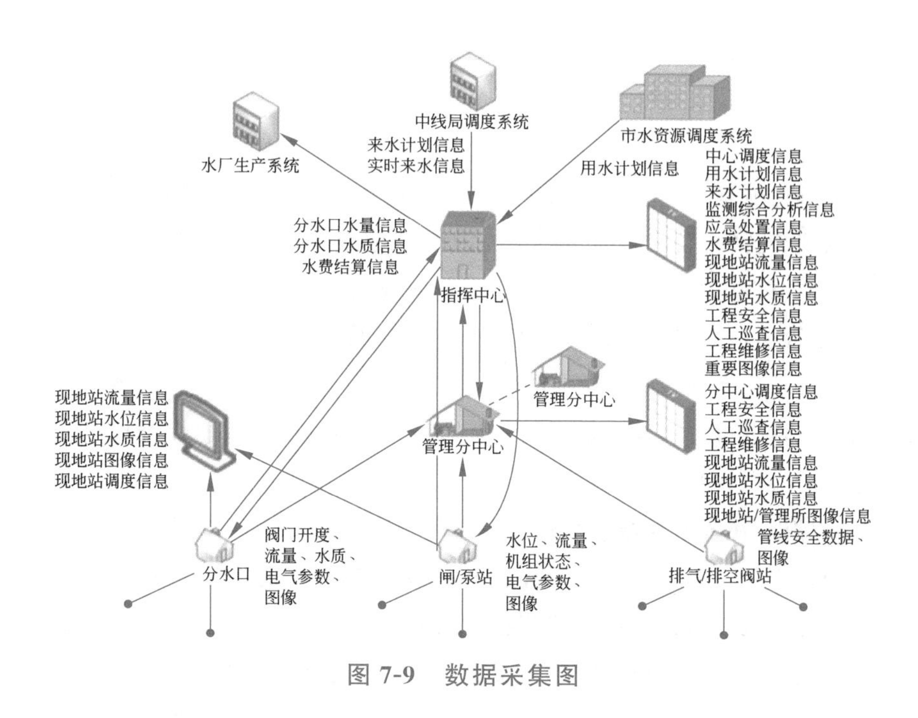

图 7-9 数据采集图

点市的南水北调工程配套工程全线信息资源共享水平,保障了全线调水安全及水资源的合理利用,有助于实现工程投资及当地供水经济效益的最大化。该平台通过监测预警实时监控水量等数据情况,通过异常报警等方式为调水工程的安全运行和供水安全提供了保障。同时,以互联网技术为基础建立监控系统,能够在第一时间为有关人员提供调水工程的实际运行情况,最大限度地保证工程实际作用的正常发挥。

7.6 核电和燃气示范应用

7.6.1 核电和燃气能源大数据背景

中国作为最大能源消费国,能源供给制约较多,核电和燃气发展是推动中国未来能源结构转型的重要举措。目前在这两大领域还存在着运营可靠性和安全性较低、数字化程度有待提高等问题。

智慧核电是在当前核电运营经验、技术和管理体系基础上，通过核电高危区域运行智能探测机器人系统、核电维修期间智能辐射防护监控系统、便携式智能核电运行巡检闪测系统、管道异物探查与清理机器人系统、核电6D临境式智能管控系统研究、核电多基地智能业绩管控系统、智能核电战略备件3D系统研究7个课题，深度结合核电发展需求和运营技术现状，探索和建立智慧核电运营系统，研发适应核电环境的智能核电机器人及智能系统。提高核电运营技术水平，提升核电厂运营的可靠性和安全性。

另外，在国家大数据战略和建设数字中国的指引下，众多燃气企业都把数字化转型作为企业的重点工作，甚至提升到企业战略的高度，以期通过智能技术创新和新的信息管理模式来提升业务效率和客户满意度。当前国内燃气行业智慧化发展一般要经过四个阶段：①信息化阶段：通过信息化的方式规范管理制度和业务流程。达到管理的标准化和业务的规范化。②数字化阶段：运用物联网、大数据和移动应用技术实现管理数字化和业务数字化。特别是在燃气企业关键业务领域，管网运营和客户服务业务数字化水平的要求更高。③智能化阶段：主要是利用积累的大数据和数据模型为生产运营、营销管理提供数据支撑。④智慧化阶段：主要特征是自感知、自学习、自决策，是企业发展的更高目标。

7.6.2 核电和燃气能源大数据实践

1. 核电施工大数据平台

核电施工大数据平台以核电实际业务需求为主，梳理核电施工领域数据，建立相关标准规范，基于大数据、人工智能等先进信息技术，实现施工领域的安全、质量、投资、进度、典型设备制造等业务指标数据统计分析、可视化展示、应用场景分析、趋势分析、决策支持,同时为智慧工地项目及后续机组建设、运行提供大数据应用支撑。

(1) 核电施工大数据平台技术架构。核电施工大数据平台将分布在不同异构系统的结构化、非结构化、实时数据通过数据治理形成各业务领域数据资产。在非结构化数据的治理过程中,传统的 OCR 技术在面对各类复杂识别场景时,存在文档照片成像质量模糊、文本布局存在透视变形等干扰因素,导致识别准确率与简单识别场景落差较大。通过结合 AI 的超分辨率、背景消除及字符重建算法,低质文本得以修复,最终提高识别准确率;而对于表格类文档,市面上通用的 OCR 技术只能获取到非结构化的一维数据,此类数据已经丢失文档中的表格信息,对于后期数据的使用十分不利。经过表格检测、结构化识别后,最终可获取到同为表格分布的结构化数据,可用于各类场景。核电施工大数据平台系统结构如图 7-10 所示。

基于治理后的数据资产,核电施工大数据平台可实现核电施工过程中的安全、质量、变更、设计进度、人员及设备等即将超期和已经超期的提醒:在安全、质量领域,通过获取工程现场质保监督、监察、质量计划、安全隐患,危险源,高风险作业等数据,实时监控项目质量安全整体情况,及时预警;在设计领域,通过分析已有的现场变更和设计变更,减少返工,提高工程施工效率,降低成本;在施工、采购、投资、进度领域,将施工进度计划数据、设备采购计划数据、投资进度数据等与工程现场实际进度进行对比实现工作合理安排,避免浪费,节约成本。

(2) 核电施工大数据平台应用成效。核电施工大数据平台完成了核电各个机组的大数据基础平台和施工阶段基础数据建设工作。构建了数据资产、预警提醒、指标展示、SSC(Structures Systems and Components,核电站的构筑物、系统和设备)展示、三维展示、AI 审图、经验反馈管理及智能推荐 7 部分。该平台使得各领域业务人员查看

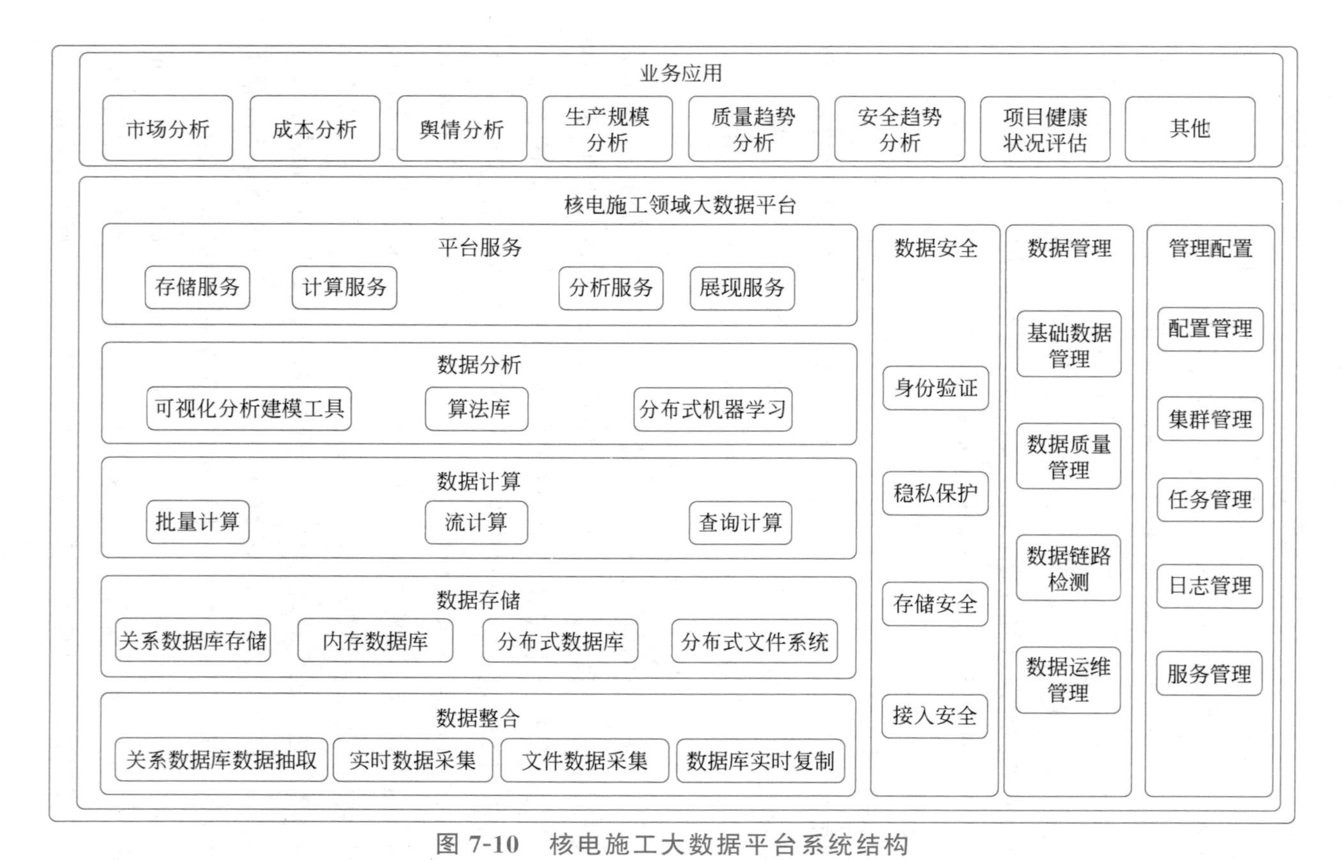

图 7-10 核电施工大数据平台系统结构

数据方式转变为集中在大数据平台上以SSC、三维等视角实时、直观、快速地在线查看。实现了对核电站包括设计、采购、施工各业务板块涵盖投资、进度、质量、安全等工程期用户使用数据需求,并以SSC、三维、数据报表、指标的形式对业务数据进行汇聚和分析应用,为项目管理提供数据支撑,提高项目管理水平。

2. 燃气数据平台

某燃气集团构建了企业级数据平台,以数据驱动业务变革,实现数据集中服务方式的转变。通过数据的服务化、资产化、在线化,实现数据高效汇聚融合,便于业务和技术人员使用和分析数据。助力数据管理全覆盖,信息全共享,流程全贯通,数据动态全面掌握。

(1) 燃气数据平台技术架构。该集团建设的燃气数据平台具备千万量级智能终端接入、多协议通信标准、PaaS云服务架构、国密体系加密等特点。在物联网感知方面,通过逐步扩大物联网接入设备类型的范围和设备的数量,管网的智能化水平显著提升;通过物联网云平台及与周边应用系统的集成,实现智能计量、智能管网等业务支撑;通过远程调价/控价,实现管网设备设施的实时监控。平台主要实现了从芯片设计、通信协议到设备技术规范“端”到“端”的物联网云平台,具备与基于多种物联网协议智能设备的安全通信能力,系统平台架构包括终端、网络、平台、应用四个层次。应用层包括战略决策、大数据分析、销售服务、生产运营、工程建设等。平台层包括API管理和开放、数据管理、规则引擎、二次开发、NB-IoT适配、连接管理、设备管理、E2E故障定界、安全管理等。网络层主要负责网络的接入。终端层包括智能燃气表、智能调压设备、燃气管网、燃气施工等终端设备的接入和管控。

燃气移动门户App(如图7-11所示)上线后,注册用户数万,绑定设备数万台。通过平台发布公众号文章超过几千篇,上线子应用近百个,通过移动门户推送给各个用户待办消息提示共计过百万条。燃气大数据模型方面,基于算法、AI 数字技术的发展,构建了一套用户用气分析模型。通过数据分析方式锁定用气异常用户范围,并将模型在业务中使用,有效补充了企业管理的薄弱环节,使用新技术解决了传统偷盗气问题,高效率低成本,对于一线员工的工作效率有很大的提升。

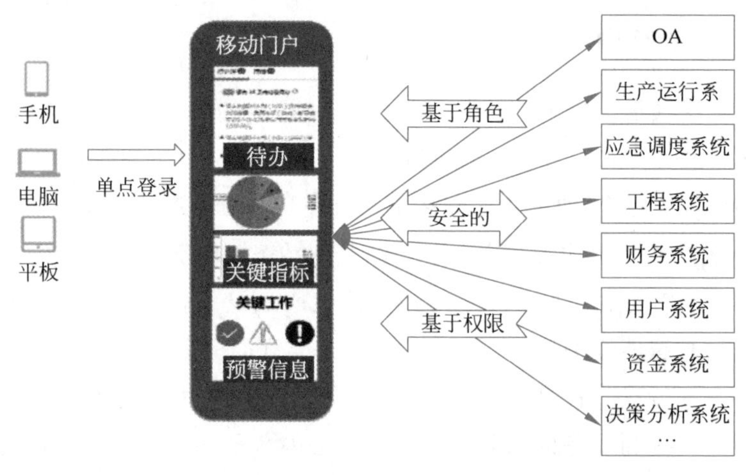

图 7-11　燃气移动门户 App

(2) 燃气数据平台应用成效。该平台目前接入智能表数百万,管网智能设备近万台。用户通过燃气 App 完成充值、查询历史充值记录、气量分析等用气信息,也可随时在手机端查看,根据自身需求及时充值、更换电池避免出现因电池欠压、欠费导致用户无法正常用气的情况。同时,平台上的统一移动门户,规范了移动业务应用的统一管理与开发,实现了集团统一的移动管理平台,实现了报装、工程、抄表、巡检、维修、应急等业务的移动应用,也可实现合同、财务及日常行政办公审批的移动推广,提升工作效率。另外,通过 AI 技术、数据挖掘、智能搜索、自然语言处理、机器学习等前沿技术,打造了一套完整的智能服务体系,缓解了人工接听的压力,减少了用户等待时间。

7.7 智慧电厂示范应用

7.7.1 智慧电厂大数据背景

目前我国发电行业尤其是火力发电存在污染物排放量大、发电煤耗高、热利用效率低等一系列问题。智能电厂不仅可以有效解决这些问题,更代表电力制造业的创新进阶,它融入尖端的信息科技与自动化装备,将整个电力生成和监控过程转化为一个数字化和自动化的生态系统。智能电厂遍布传感器和智能设备,使用物联网、云服务和大数据等技术来搜集、监控、分析和管理电力生产的各个阶段。不但提升了能源生产的效率,还有助于降低运营成本,并减轻对环境的影响。这种转变是电力行业在信息化和智能化的道路上必然要经历的,信息技术的进步为电厂带来转型和升级的同时也带来挑战与机遇。构建智能化电力系统能确保更高的运行效率和可靠性,减少能源损耗和减轻环境污染,同步增强电力供应的持续性,对推动整个行业迈向更绿色、低碳、持续发展的方向起到关键作用。

现代电力企业要处理海量的现场数据,传统软件系统无法满足这一需求。智慧电厂需要引入大数据管理和分析技术,加强和扩展内部数据处理,使电站通过新兴的数据驱动模式提升产能和运营效率,为生产与运营需求开创新价值。在追求持续价值创造的电力行业中,发电公司正积极促进智能电力系统的发展,力图建设一个完全可持续的绿色电力系统。随着自动化和智能化水平的提升,新型的智能电站采用了更多的现代技术,如现场总线、智能化测量设备、传感器及摄像头等,大幅增加了数据的采集量和多样性。智能化电站面临大量、多样化、多来源、高频率、快速产生的数据整合,这一趋势为大数据技术的应用奠定了坚实的基础。

7.7.2 智慧电厂实践

1. 火力发电大数据平台

某发电集团成功构建了火力发电大数据平台，能够高效地对大量数据进行存储和管理。该平台为不同类型的业务需求提供了一个既统一又透明的数据访问接口。随着这个平台的出现，集团的大数据处理能力得到了显著提升，并且能够全方位地支持包括发电运作信息、能源消耗、电力产量以及设备状态等多种数据的服务和管理需求。这一进步对于改善运营效率、评估设备状态以及优化电力生产的集中控制操作等方面，提供了坚实基础。

(1) 火力发电大数据平台功能介绍。火力发电大数据平台将大数据分析与火电厂的日常运营管理结合，提高了业务应用的快速开发能力和灵活性，同时也标准化了此过程。通过集中数据的价值和创新管理模式，促进了工业技术和知识信息化的产业转型，并为工业互联网平台的基础设施搭建提供了坚实的基础。这一举措为建立智能企业应用的生态系统打下了一个好的开端。依据这一方案，创建了一个包含统一开发、统一运维、大数据处理和边缘计算在内的全方位平台体系。该平台实现了企业 IT 基础设施的云端化，数据的集中统一分析，并采用了创新的“微服务”开发模式。该平台已经接入了数十亿条实时和近实时的生产与经营数据，连通了数十台煤电机组，跨越多家电厂，并部署了多个服务和应用，开发了数十种机器学习模型。该平台上还部署了基于大数据分析的机组运行优化和设备故障预警等应用。

大数据平台整体架构如图 7-12 所示。资源中心部分由公司大数据中心和电厂边缘计算中心组成。公司大数据中心部署基础设施即服务(Infrastructure as a Service，IaaS)平台，提供虚拟化资源、Hadoop 数据存储及计算组件、时间序列数据库和关系数据库(Relational Database，

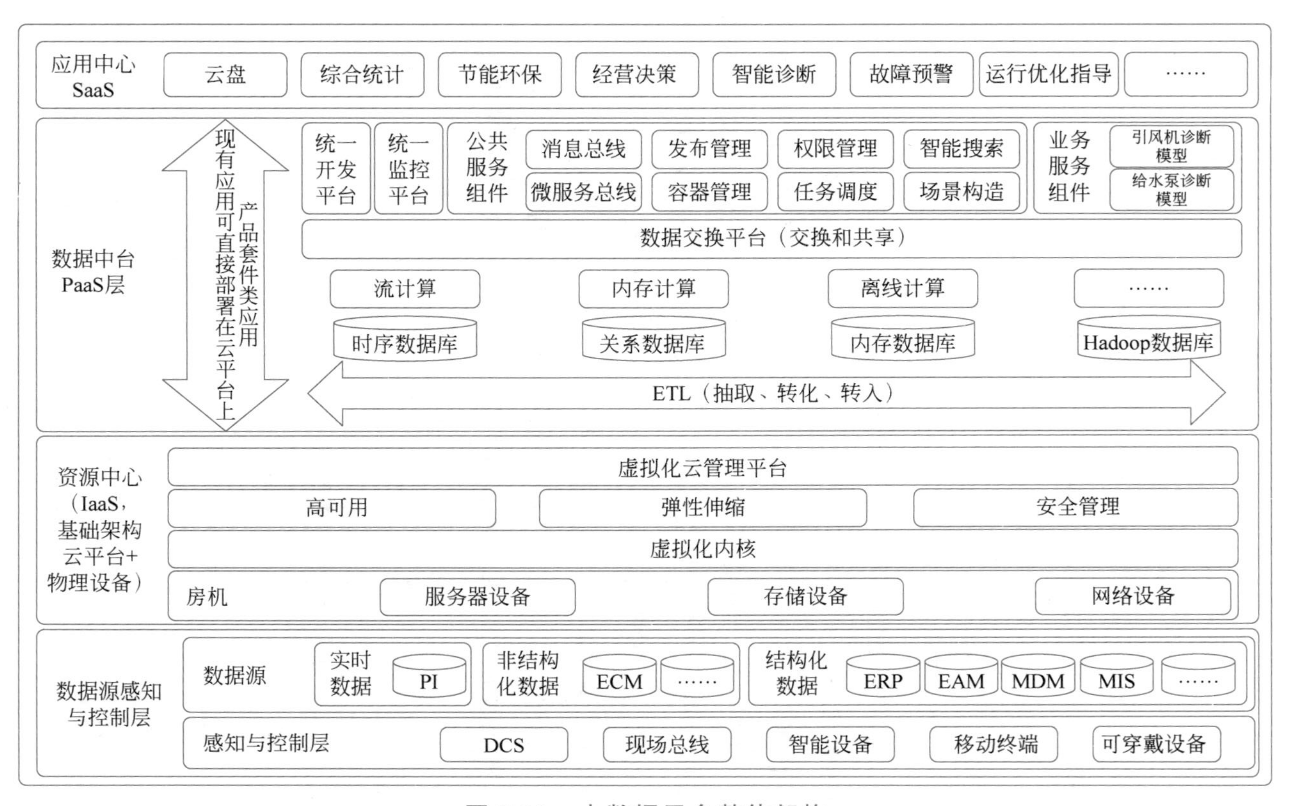

图 7-12 大数据平台整体架构

RDB)，用于支撑大数据平台基础功能及上层业务应用；电厂部署 IaaS 基础资源池，提供虚拟化资源、RDB 资源，支持大数据平台和应用的构建。数据中台部分在整个大数据平台中起到承上启下的作用。通过连接 IaaS 平台的虚拟化资源，并利用平台即服务(Platform as a Service, PaaS)的基础服务功能，为上层的软件即服务(Sofeware as a Service, SaaS)应用提供基础支撑功能。PaaS 平台又分为 3 层：公共服务层、支撑组件层和数据平台层。

大数据平台中的智能诊断应用以技术为依托，以传动设备为研究对象，凭借大数据模型，实时计算预测设备运行状态，实现系统、设备、参数级的早期预警及诊断，构建以数据驱动为中心的共享服务，提高设备健康水平，如图 7-13 所示为智慧火电智能诊断系统界面，智能诊断应用目前涵盖了引风机、空预器、汽动给水泵和汽轮机四类主机和辅机设备，依托机器学习和大数据技术实现设备的智能故障诊断和设备预警。主要功能包括：设备诊断概览、设备对比分析、设备诊断分析、设备数据管理、设备诊断模型配置、智能诊断计算调度，设备故障知识库及系统管理等。设备诊断概览主要显示系统所有设备的整体状态。通过可视化的方式展示智能诊断应用结果，多维度分析设备的当前运行状况和健康状态。

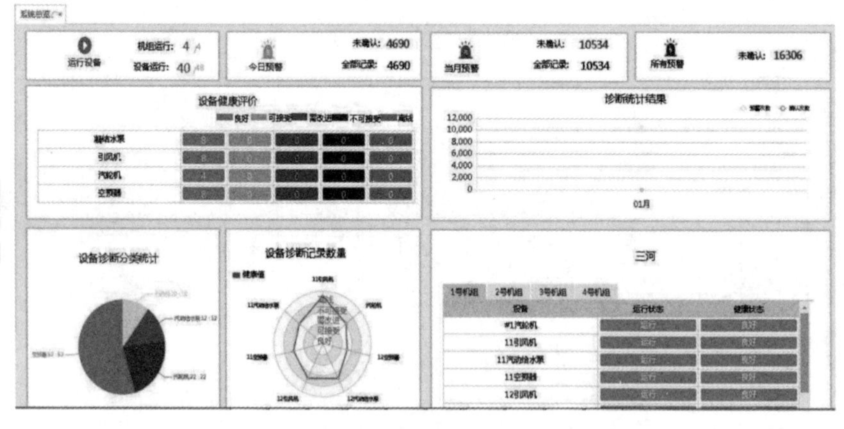

图 7-13 智慧火电智能诊断系统界面

彩图

(2) 大数据平台应用成效。在大数据平台的基础上,创建了一整套数据治理体系和标准,确保了数据来源和应用成果能够被共享;建立了"一平台,多站点"的设计方式,意味着所有的机器学习和大量历史数据处理都集中于总部的同时,那些实时计算需求较高的任务则部署在位于各电厂的边缘计算设施上,以此促成了云计算和边缘计算的协同发展。此外,还创新性地运用了基于 HTML5 和 SVG 的 B/S 组态技术,提高用户监视实时画面的效率,支持共享以及在线的创建、编辑和删除配置。目前,该平台已经完成从机房建设、平台建设、数据治理到应用中心建设的过程,随着电厂的数据接入,应用中心开始落地使用,以及后续智能智慧化建设,工业互联网平台的规模和价值将越发凸显。

2. 某智慧火电系统

1) 智慧火电系统介绍

智慧火电系统成功地运用各种智能技术,借助大数据分析优化了若干运营问题。通过智能化手段,该系统有效地改进了吹灰流程,减少了在烟气处理工程中使用过量催化剂的情况,增加了汽轮机在低温区的稳定性,并提升了设备故障检测的能力。同时,该系统还对原料成本进行了优化。它不仅保障了企业的运行安全,还为节能减排和运营管理贡献了新的思维模式和精确支持,推动了火电行业向自动化和智能化的转型。

在火力发电站中,保障汽轮机这一关键设备的安全与稳定运作至关重要。智慧火电系统结合大数据技术实现汽轮机故障的三级划分,并结合数据进行安全预警。随着制造商和用户对于设备高效、可靠及安全性的要求逐渐提高,传统的计划性维护和事后维修模式已不再适应现代电厂向数字化与智能化发展的需求。现代电厂建设更注重对设备的持续健康监控和实时故障诊断。汽轮机的故障预警系统可以分为三个级别。

一级预警为安全界限预警。这一机制依据出厂时设定的安全限值进行监控,一旦监测到任何超过限值的情形立马使设备停机。虽然有效,但这种预警通常比较滞后,在某些情况下可能导致不必要的资源浪费。

二级预警基于设备运行状态。通过统计分析先划分设备的运行状态,然后结合历史数据通过异常检测方法确定不同状态下的阈值,来建立一个细分的监控与预警机制。这样做能实现更为精确的设备状态监控。

三级预警关注异常趋势。它使用历史数据和运行状态,通过时间序列、回归分析等机器学习技术来预测测点的未来状态变化,如果监测到超限趋势提前发出预警。

这三级预警系统协同作用,能够自动检测设备是否异常并标识监测到的异常数据,确保电厂管理者能够及时了解汽轮机运行中的异常情况,进而为电厂提供实时监控、快速故障诊断和预测性维护的支持。

2) 智慧火电系统应用成效

该智慧火电系统的建设,实现了火力发电企业智能化转型,全面提升了电厂的生产技术和经营管理水平;建立汽轮机的故障诊断和三级预警体系,极大提高了发电设施的安全性与预警能力;构建锅炉吹灰优化模型,实现了锅炉炉膛和烟道的有效清洁。同时,还可通过综合分析企业生产过程中的不同能耗指标,有效评估企业整体的能耗效率,及时发现异常,并追溯造成异常耗能的根本原因,为企业的能源管理提供了坚实的数据基础。

7.8 电网企业云数据中心示范应用

7.8.1 电网企业云数据中心背景

电力信息化建设经过十余年的发展,已经全面覆盖企业运营、电网运行和客户服务等业务领域及各层级应用，成为日常生产、经营、管理不可或缺的重要手段。但是目前依然存在机房位置分散、空间占用率过高、运维难度较高等问题，需要通过建设云数据中心推动解决。2022年6月，国家发展和改革委员会、国家能源局等部门，联合发布了“十四五”期间可再生能源发展的规划通知。这份规划着眼于深化能源消费结构的优化，提升能源技术和产业的水平，完善能源体系，并通过与国际社会合作，加速能源产业增长，构建新的能源安全战略。在此战略背景下，随着国家“双碳”目标和“东数西算”项目的推动，数据中心行业也步入了一个新的发展时期。现在，电力、水资源、碳排放以及计算效率等因素已成为数据中心运营的重点考量因素，并且这些因素对数据中心的规划、设计、建设和维护等各个环节提出了新的挑战。下面将介绍电网企业云数据中心的实践案例。

7.8.2 电网企业云数据中心实践

1. 电网企业云数据中心介绍

某电网企业云数据中心于2019年启动建设，2020年建成试运行，是符合国家对数据中心定位标准的超大型绿色数据中心。目前，数据中心整体上架率70%，对内部署公司的首个双云环境，承载了该省电力生产业务和某集团研发测试业务，对外面向运营商、互联网等客户提供IDC基础资源服务。该云数据中心占地百余亩，规划建成数万面标准机柜，具有“高效性、高密度、高容量”超大型绿色数据中心特点。数据中心(一期)主要建设内容包括通信机房、IDC业务机房、业务支撑、数据平台及其配套设施等。

数据中心选址所在地平均温度：6.9℃，平均湿度：54.9%。该数据中心按照国家A级机房标准、国家电网A级机房标准以及国际T3+标准设计建设。项目一期在用电、网络、制冷、消防等方面保障充分。此外，机房内设有入侵报警系统，7×24 小时专业经警巡查并配有专业的网络运维团队、动力运维人员及云服务团队，7×24 小时提供优质、专业的服务。

该数据中心采用数据中台的方式提供大数据共享和分析应用服务，沉淀共性数据服务能力，满足横向跨专业间、纵向不同层级间数据共享、分析挖掘和融通需求，具备以下四项数据能力。

数据接入整合能力：实现多维度、多类型数据的高效汇集，支撑公司数据融通共享、分析挖掘和数据运营；

数据资产管理能力：完善公司数据标准规范，增强企业数据资产的易用性和对外服务能力，提升企业数据资产管控能力；

数据共享分析能力：实现跨专业数据共享分析服务统一构建，支撑跨部门、跨层级数据共享分析应用，逐步积累沉淀形成共享数据分析服务；

基础组件支撑能力：优化完善数据中台支撑平台技术架构，提升基础平台技术支撑能力。

数据中台基于大数据云平台构建，提供数据接入、大数据应用、数据模型、数据治理和统一数据服务等关键组件，数据中台架构如图 7-14 所示。其中大数据应用包括供电服务指挥、智能报表、多维频道化管理、智慧供应链、95598 客户服务、AI 应用等。统一数据服务包括 CSC 服务目录和 APIG。数据治理主要实现数据的管理功能，包括数据集成管理、数据模型管理、数据标准管理、元数据管理、数据生命周期管理、数据质量管理、数据资产管理、标签管理、数据服务管理和数据安全管理，其中，数据服务管理包括数据接口注册和数据接口管理；数据安全管理包括数据脱敏、数据加密、数据分级、数据授权、数据审计、数据水印。数据模型由分析层、共享层、贴源层和数据开发组成。其中，分析层包括工程项目、负荷分析、客户画像、智能巡检、设备画像、能效服务、服务提升；数据开发包括 ETL、作业编排、任务调度、链路监测。共享层

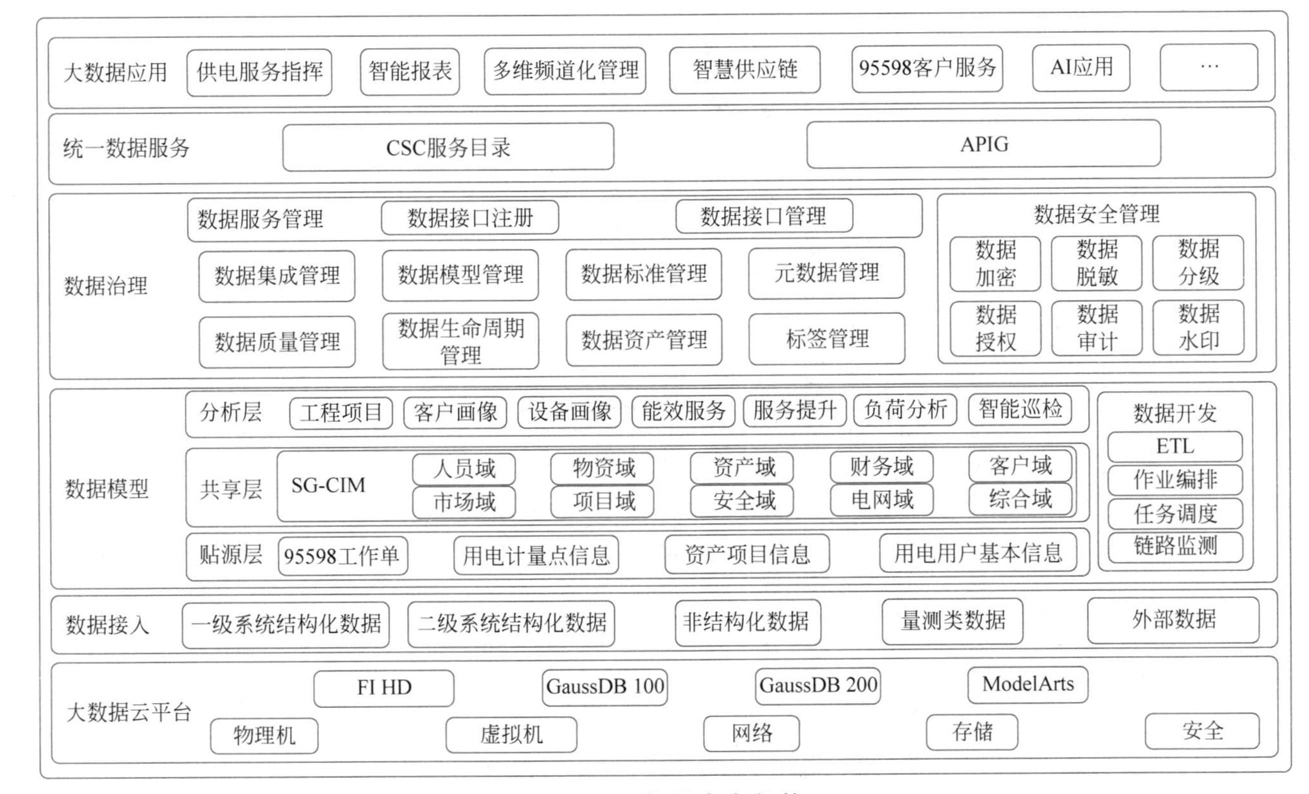
大数据应用
供电服务指挥
智能报表
多维频道化管理
智慧供应链
95598客户服务
AI应用
…
统一数据服务
CSC服务目录
APIG
数据治理
数据服务管理
数据接口注册
数据接口管理
数据集成管理
数据模型管理
数据标准管理
元数据管理
数据质量管理
数据生命周期管理
数据资产管理
标签管理
数据安全管理
数据加密
数据脱敏
数据分级
数据授权
数据审计
数据水印
数据模型
分析层
工程项目
客户画像
设备画像
能效服务
服务提升
负荷分析
智能巡检
共享层
SG-CIM
人员域
市场域
物资域
项目域
资产域
安全域
财务域
电网域
客户域
综合域
贴源层
95598工作单
用电计量点信息
资产项目信息
用电用户基本信息
数据开发
ETL
作业编排
任务调度
链路监测
数据接入
一级系统结构化数据
二级系统结构化数据
非结构化数据
量测类数据
外部数据
大数据云平台
FI HD
GaussDB 100
GaussDB 200
ModelArts
物理机
虚拟机
网络
存储
安全

图 7-14 数据中台架构

包括人员域、物资域、资产域、财务域、客户域、安全域、市场域、项目域、电网域、综合域；贴源（数据）层包括 95598 工作单、用电计量点信息、用电用户基本信息、资产项目信息。数据接入中的主要功能有一级系统结构化数据、二级系统结构化数据、非结构化数据、量测类数据、外部数据。大数据云平台包括 FI HD、GaussDB 100、GaussDB 200、ModelArts、物理机、虚拟机、网络、存储、安全。

2. 电网企业云数据中心应用成效

该电网企业云数据中心作为符合国家对数据中心定位标准的超大型绿色数据中心，还在不断进行“0 碳化”绿色升级，实现“数字化”与“绿色化”相协同。同时，它实现了基础资源的快速灵活交付，支撑平台基础设施和服务层的快速部署配置，解决了系统上线部署周期长、平台支撑业务灵活变化能力弱等目前信息系统固有的问题。并且整合公司基础设施及资源，提高资产使用效率，优化应用运行维护的管理、开发流程，使服务响应更高效。通过云平台建设，支撑该电网企业数据中台、物联网平台建设，满足未来 3 年泛在电力物联网建设需求，为该电网企业信息化发展提供必要的软硬件资源。

第8章

CHAPTER 8

新时代能源大数据技术及能源行业低碳发展展望

"双碳"目标下,能源清洁低碳转型进程加速,数字经济的蓬勃发展不断催生各类新业务、新业态。发掘和释放能源大数据价值,是能源行业低碳转型的关键驱动力。能源大数据本身具备穿透、连接、叠加、倍增等效应,呈现出数据规模大、数据流转快、数据类型多和数据价值高等典型的大数据特征。未来,随着科学技术的不断进步和社会经济的不断发展,通过与大语言模型、生成式人工智能(Artificial Intelligence Generated Content,AIGC)、云计算等技术的紧密融合,能源大数据也将迎来更广阔的发展前景和应用空间,更高效加快能源产业数字化智能化升级。

8.1 能源大数据技术发展展望

8.1.1 高效智能数据治理关键技术

在能源大数据高速发展的新形势下,传统的数据治理技术已不能满足各行业从海量能源大数据中快速获取知识与信息的应用需求。如图 8-1 所示是高效智能数据治理关键技术方框图。高效智能的能源大数据治理技术是在明确能源数据责任的前提下,建立规范的能源数据应用标准,提高能源数据质量,实现能源数据广泛共享。

1. 海量数据监测技术

提升能源数据质量的前提是全面发现能源数据质量问题,传统能源数据质量问题经常是被动发现。未来,数据监测技术将更加注重数据挖掘和人工智能技术的应用,通过自然语言处理、机器学习、深度学习等技术,基于数据科学理论体系,实现对海量数据的对象识别及特征提取,并应用 Trie 树等方法实现高效的数据扫描,快速、准确地提取和分析海量能源数据,发现和预测潜在的质量风险;同时未来数据监测技术将更加注重自动化和智能化质量预警系统的应用,通过流式数据聚集计算、数据倾斜监测、云存储数据完整性证明、稀疏关联分析、冗余数据定位消除技术等构建数据监测体系,着力提升数据的质量,提升数据监测的及时性、一致性、完整性、准确性以及唯一性。

2. 数据质量成因分析

能源数据来源广泛,数据质量问题复杂多样,数据质量受数据生命周期各阶段影响,只有通过对质量问题进行成因分析,通过优化能源业务系统、业务规则、数据处理流程等,达到标本兼治的效果。因此,未来对于数据质量问题成因分析,将通过信息熵损失分析研究数据的质量影响因素,利用耦合复杂度评估方法进行多信源数据质量问题诊断,基于信息论研究方法厘清业务活动和数据处理在数据全生命周期活动中的影响机理,并形成数据质量影响的定量测算方法,为数据治理工作提供理论指导,揭示数据质量问题成因,同时科学系统地搭建完整的数据质量分析及追溯系统,明确数据质量目标、控制

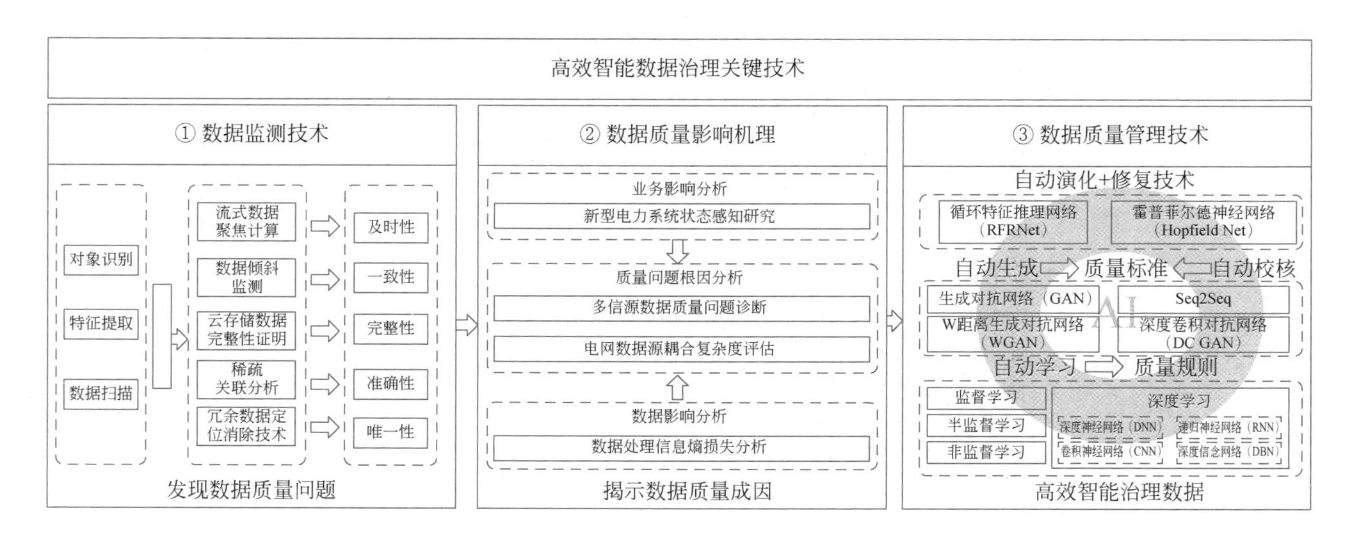

图 8-1　高效智能数据治理关键技术方框图

对象和指标、定义数据质量检验规则、执行数据质量检核，生成数据质量报告，溯源能源数据质量问题形成过程。

3. 数据质量管理技术

数据质量问题的解决越往后，成本越高，因此数据质量管理解决问题必须前移。能源数据质量问题不仅仅是一个技术问题，它也可能出现在业务及数据交互过程中。数据质量管理是一个集方法论、管理、技术和业务于一体，对数据在生命周期中各环节可能引发的各类数据质量问题进行的一系列管理过程。未来，基于人工智能技术，通过监督学习、半监督学习、深度神经网络、递归神经网络、深度信念网络等算法实现自动学习质量管理规则，通过应用生成对抗网络、Seq2Seq 算法、深度卷积对抗网络等模型实现自动生成质量标准并校核，同时利用循环特征推理网络、霍普菲尔德神经网络等算法实现自动演化及数据质量问题修复，使模型能够随着数据的更新而持续进化，全面提升大数据质量管理的便捷性、高效性和智能化水平。数据质量管理有望集成结构化、非结构化数据处理，自动学习发现质量规则、自动生成质量标准并校核自纠、管理技术自适应自演化、监控自动修复处理。

8.1.2 安全可靠数据流通关键技术

能源大数据对大规模跨主体数据交互提出了更高要求，通过数据流通将各种异构数据平台和系统连接起来，在“物理/机器”互联网之上形成的“虚拟/数据”网络，解决数据重复存储、数据不易查询、管理成本较高、数据来源多等问题，打破大规模跨主体数据流通的诸多限制，实现数据在流通过程中的及时性、安全性与可靠性。

数据流通技术是大数据发展的重要推动力之一。能源大数据流通技术在提升能源资源利用率、优化能源供应链、减少环境污染等方面发挥着关键作用。数据流通整体可以划分为高效顺畅和安全合规两块，未来，高效顺畅方面，重点对电力系统中的海量数据进行高效的组织、管理、查询、交互等方面进行研究。安全合规方面，重点围绕隐私计算、区块链等方面为多方数据安全流通搭建基础技术框架，如图 8-2 所示是安全可靠数据流通关键技术方框图。

1. 数据特征标识技术

在海量能源大数据中，如何识别和提取关键数据特征是一项重要的技术。数据特征标识技术基于机器学习等算法技术，对数据进行特征提取和分类，并从中发现和提取有价值的信息。未来，随着技术的发展，数据特征标识技术将会进一步发展，首先，随着深度学习和以人工智能为代表的技术的发展，数据特征标识技术将越来越精细化、自动化、融合化、价值化。基于扩展字段进行特征描述，构建面向应用的数据特征提取技术和数据全局统一标识体系，数据特征标识技术将更加精确、高效、自动地对数据进行分类、筛选和挖掘，使之成为更加可用的数据。其次，数据特征标识技术将越来越注重与其他技术的整合和结合。例如，结合可视化分析工具，可以直观地显示出数据中的特征信息；结合多模态数据分析技术，可以从数据中提取更多的特征信息，达到更好的数据分析效果。

2. 海量数据全局高效索引技术

随着能源大数据时代的到来，如何在海量能源数据中快速和准确地查找需要的数据成为一个亟待解决的问题。这就需要高效的索引技术来支撑。海量数据全局高效索引技术将高速发展，首先是分布式索引技术将继续得到完善。随着云计算、物联网等新兴技术的发展与普及，数据规模日益增长。物联网产生的海量数据通常是与时间和空间相关的，具有动态、异构、分布的特性，因此对这些数据的处理非常困难，

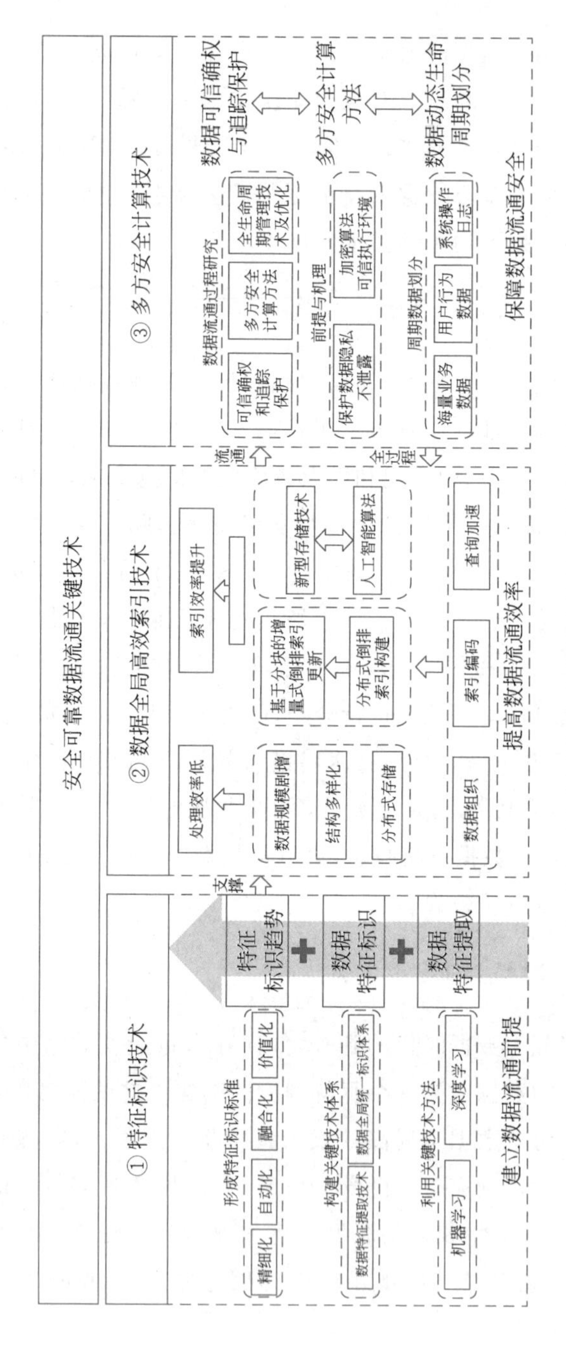

图 8-2 安全可靠数据流通关键技术方框图

而且耗费时间和内存,效率低下。基于云计算技术,将这些海量数据存储在 Hadoop 分布式文件系统(Hadoop Distributed File System,HDFS)中,同时把任务分配到多台节点服务器上并行处理,提高处理的效率。在此背景下,分布式索引技术将会成为一种主流的索引技术。该技术针对索引创建和维护效率不高的问题,基于分布式倒排索引构建算法,将分词后的结果分散到多个索引服务器上并行构建索引,大幅缩短了索引构建时间;通过采用统一调度的基于分块的增量式倒排索引更新策略,索引更新时不再需要移动已有的索引文件,提高了索引更新效率。

其次是更加精细化的搜索和查询算法。传统的搜索和查询算法仍然存在着一些局限性,例如,传统的数据索引技术在随着数据量越来越大、数据类型越来越多时,会凸显出查询速度慢、查询结果不精确、专业词汇查不到等情况,无法满足复杂场景下的检索需求。未来,基于人工智能和机器学习的搜索和查询算法将会逐渐普及,带来更加个性化和高效的搜索和查询服务。最后,是新型存储技术在数据索引上的应用。例如,NVRAM(非易失性内存)技术可以提供比传统硬盘更快的读写速度,降低访问时延,提升数据索引效率。

3. 多方安全计算技术

多方安全计算技术可以在保持数据隐私不被泄露的前提下,完成数据计算和分析任务。未来,基于积累的海量业务数据、用户行为数据、系统操作日志数据等,研究能源大数据多方安全计算技术,研究多主体间数据流通过程中的可信确权和追踪保护、多方安全计算、全生命周期管理的技术实现、优化方法,实现数据流通全环境的安全合规。例如,通过消息认证、签名等技术,保障数据来源的安全性和可追溯性;通过基于身份的聚合签密和无证书的聚合签密技术,实现可信互联,同时具有不依赖证书、计算和通信开销小、系统轻量、强不可抵赖性等优点。

8.1.3 复杂关联数据应用关键技术

复杂关联数据应用技术能够提高数据智能化分析的深度与广度，是能源大数据发展的重要组成部分。特别是在能源系统的运营和管理方面，该应用技术可以帮助企业更好地预测和控制能源生产和消费，优化能源使用效率，降低能源成本和减少对环境的影响。简而言之，复杂关联数据应用技术是推动能源行业创新和可持续发展的最佳途径之一，如图 8-3 所示是复杂关联数据应用关键技术方框图。

1. 知识图谱技术

以知识图谱为代表的大数据知识系统，受益于海量数据、强大算力、最优算法，能够自动构建大规模、多领域、高质量的知识库。知识图谱把非结构化、离散的知识以图结构形式组织起来，从而描述关于世界万物的概念实体、事件及其之间的关系。知识图谱技术赋予机器精准查询、深度理解与逻辑推理等能力。

知识图谱与深度学习方法相结合，可以从数据(有标注数据、弱标注数据及无标注数据)中学习和挖掘有用信息，为大规模知识图谱的补全提供支持；结合知识增强计算技术，采用人机混合协同方式提升本体构建的效率和质量；探索基于预训练模型的生成式抽取模型，使得不同场景、不同任务的信息抽取具备扩展性和迁移性；结合小样本提示学习技术，提升低资源场景下的抽取任务有效性；采用半监督学习等图谱表征技术实现跨域实体融合，构建形成统一完整的企业级知识底座。同时知识图谱技术获取的知识也可以用于深度学习的知识指导，为知识融入深度学习框架提供了理论基础。

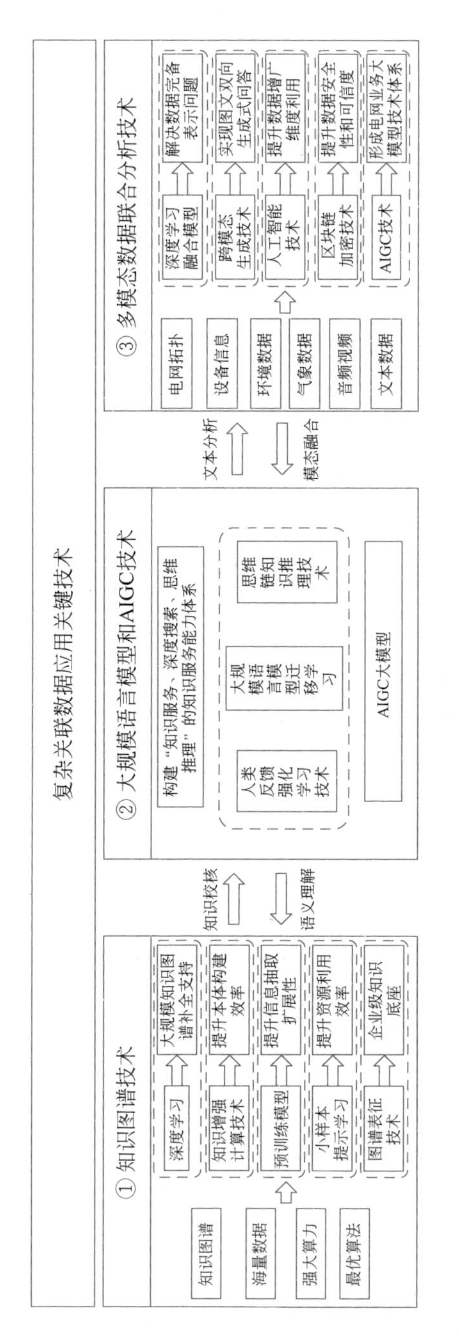

图 8-3 复杂关联数据应用关键技术方框图

2. 大规模语言模型和 AIGC 技术

能源大数据汇聚海量结构化数据。在能源数据爆炸的时代，用户需要更加便捷的信息获取方式，亟须结构化数据搜索结果的自动分析、归纳、报告生成。以 AIGC 大模型为核心技术驱动力，在提升数据搜索精准性的基础上，提供了结构化数据智能分析总结的能力。

从技术层面看，目前大规模语言模型和 AIGC 的相关算法已经具备了真实复刻和创造某类既定内容的能力，同时相关模型对简单场景的内容生成也取得了较好成果，但面对多样性变化和复杂场景内容生成的挑战，现有 AIGC 的算法能力仍需进一步提升。未来，通过结合人类反馈的强化学习、基于大规模语言模型迁移学习等核心技术的研究攻关，面向能源行业全流程自动化应用需求，大规模语言模型及其后续更新技术将逐步充当能源行业各类设备的“大脑”，人机之间的交互会更加以人为中心，而不是以机器为中心，实现对行业碎片化数据进行萃取、存储、转换，构建包含知识服务、深度搜索、思维推理的知识服务能力体系。应用场景会进一步多元化，能源大数据应用场景和其他相关场景也将出现融合交互的趋势。

3. 多模态数据联合分析技术

电力系统运行过程中产生并积累了大量异构结构化和非结构化数据，例如电网拓扑和运行数据、电力设备信息、地理环境数据、气象数据、音频视频和大量不同格式的文本数据等。多模态数据联合分析技术是指对来自不同来源、具有不同特征的数据进行融合和分析的技术，旨在解决多模态数据的联合分析利用问题，从而实现异构数据之间的分析、理解与交互，有效发挥多模态数据价值。能源大数据不同的数据来源、不同的数据特征都需要进行统一处理和分析，多模态数据联合分析技术可以帮助实现这一目标，从而在数据共享和数据集成方面发挥更大作用。

未来,要研究电力多模态数据融合技术,解决图像、文本等数据的完备表示问题,并基于任务需求设计深度学习融合模型。其次要研究跨模态端到端生成技术,通过自回归算法增强跨模态语义对齐能力,实现图文双向生成、生成式视觉问答,为电网数字化描述提供智能生成能力支撑。多模态数据联合分析技术结合人工智能技术的发展,将会进一步提升自动化水平,提升数据增广维度利用技术,实现更高效的数据分析和预测。另外,多模态数据联合分析技术与其他技术,如与区块链技术融合可以提高数据安全性和可信度,与AIGC技术融合可以实现跨模态端到端生成技术,形成以电网业务大模型为顶层核心的技术体系。

8.2 能源大数据服务行业低碳发展展望

我国双碳战略已进入深水区,对国内碳排放统计核算体系建设提出了统一、规范的指导要求。当前,世界能源消费重心东移、生产重心西移,发展呈现供需宽松化、格局多极化、结构低碳化、系统智能化、竞争复杂化趋势。我国能源行业呈现消费增速明显回落、结构双重更替加快、发展动力加快转换、系统形态深刻变化、合作迈向更高水平等特点。

8.2.1 能源电力是推动我国绿色低碳转型的重点行业

1. 能源电力行业将成为绿色低碳转型的主战场

国务院印发的《2030年前碳达峰行动方案》指出：要坚持安全降

碳，在保障能源安全的前提下，大力实施可再生能源替代，加快构建清洁低碳安全高效的能源体系。能源活动排放占我国碳排放总量的88%，电力行业排放占能源活动排放的41%，展望未来，能源电力行业无可争议地成为推动我国乃至全球绿色低碳转型的主战场。

能源电力行业的低碳转型不仅体现在自身发电环节的清洁能源替代和能效提升上，还在于它对其他行业电气化进程的支持与引导作用，通过提升终端用能电气化水平，有效推动全社会能耗结构的绿色转变。为此，许多大型企业纷纷采取了一系列举措，包括设定清晰的减碳目标、推广清洁能源发电技术、提高用电终端零碳化比例、创新碳管理机制，并积极研发新型低碳技术，这些均成为推动企业整体减排的关键策略。未来，伴随新经济业态不断涌现，电网产业升级的步伐将日益加快，尤其是能源互联网的发展及其生态体系建设，将进一步助力上下游产业链协同减排，实现更高水平的能源利用效率和资源优化配置。

总体来看，能源电力行业将在保持经济长期向好基本面的同时，主动担当起推动绿色低碳转型的重任。我国能源电力行业转型升级将促使国有电网企业积极响应国家战略要求，加快建设世界一流企业的步伐，同时带动整个能源系统向更加智能、绿色、高效的能源互联网模式转变，从而确保我国在全球能源变革的大潮中占据领先地位，助推各行业的绿色低碳转型，为实现美丽中国的宏伟蓝图贡献力量。

2. 加快开展新型电力系统建设

截至2022年，全国各类电源总装机规模25.6亿千瓦，同比增长7.8%。全社会用电量8.6亿千瓦时，同比增长3.6%，非化石能源发电装机容量12.7亿千瓦，同比增长13.8%，占总装机比重上升至49.6%，同比提高2.6个百分点。我国水电、风电、光伏、在建核电装机规模等多项指标保持世界第一，其中风力发电3.65亿千瓦、太阳能发电3.93亿千瓦、生物质发电0.41亿千瓦、常规水电3.68亿千瓦、抽水蓄能0.45亿千瓦,已投运新型储能项目0.09亿千瓦,平均储能时长约2.1小时,比2021年年底增长110%以上。

要构建清洁低碳安全高效的能源体系,控制化石能源总量,着力提高利用效能,实施可再生能源替代行动,深化电力体制改革,就需要构建以新能源为主体的新型电力系统,推动可再生能源大规模、高比例、市场化发展,提高可再生能源在能源、电力消费中的比重,使可再生能源在"十四五"时期成为我国一次能源消费增量主体。

风电和光伏发电等新能源具有波动性,未来随着新能源快速发展,新型用能设备广泛应用,电力系统的供需平衡难度、安全稳定运行保障难度相应增大,所以要构建新型电力系统。新型电力系统主要特征是广泛配置应用新型储能及电动汽车等灵活性调节资源,可适应大规模高比例集中式和分布式可再生能源并网消纳。在结构特征上,以用户侧安全可靠保障为中心,以高度数字化智能化、源网荷储协同互动、电力多能互补、清洁能源资源配置能力强、调度运营扁平化等为主要特征。

构建以新能源为主体的新型电力系统,需要多方面协同发力,尤其要加快新型储能技术研发应用、提升电源侧多源协调优化运行能力、推动电力系统各环节全面数字化。加快智能化技术在电力系统的研发应用,基于人工智能、大数据、云计算等新兴技术,建设高度智能化的调度运行体系。

3. 推进重点行业领域减污降碳

推进重点行业领域减污降碳需着力发挥协同效应,从科学性、全面性、协同性和经济性四大维度出发,扎实开展重点行业领域的减排行动。

展望未来,到2025年,我国将强有力地推动实现单位GDP二氧化碳排放较2020年下降18%,单位GDP能耗降低13.5%的目标;到

2030年，进一步确保单位GDP二氧化碳排放相较于2005年锐减65%以上，并持续大幅度削减单位GDP能耗水平。通过倒逼能源与产业结构的转型升级，助力产品和服务绿色低碳发展。工业领域积极推动绿色制造模式创新，深入研究低碳供应链建设路径，建立健全覆盖全生命周期的碳排放核算方法论。建筑领域致力于提升节能标准，深入开展公共建筑运行能耗分析，构筑完善的低碳评价指标体系，大力倡导与推广建筑节能及低碳改造。交通领域加快形成绿色低碳运输方式，积极开展电动汽车碳足迹研究，探索并实践低碳有序充电方案。同时，在居民生活层面，我国将引导公众养成绿色用电习惯，普及绿色生活方式，促进全社会形成良好的节能减排氛围。

为实现减污降碳的深度协同与高效增效，我国将持续关注并开展碳污协同关键路径的研究，以期在“低硫”“低氮”的基础上追求“低碳”，由表及里地深化绿色发展，从而有力助推社会经济的绿色转型。这不仅能够开辟新的经济增长点，而且通过绿色产业链与价值链的整体优化升级，联动生产、分配、流通、消费等环节，有助于国内外两个低碳市场有效衔接，构建起绿色低碳的国内国际双循环体系，为我国构建新发展格局提供坚实的战略支撑。

4. 完善绿色低碳政策和市场体系

推动我国绿色低碳转型，亟须进一步完善和优化适应绿色低碳发展的财税政策、价格机制、金融支持、土地利用及政府采购等多元政策工具箱。实际数据显示，我国在绿色金融领域已取得重大突破，绿色贷款余额逾11万亿元，稳居全球榜首；绿色债券市场规模亦达到1万多亿元，位列世界第二。金融机构遵循商业化原则，积极与可再生能源企业沟通协商，通过展期或续贷、优先发放补贴、加大信贷投放力度等方式，有效助力风电、光伏发电、生物质发电等行业稳健、有序地向前发展。

在强化能源“双控”制度的过程中，顶层设计的重要性尤为凸显，应着力构建涵盖用能预算规划、能耗实时监测、用能权交易机制、节能评价考核在内的闭环管理体系。同时，须兼顾不同地区与行业的特点差异，建立一套科学合理的目标分解、执行落地及效果评价机制。当前阶段一项迫切的任务是，根据全社会各行业在碳减排难度、潜力、技术经济性等方面的差异，以及电能替代所引发的行业间碳排放转移现象，科学制定我国碳排放预算在行业间的结构性配置方案，并审慎设计出符合国情的碳减排路径，包括但不限于碳达峰的时间节点、峰值设定及其后的减排曲线走势。

需明确指出的是，碳达峰目标并不意味着可以盲目追求短期高耗能、高排放项目的建设，这种误解须坚决予以纠正并加以遏制。适时将钢铁、化工等行业纳入碳排放权交易市场，加速完善市场化减排机制显得尤为重要。在锚定碳达峰与碳中和的战略目标过程中，要坚持政府引导与市场驱动相结合的原则，围绕恢复能源商品本质属性，构筑统一开放、公平竞争的电力市场新秩序，丰富并创新交易产品和方式，并以市场化手段大力拓展清洁能源消纳空间，有力推动我国绿色低碳转型稳步前行。

5. 清洁能源发展提供了历史性的机遇

展望“十四五”及远期阶段，我国构建新发展格局，推进新型城镇化建设与电气化进程，将带动电力需求保持刚性增长。预计2025年、2030年、2035年，我国全社会用电量将分别达到9.5万亿千瓦时、11.3万亿千瓦时、12.6万亿千瓦时。随着碳达峰、碳中和目标的实施，构建以新能源为主体的新型电力系统，为风电、太阳能发电、氢能等清洁能源发展，提供了历史性的机遇。

中国已经形成了风电装备的全产业链，风电生产装机规模已居世界第一，中国风电行业的龙头企业已经具备与世界龙头企业竞争的能力。光伏行业，硅料产量已经超过全球 3/4，硅片电池组件产量更是占到世界的 80%～90%，包括辅料、配电设备、制造装备等，建立了完整的产业链和供应链，同时成长了一批世界领先的龙头企业。中国新能源行业，是用全产业链为中国参与全球气候治理提供产业支持最有力的行业。

电力行业为我国国民经济重要的支柱产业，我国电力需求量未来也必将随着国家产业的发展而持续增长。但鉴于环境问题，清洁能源发电已经成为我国电力行业的主要发展趋势。

趋势一：煤电灵活性改造

随着新能源加速发展和用电特性的变化，系统对调峰容量的需求将不断提高。我国具有调节能力的水电站少，气电占比低，煤电是当前最经济可靠的调峰电源，煤电市场定位将由传统的提供电力、电量的主体电源，逐步转变为提供可靠容量、电量和灵活性的调节型电源，煤电利用小时数将持续降低，预计 2030 年将降至 4000 小时以下。

趋势二：清洁能源成为重点

在“十四五”规划中针对电力行业提出深化供给侧结构性改革发展低碳电力，就是要通过能源高效利用、清洁能源开发、减少污染物排放，实现电力行业的清洁、高效和可持续发展。我国在光伏发电、水电、核电等均提出了相关规划，要求清洁能源发电能够逐步开始承担主要发电任务。

8.2.2 能源大数据助力双碳行动路径

1. 能源大数据推动碳排放高质量管理

碳排放是指人类在生产生活中向自然界排放温室气体的过程，这些温室气体包括二氧化碳、甲烷等。大量科学证据表明，人类活动产生的温室气体，尤其是工业革命以来排放的大量温室气体是造成目前全球气候异常的重要原因。气候变化是一种全球性非传统安全问题，全球平均温度持续上升、山地冰川物理量明显减少、北极海冰范围显著缩减、海平面上升、极端天气气候事件增多增强等气候变化的事实强烈警示并呼唤人类采取紧迫行动。在此背景下，世界各国共同努力达成的《巴黎协定》，是人类近代史上少有的理性成果，是全球治理气候变化的里程碑和新起点。

现代气候变化的主因是人类活动排放的温室气体。大气中的温室气体包括二氧化碳、甲烷和氮氧化物等多种，但主要是二氧化碳（约占 73%），而二氧化碳排放的 90%来自化石燃料（煤炭、石油、天然气）的燃烧。当前，全球一次能源利用中 84%来自化石能源，其二氧化碳排放为 375 亿吨（2018 年），其次是甲烷排放等。从 2006 年后中国成为世界二氧化碳第一排放大国，2019 年我国二氧化碳排放将近 98.26 亿吨，超过了美国（49.65 亿吨）和欧盟（41.11 亿吨）的总和。

世界资源研究所的研究表明，全球已经有 57 个国家实现了碳排放（温室气体排放的简称）达峰，占全球碳排放总量的 36%，预计到 2030 年实现碳排放达峰的国家将有 59 个，将占到全球碳排放总量的 2/3。根据 2018 年政府间气候变化专门委员会（IPCC）提出的 1.5℃特别报告的主要结论，要实现《巴黎协定》定下的 2℃目标，要求全球在 2030 年比 2010 年减排 25%，在 2070 年前后实现碳中和。而实现 1.5℃目标，则要求全球在 2030 年比 2010 年减排 45%，在 2050 年前后实现碳中和。同时，根据联合国环境规划署最新发布的《排放差距报告 2020》，要实现 2℃和 1.5℃的温控目标，则 2030 年全球温室气体排放量必须比各国的国家自主贡献再多减少 150 亿吨和 320 亿吨，整体减排力度须在现有的《巴黎协定》承诺基础上有更大决心的提升，因此联合国气候变化大会上给出更进一步的目标，我国主动提出碳减排双目标，这是一个大背景。

2. 能源大数据推动能源行业碳减排

从人类文明形态进步的高度来认识能源革命。现代非化石能源巨大的进步正在推动人类由工业文明走向生态文明，这是又一轮深刻的能源革命。“能源低碳化事关人类未来”已经是全球高度的共识。

树立新的能源安全观。能源安全很重要的一点是供需安全，要以“科学供给”满足“合理需求”。除此之外，还有环境安全、气候安全，能源造成的环境问题（大气、水、可持续等）和气候问题要解决好。

丰富的非化石能源资源是我国能源资源禀赋的重要组成部分。重新认识我国的能源资源禀赋，是正确认识本国国情的要素。对于确保国家长远的能源安全、引导能源转型具有方向性和战略性的意义。

能源转型中的化石能源。化石能源要尽可能适应能源转型。应坚持清洁、高效利用，发电为主，通过技术进步，减少非发电用煤；发展清洁供暖，更大力度替代散烧煤；与非化石能源协调互补，支持能源结构优化。

“能源减碳”与“蓝天保卫战”协同推进。大力推进节能提效。做好电力行业、交通行业及工业领域减排。推行超低能耗建筑，打造一体化新型建筑配电系统。发展循环经济，促进固废资源化利用，发展碳汇，鼓励 CCUS 等碳移除和碳循环技术。用好碳交易、气候投融资等引导碳减排的政策工具。

1）循环经济

循环经济模式是针对传统的线性经济模式而言的，是一种以资源的高效利用和循环利用为核心，以“减量化、再利用、资源化”为原则（3R 原则），以低消耗、低排放、高效率为基本特征，符合可持续发展理念的经济发展模式，其本质是一种“资源—产品—消费—再生资源”的物质闭环流动的生态经济。

循环经济与可持续发展一脉相承，强调社会经济系统与自然生态系统和谐共生，是集经济、技术和社会于一体的系统工程。循环经济不是单纯的经济问题，也不是单纯的技术问题和环保问题，而是以协调人与自然关系为准则，模拟自然生态系统运行方式和规律，使社会生产从数量型的物质增长转变为质量型的服务增长，推进整个社会走上生产发展、生活富裕、生态良好的文明发展道路，它要求人文文化、制度创新、科技创新、结构调整等社会发展的整体协调。

2021 年 7 月 1 日，国家发展改革委印发了《"十四五"循环经济发展规划》，对"十四五"时期我国进入新发展阶段，大力发展循环经济进行了工作部署。到 2025 年，主要资源产出率将比 2020 年提高约 20%，单位 GDP 能源消耗、用水量将比 2020 年分别降低 13.5%、16% 左右，资源循环利用产业产值达到 5 万亿元。同时部署了"十四五"时期循环经济领域的五大重点工程和六大重点行动，五大重点工程包括城市废旧物资循环利用体系建设、园区循环化发展、大宗固废综合利用示范、建筑垃圾资源化利用示范、循环经济关键技术与装备创新等；六大重点行动包括再制造产业高质量发展、废弃电器电子产品回收利用、汽车使用全生命周期管理、塑料污染全链条治理、快递包装绿色转型、废旧动力电池循环利用等。

2）绿色能源

我国是世界上最大的温室气体排放国，常规电力生产使用煤、石油、天然气发电，是温室气体的主要排放源之一，并且燃烧煤还会大量排放二氧化硫等有害气体。国际上对于绿色电力的发展也越来越重视，风力发电和太阳能光伏发电已经在全球范围内得到了广泛的应用。电力是一种清洁的能源，而燃煤发电对环境的破坏是很大的。绿色电力实际上为消费者提供了一个选择对环境有益的绿色能源消费机会，但实际也间接支持了可再生能源的发展。选择使用绿色电力的行为更是对可持续发展理念的身体力行。大力提倡使用绿色能源，有效控制新建燃煤电厂,是根治环境问题的明智选择。

电力是推动国民经济发展的重要产业,电力行业是绿色发展的基础,电力的绿色发展是建设美丽中国的前提和保障。为支撑未来中国绿色经济体系,实现能源资源更优化配置,必须建设以绿色电力为特征的现代电力系统,即以特高压为骨干网架、各级电网相协调、各种电源相配套、电力供应方与电力使用方高度互动的智能化系统。为此,国家相关部门频繁出台了有关电力企业节能降耗的新标准、新举措,促使电力企业加快节能降耗的步伐,实现绿色低碳发展,标志着电力行业进入了一个节能降耗的新阶段。

3)低碳电网

“3C”是指将计算机、通信、控制等现代信息技术与传统电力技术有效结合,提升电网安全稳定、经济运行、客户服务和节能水平,实现电网发展向“智能、高效、可靠、绿色”的转变。实现变电站实时自动控制、在线分析决策、状态检修、智能巡检等高级应用。

3C 绿色电网具有远距离、大容量、交直流混合并联运行的特点,是国内结构最复杂,科技含量最高的电网。在设计 3C 绿色电网战略时,就将保障电网安全运行,减少大面积停电发生作为战略实现的总体目标之一,强调在电网建设和运营中节水、节能、节地、节材和环境保护。由于区域电力资源和负荷分布极不均衡,因此,只有通过大容量、远距离输电,才能达到有限资源的最佳利用。利用电网远距离、大容量、超高压输电,交直流混合运行,而保障交直流电网安全稳定运行。

8.2.3 能源大数据服务双碳业务展望

如图 8-4 所示为能源大数据服务双碳管理展望,包含服务对象、应用服务、模型服务、数据服务四个模块。

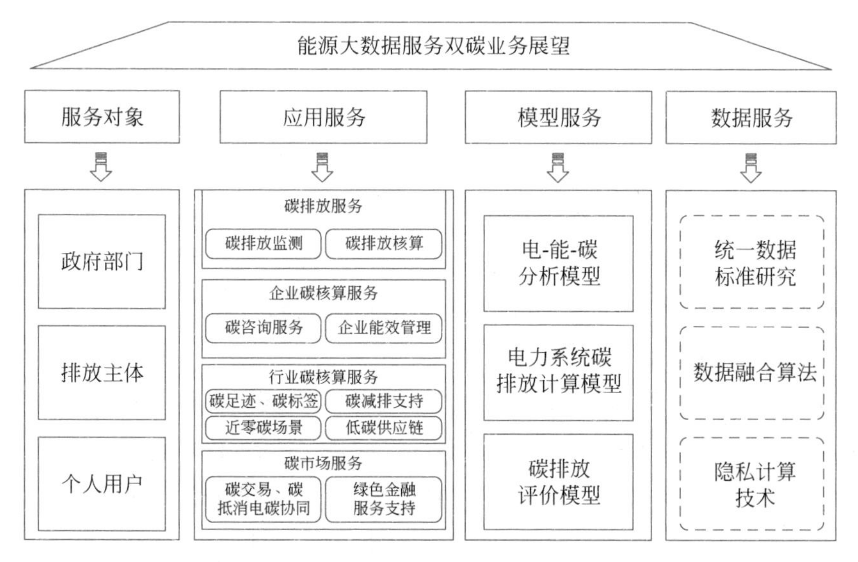

图 8-4　能源大数据服务双碳管理展望

1. 能源大数据支撑双碳标准体系建设

1）构建基于能源大数据的双碳标准体系

能源数据量大、管理复杂，与双碳管理关联紧密。国家标准委、国家发展改革委等11个部门发布《碳达峰碳中和标准体系建设指南》，提出"加快构建结构合理、层次分明、适应经济社会高质量发展的碳达峰碳中和标准体系。到2025年，制修订不少于1000项国家标准和行业标准，实质性参与绿色低碳相关国际标准不少于30项，绿色低碳国际标准化水平明显提升"。

双碳标准体系主要涵盖基础通用、碳排放数据质量、碳排放计量与监测、碳交易与定价、碳资产管理、碳减排技术与方法、碳信息披露与报告等领域的国家级标准，能够为双碳行动提供规范指导。根据各地区的能源结构、产业结构、气候条件等因素，结合能源大数据分析，可以针对电力、建筑、交通、工业、农业、服务业等主要碳排放行业，发布具体的绿色产品、低碳技术等行业标准，助力行业减排行动。同时，利用行业能源大数据，可以制定具有地方特色的碳排放控制、碳汇利用、低碳生活宣传教育规范、公众低碳行为评价与激励措施、企业低碳战略规划指南、低碳绩效评估方法等区域级标准，激励绿色低碳生产生活方式形成。

2）双碳标准体系的应用及特点

打造双碳标准体系，可以推动能源大数据在双碳领域的广泛应用，促进能源行业的数字化转型和智能化升级，促进能源数据与双碳目标建设的融合发展，为能源行业的碳排放管理带来新的监测、核算、报告工具和方式革新，提高管理效率，促进能源行业的数字化转型和智能化升级。

利用能源大数据有效提升双碳标准的科学性、准确性和实时性，建立能源大数据双碳标准体系，统一数据采集、计算、报告的标准和规范，确保数据的准确性和可比性，为政策制定、碳排放权交易、能源供应链上下游企业管理提供科学依据。

双碳标准体系可以为政府、企业等主体提供规范的碳排放核算方法指导，提高数据的透明度和可信度，促进碳排放权交易市场的健康发展。可以明确能源大数据的采集、处理、存储和分析等技术的使用和开发，确保数据的质量、安全和可靠性。还能加强各地区、各行业的碳排放监管能力，推动实现碳排放总量和强度的稳步下降。

3）双碳标准体系建成的作用及影响

基于能源大数据的双碳标准体系能够提高能源及其他行业领域对自身碳排放过程的管理，支撑政府对碳排放的有效监管，做好专业领域标准与基础通用标准、新制定标准与已发布标准的有效衔接，支持关键标准的研究、制定、实施、国际交流等工作。同时可以向公众提供准确、可靠的碳排放数据，提高公众对气候变化问题的认识和关注度。此外，通过参与碳排放数据的管理和监督，能够推动政府、行业企业、公众采取更有力的举措推动节能减碳。

通过构建能源大数据双碳标准体系，促进国际的合作与交流，共同应对气候变化挑战。依托统一的数据标准、技术标准、应用标准、管理标准、认证标准等，能够加强不同国家和地区之间的比较和交流，分享经验和最佳实践，推动全球碳减排事业的进展。通过开展国际交流合作，推动国内国际标准对接，将有效提高我国在全球气候变化治理中的影响力和话语权，为实现全球气候目标做出我国积极贡献。

2. 模型服务

1）电-能-碳分析模型

通过“以电算能、以能算碳”的计算方法，依托电力行业与能源活动、工业生产碳排放量的相关性基础，发挥电力大数据实时性强、准确度高、分辨率高和采集范围广等优势，测算全国及分地区、分行业月度碳排放，具有理论和实践的可行性。以电-能-碳分析模型作为基础底座，可以探索在新型电力系统建设、环保治理、废旧资源回收等方向形成衍生的模型算法，逐步扩展到全行业场景应用。

2）电力系统碳排放计算模型

随着基础数据的不断完善，可以不断围绕电力系统发展需求，制定相应的碳排放计算模型。结合国家经济指数，可以探索帮助政府部门掌握经济变化情况，更快调整宏观财政政策。结合新发展形势下的电网建设，探索为低碳电网建设、调度和运行提供支持。探索考虑绿电、绿证交易的碳排放计算模型，可以有效促进电碳市场协同发展，有效助力国家节能减排工作。

3）碳排放评价模型

随着双碳工作不断深入，对排放主体碳排放水平的关键指标筛选、指标体系建立、评价结果等机制的建设提出了更高要求。依托能源大数据的准确性、统一性等特点，结合温室气体排放控制要求，可以迅速建立碳排放评价模型，制定对排放主体碳排放水平的一般评价流程、核算及水平评价方法、评价要求。根据碳排放评价结果，对排放主体提出碳减排技术使用建议和生产管理优化建议，从而帮助排放主体高效实施碳减排行动。

3. 应用服务

1）碳排放服务

能源大数据可以从宏观层面支持碳排放监测、核算工作，为国家和各级政府制定节能减排战略提供前瞻性支持，为企业节能减排行动指引方向。一是为国家和区域提供高精度碳监测支撑，结合碳卫星、空间遥感观测技术，打造碳排放监测数据互证体系，实现我国碳监测的全面覆盖。二是支持开展碳排放核算服务，利用电力、能耗、碳排放一体化测算模型支持国家、区域、企业等维度的碳排放精准核算工作，实现双碳治理数字化、智能化发展。三是配合政府部门完成碳排放分析预测工作。利用能源大数据构建细粒度的碳减排评价体系，以及实时的节能和减排指数，可视化能源减排过程，实现对碳减排的有效引导和控制，助力政府开展精准、精细、科学、有效的低碳治理工作。

2）企业碳核算服务

能源大数据的采集、存储、开发和共享，将为用能企业提供数字化碳管理服务，提供碳咨询服务，打造双碳智库，通过能源大数据分析技术为用能企业提供智力支持。开展智能分析辅助企业治理决策，打造企业经营数据自动校核工具设计，减少用能浪费，提高企业运营效率，实施更加有效的节能降耗措施，实现节能管理。通过能效管理服务，针对水、电、气、热等能源使用情况进行分析管理，与各级政府部门、金融机构等单位联手打造碳效码、碳账本、低碳全景图等智能应用，形成低碳信息资源共享模式。

3）行业碳核算服务

随着双碳基础数据采集数字化发展，能源大数据将在各行业领域形成数智化双碳管理应用场景和产品，探索碳足迹、碳标签测算，推动碳排放基础数据的实时、高效采集，形成具有时效性、准确性的产品全生命周期碳足迹核算模式。通过能源大数据打造低碳供应链体系建设，运用能源大数据开展全过程碳核算，构建低碳评价指标体系，打造动态、实时的数智低碳供应链体系示范。运用能源大数据分析技术支持各领域碳减排行动，服务能源行业提升高比例新能源的接入消纳，提升虚拟电厂效用，实现动态电网排放因子测算，支持低碳建筑、电动汽车、电能替代、循环经济的实际应用。打造近零碳排放场景，依托能源大数据实现能源绿色供给、资源系统高效循环利用，打造园区、社区、工厂、校园、公共建筑、乡村等近零碳排放场景。

4）碳市场服务

我国碳排放权交易市场发展趋势长期向好，制度建设越发完善，覆盖范围将逐步扩大，交易品种不断丰富，监管机制趋向成熟。对于碳市场服务，一是强化碳排放统计核算体系建设。根据能源大数据的特点，对机构和人员配置、数据库建设、核算技术改进、核算方法研究等层面的基础能力提出更高要求，可以在高质量的碳排放统计核算工作中发挥重要作用。二是助力碳市场范围不断扩大。目前全国碳市场只涵盖电力行业，而钢铁、石化、化工、建材、有色、造纸、电力、航空等重点行业由于碳排放数据基础薄弱，核算能力不足等问题迟迟未能纳入，加强能源大数据在碳排放核算核查工作中的应用，可以加快扩大碳市场覆盖范围，提升碳排放权交易市场体量和流动性，从市场机制层面提升减碳成效。三是服务碳金融发展。面向未来，中国碳金融及衍生品种类将不断丰富，碳远期、碳互换、碳期货、碳期权及其他衍生品将陆续上市，吸引更多投资机构和投资者进入碳市场。由于权益类金融产品对于底层数据和模型准确性、时序性要求更高，势必需要能源大数据提供支持帮助。

参考文献

[1] California Senate. 2021 Senate Bill 100 Joint Agency Report，Achieving 100 Percent Clean Electricity in California：An Initial Assessment. California State Legislature，2021.

[2] 中共中央，国务院. 中共中央　国务院关于完整准确全面贯彻新发展理念做好碳达峰碳中和工作的意见. 2021. https://www.gov.cn/zhengce/2021-10/24/content_5644613.htm.

[3] 毕马威中国.（2023）. 世界能源统计年鉴2023[中文编译版]. 发布日期：2023年11月.

[4] 生态环境部. 中华人民共和国气候变化第三次两年更新报告[R]. 2023：7. https://www.gov.cn/lianbo/bumen/202312/P020231230296808873994.pdf.

[5] 郭忻怡，闫庆武，谭晓悦，等. 基于DMSP/OLS与NDVI的江苏省碳排放空间分布模拟[J]. 世界地理研究，2016，25(4)：102-110.

[6] 张永年，潘竟虎. 基于DMSP/OLS数据的中国碳排放时空模拟与分异格局[J]. 中国环境科学，2019，39(4)：1436-1446.

[7] 谭显东，刘俊，徐志成，等. "双碳"目标下"十四五"电力供需形势[J]. 中国电力，2021，54(5)：1-6.

[8] 席嫣娜，张宏宇，高鑫，等. 基于区块链的能源互联网大数据知识共享模型[J]. 电力建设，2022，43(3)：123-130.

[9] 曾鸣，王雨晴，闫彤，等. 基于泛在电力物联网平台的可再生能源政策评估系统设计与模型研究[J]. 电网技术，2019，43(12)：4263-4273.

[10] 曲朝阳，张艺竞，王永文，等. 基于Spark框架的能源互联网电力能源大数据清洗模型[J]. 电测与仪表，2018，55(2)：39-44.

[11] 王继业. 人工智能赋能源网荷储协同互动的应用及展望[J]. 中国电机工程学报，2022，42(21)：7667-7682.

[12] 王继业. 面向电力物联网数字化感知的智能传感关键技术、装置及应用[Z]. 北京：中国电力科学研究院有限公司，2022-05-30.

[13] 王继业. 电力物联网智能感知关键技术、装置及应用[Z]. 北京：中国电力科学研究院有限公司，2022-05-27.

[14] 孙利民. 智能电网信息安全纵深防护关键技术[Z]. 北京：中国科学院信息工程研究所，2022-03-29.

[15] 席嫣娜,张宏宇,高鑫,等.基于区块链的能源互联网大数据知识共享模型[J].电力建设,2022,43(3):123-130.
[16] 王继业,蒲天骄,仝杰,等.能源互联网智能感知技术框架与应用布局[J].电力信息与通信技术,2020,18(4):1-14.
[17] XIE N,LIU S. Discrete gray forecasting model and its optimization[J]. Applied Mathematical Modelling,2008,33(2):1173-1186.
[18] 周敏.基于平衡计分卡的钢铁企业碳绩效模糊评价研究[D].衡阳:南华大学,2018:55.
[19] 马艳琳,陈进.企业碳绩效考评框架构建研究——基于平衡计分卡视角[J].金融经济,2013(4):129-131.
[20] 张彩平,贺婷,刘梅娟.基于碳素价值流视角的造纸企业碳绩效评价研究[J].大连理工大学学报,2021,42(2):50-60.
[21] 徐砥中,廖培.基于熵理论的企业低碳管理绩效评价实证研究[J].求索,2010(10):14-16.
[22] 任庚坡,楼振飞.能源大数据技术与应用[M].上海:上海科学技术出版社,2018.
[23] 刘永辉,张显,孙鸿雁,等.能源互联网背景下电力市场大数据应用探讨[J].电力系统自动化,2021,45(11):1-10.
[24] 茆诗松,吕晓玲.数理统计学[M].2版.北京:中国人民大学出版社,2016.
[25] 楼振飞.能源大数据[M].上海:上海科学技术出版社,2016.
[26] 欧高炎,朱占星,董彬,等.数据科学导引[M].北京:高等教育出版社,2017.
[27] 饶玮,蒋静,周爱华,等.面向全球能源互联网的电力大数据基础体系架构和标准体系研究[J].电力信息与通信技术,2016,14(4):1-8.
[28] 中华人民共和国国家质量监督检验检疫总局.数据管理能力成熟度评估模型:GB/T 36073—2018[S].北京:中国标准出版社,2018.
[29] DAMA国际.DAMA国际数据管理知识体系指南[M].2版.北京:机械工业出版社,2020.
[30] 王毛路,华跃.数据脱敏在政府数据治理及开放服务中的应用[J].电子政务,2019(5):94-103.
[31] 赵鹏,马泽君,乐嘉伟.银行数据资产安全分级标准与安全管理体系建设方法[C]//中国软科学研究会.第七届软科学国际研讨会论文集中国卷(上).中国农业银行信息技术管理部,2012.
[32] 潘晓滨,俞红蕊,杜秉基.面向碳排放交易的碳监测法律制度探究[J].资源节约与环保,2021(11):143-145.
[33] 梅乐翔,刘晶,韦安垒.基于高速通行数据的脱敏管理研究[J].网络空间安

全,2019,10(6):75-80.

[34] 谢宗晓,董坤祥,甄杰.金融数据安全相关行业标准介绍[J].中国质量与标准导报,2021(6):9-11.

[35] 史山山.金融机构私人银行业务法律规制研究[D].合肥:安徽大学,2011.

[36] 钟璐潞,卢栋.基于数据分类分级的港口企业数据安全管理研究[J].中国水运,2022(2):57-59.

[37] 王春晖.构建“以人为本”的个人信息保护法律制度[J].中国信息安全,2021(5):41-44.

[38] 刘俊臣.关于《中华人民共和国个人信息保护法(草案)》的说明——2020年10月13日在第十三届全国人民代表大会常务委员会第二十二次会议上[J].中华人民共和国全国人民代表大会常务委员会公报,2021(6):1125-1128.

[39] 陈慧娟.隐私与便捷,如何兼得——关注个人信息保护法草案[J].公民与法(综合版),2020(11):11-14.

[40] 刘锡成,何超,赵龙庆.ATK-M751无线通信模块在农机排放监测系统中的应用[J].南方农机,2022,53(3):15-17.

[41] 郭永谦.基于ZigBee的高原地区燃油烟气排放监测系统设计[J].电子设计工程,2022,30(1):90-93.

[42] 郎绍程,徐梦婷,徐建.内河船舶能耗监测物联网系统设计[J].中国修船,2022,35(3):26-28.

[43] 杨帆,赵彤轩,王钰涌,等.基于S7-1200PLC的材料实验室环境监测物联网系统的设计[J].工业仪表与自动化装置,2022(1):60-65.

[44] 贾文娟,张孝薇,闫晨阳,等.海洋牧场生态环境在线监测物联网技术研究[J].海洋科学,2022,46(1):83-89.

[45] 项慧慧,王吉祥,徐森,等.基于无人船的水环境监测物联网研究与设计[J].计算机技术与发展,2022,32(1):216-220.

[46] 许燕燕,周廷刚,李洪忠,等.基于DMSP/OLS夜间灯光数据的成渝城市群碳排放时空动态特征研究[J].环境污染与防治,2019,41(12):1504-1511.DOI:10.15985/j.cnki.1001-3865.2019.12.022.

[47] 瞿植.基于DMSP-OLS与NPP-VIIRS数据的黄土高原能源消费碳排放模拟及其生态效应[D].西安:长安大学,2023.

[48] 关伟,李书姝,许淑婷.东北三省碳排放时空演变多尺度分析:基于DMSP/OLS夜间灯光数据[J].生态经济,2022,38(11):19-26.